動物遺伝学

Animal Genetics

柏原　孝夫・河本　　馨・舘　　　鄰　編

文永堂出版

〔表紙デザイン:中山康子(株式会社ワイクリエイティブ)〕

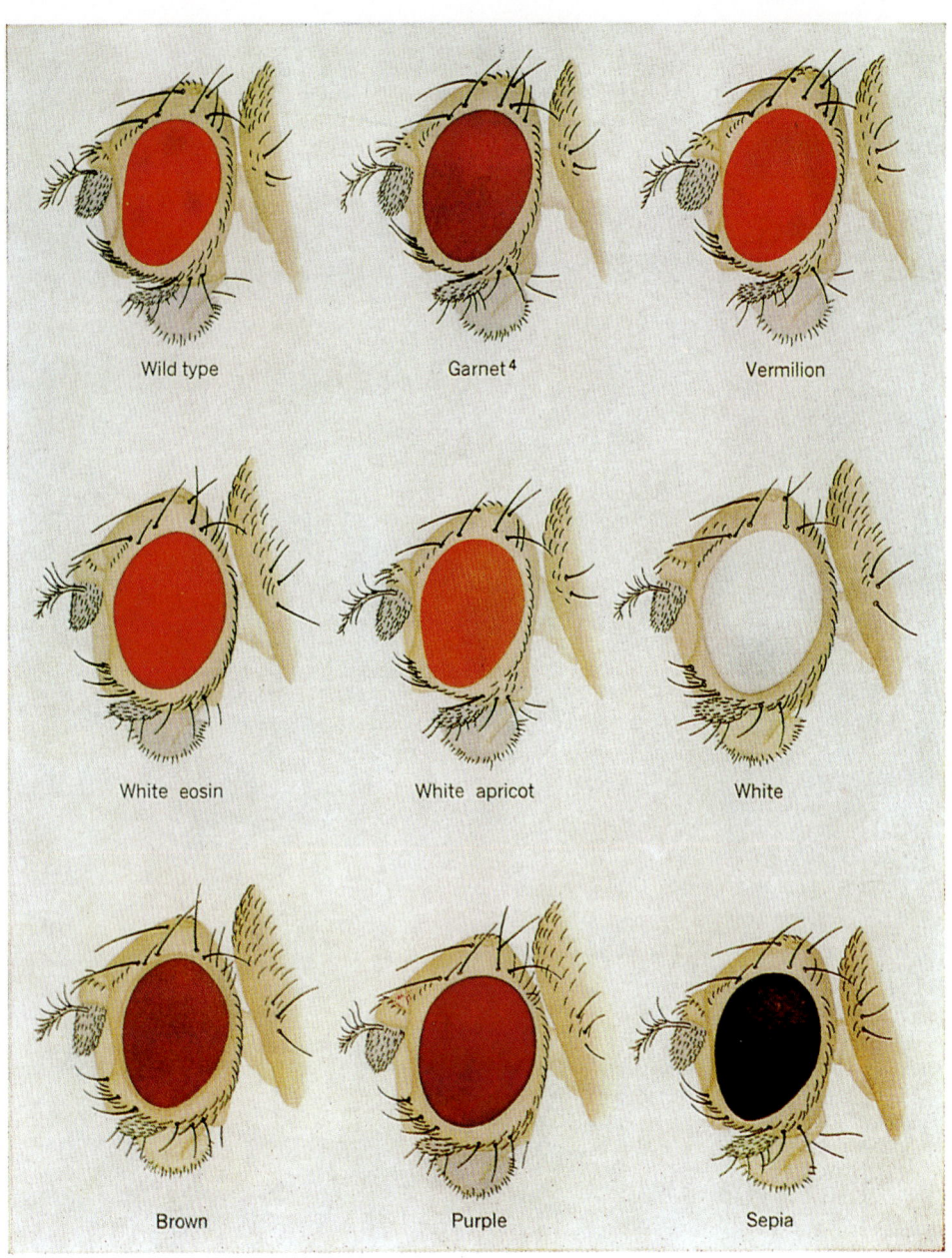

口　絵　　キイロショウジョウバエの眼色

Wild Type：野生型＋
Garnet pink：半透明黄赤色似た眼色でやや暗い，I (14.4)（えんじ色）
Vermilion cinuabar：（朱色）に似た鮮紅色の眼，I (33.0)
White eosin：半透明赤黄色　W^e
White apricot：アンズ色　W^a　　　複対立形質，I (1.5)
White：雪白色　W
Brown：透明な赤褐色，II (104.5)
Purple：黄赤紫色，II (54.5)
Sepia：濃暗赤紫色（黒味を帯びている），III (26.0)

(Sturtevant & Beadle, 1938 より)

序

　人類の進化の途上で，次第に自分や他人の顔や体の形を認識し，それを言葉として表現することができるようになった時，すでに，親子や親族は互いに似ている場合が多いこと，そして血縁のない人と似ている場合が少ないことに気づいていたに違いない．また，野生の植物を作物として栽培したり，野生の動物を家畜化するとともに，遺伝の事実は生活や生産に知識や知恵として伝承され，利用されたものと思われる．

　こうして，遺伝現象の原理が解明される遙か以前に，多くの動植物の遺伝資源が開発されたが，それらは経験と，多くの試行錯誤や偶然に基づくもので，科学的理論に基づいて計画されたものではなかった．ちょうど今から100年前，すなわち1900年にメンデルの法則として知られる遺伝法則の再発見が行われた．メンデルの法則の最も顕著な貢献は，遺伝現象を定量的に解析することを可能にし，その結果から，遺伝現象を司る実体となる因子の存在，すなわち，今日の遺伝子の存在を予言したことであった．メンデルの法則の再発見から10年後にはモルガン（T.H.Morgan,1910）によるショウジョウバエを用いた遺伝学研究の論文が出版され，その後，モルガンとその協力者たちによって，基礎生物学分野における遺伝現象の実験的解析と，その機構の理解が急速に進展した．一方で，遺伝現象の数理的な解析は統計学や計算手法の進歩と相まって，集団遺伝学や進化学の新たな分野を生んだ．こうした遺伝学の進歩を基盤として，応用生命科学分野では，農学における動植物の育種改良や，医学における先天性疾患の理解がめざましい進歩を遂げた．

　実験遺伝学の進歩と，同時に行われた細胞学や生化学の進歩を背景として生まれた数多くの偉大な生命科学の業績のなかでも，ワトソン（J.D.Watson）とクリック（F.H.C.Crick）によるDNAの二重らせん構造の提唱は（1953），今世紀の生命科学を特徴づけるとりわけ巨大なものとしてよいだろう．それ以後の，約半世紀の間になされた分子生物学の概念や技術の進歩は，文字通り目を見張るものであった．現在，遺伝子の構造や機能，あるいは発現調節機構について，われわれの知識は驚くべき速さで進展しつつある．すでに，一部の生物については，全ゲノムDNAの塩基配列が解読され，21世紀の前半には，ヒトゲノムプロジェクトの完了の他，実験動物や一部の家畜などについても，類似のプロジェクトが完了することが期待される．これらの成果の一部は，すでに遺伝子診断や遺伝子治療に用いられ，また，遺伝子導入による形質転換や遺伝子組換えを駆使した，さまざまな有用動物品種作出の試みを生んでいる．

　このように，遺伝学とそれを基礎として発展した基礎生命科学，応用生命科学が関連

する分野はきわめて多岐にわたり，また，その進歩が人類文化に及ぼす影響は，地球上における人類の生存に本質的な意味をもちはじめている．しかし，動物を中心に，遺伝学をその基礎から多面的に取り扱った成書はほとんどなく，大学における講義の適当な教科書の選択にも困ることが多い．

『動物遺伝学』の初版は，増井 清博士によって1931年に克誠堂書店から刊行され，1961年には金原出版から改訂版（増井 清・柏原孝夫共著）が出版された．さらに1970年には，その再改訂版が出された．初版はもとより，再改訂版も内容が古くなり，抜本的な書き直しが望まれていたが，動物遺伝学という膨大な，かつ日進月歩の分野を総括して教科書にするのは至難のことであり，長らく懸案に止まっていた．

このたび，各分野の多数の専門家の協力を得て，新たな視点を盛り込んだ，新しい『動物遺伝学』を出版することが可能になったことは，編集者一同の深い喜びとするところである．しかし，同時に，本書に不足な部分，未熟な部分が多いこともおおいがたい事実であり，その責任はひとえに編集者のものである．増井博士の先見的な著作の出版からすでに70年に及ぶ歳月が経過した．未熟，未完とはいえ，伝統ある書名を継続できたことに，編集者一同いささか安堵の感を覚えている．ぜひ，次世代の研究者によって，より優れた本として完成されることを期待して止まない．なお，本書の冒頭の章の一部には，可能な限り1970年に出版された改訂版の記述を残した．やや古典的な記述が多いのはそのためであるが，最近，古いことの記述が少なくなっているので，かえって有用であろうとの判断に基づくものである．

最後に，多年にわたり本書の出版に尽力された文永堂出版の理解と英断に，感謝の意を表したい．

2000年6月

編集者　柏原　孝夫
　　　　河本　馨
　　　　舘　　鄰

編　集　者

柏　原　孝　夫	茨城大学名誉教授
河　本　　　馨	日本獣医畜産大学獣医畜産学部教授
舘　　　　　鄰	麻布大学獣医学部教授

執　筆　者（五十音順）

岡　田　育　穂	広島大学名誉教授
帯　刀　益　夫	東北大学加齢医学研究所教授
柏　原　孝　夫	前　　掲
日下部　眞　一	広島大学総合科学部助教授
河　本　　　馨	前　　掲
佐　分　作久良	The Buruham Inst., CA., U.S.A
舘　　　　　鄰	前　　掲
田名部　雄　一	岐阜大学名誉教授
谷　村　禎　一	九州大学理学部助教授
東　條　英　昭	東京大学大学院農学生命科学研究科教授
新　見　正　則	帝京大学医学部講師
半　澤　　　惠	東京農業大学農学部助教授
藤　本　弘　一	三菱化学生命科学研究所先端科学部門長
布　山　喜　章	東京都立大学理学部教授
御子柴　克　彦	東京大学医科学研究所教授
村　松　　　晋	前・宇都宮大学農学部教授
渡　邊　誠　喜	東京農業大学農学部教授

目　　次

第Ⅰ章　メンデルからDNAの二重らせんモデルまで …………………………………… 1
1. メンデルの研究と遺伝の基本法則 ………………………(柏原　孝夫・舘　　鄰)… 2
2. 交　雑　実　験 ……………………………………………(柏原　孝夫・河本　馨)… 6
   (1) 戻し雑種あるいは退交雑 …………………………………………………………… 6
   (2) 正　逆　交　雑 ……………………………………………………………………… 6
   (3) 分　離　の　検　定 ………………………………………………………………… 7
3. メンデルの法則の発展 ……………………………(柏原　孝夫・舘　　鄰・河本　馨)… 7
   (1) 優　劣　の　法　則 ………………………………………………………………… 7
   (2) 形質と遺伝子 ………………………………………………………………………… 10
   (3) 浸透度と表現度 ……………………………………………………………………… 12
   (4) 複対立遺伝子 ………………………………………………………………………… 13
   (5) 遺　伝　子　記　号 ………………………………………………………………… 14
   (6) 表現型からみた遺伝子の相互作用 ………………………………………………… 15
   (7) 分子レベルからみた遺伝子の相互作用 …………………………………………… 18
   (8) 複対立遺伝子間の半優性 …………………………………………………………… 20
   (9) 複対立遺伝子における段階的優性 ………………………………………………… 20
   (10) 遺伝子発現の調節 …………………………………………………………………… 20
4. 遺伝現象の細胞学的基礎 …………………………………………………(村松　晋)… 22
   (1) 遺伝子の担い手としての染色体 …………………………………………………… 22
   (2) 染色体の構造と形態 ………………………………………………………………… 24
   (3) 核型とその分析 ……………………………………………………………………… 25
   (4) 性染色体と性の決定 ………………………………………………………………… 28
   (5) 染　色　体　異　常 ………………………………………………………………… 29
   (6) 遺　伝　子　地　図 ………………………………………………………………… 31
5. 細胞質遺伝 ………………………………………(柏原　孝夫・舘　　鄰・河本　馨)… 32
   (1) バクテリアのプラスミド …………………………………………………………… 33
   (2) トランポゾン ………………………………………………………………………… 34
   (3) ショウジョウバエのシグマ因子 …………………………………………………… 35
   (4) ゾウリムシのカッパー粒子 ………………………………………………………… 36
   (5) モノアラ貝の巻貝形質 ……………………………………………………………… 37
   (6) 遺伝のように見えて遺伝でないもの ……………………………………………… 37
6. 集　団　遺　伝 …………………………………………………………(布山　喜章)… 39
   (1) 集団遺伝学とは ……………………………………………………………………… 39
   (2) 集団遺伝学のあゆみ ………………………………………………………………… 39

（3）集団遺伝学の基礎……………………………………………………………… 39

第Ⅱ章　遺伝子としての核酸………………………………………………………… 53
　1．DNAとRNA……………………………………………………（河本　馨）… 53
　　（1）遺伝子の概念…………………………………………………………………… 53
　　（2）ワトソン・クリックのモデル………………………………………………… 54
　　（3）DNAの半保存法則…………………………………………………………… 55
　　（4）セントラルドグマ……………………………………………………………… 56
　　（5）遺伝コード……………………………………………………………………… 56
　　（6）転移RNA……………………………………………………………………… 58
　　（7）転移RNAの"ゆらぎ"………………………………………………………… 58
　2．遺伝子の構造……………………………………………………（帯刀　益夫）… 59
　　（1）染色体の構造…………………………………………………………………… 59
　　（2）動物遺伝子DNAの全体像…………………………………………………… 60
　　（3）動物遺伝子の構造……………………………………………………………… 61
　　（4）グロビン遺伝子の構造と発現制御…………………………………………… 63
　　（5）動物遺伝子の安定性…………………………………………………………… 64
　　（6）遺伝子発現の制御……………………………………………………………… 66
　　（7）クロマチン構造と遺伝子発現………………………………………………… 68
　　（8）染色体の遺伝子座……………………………………………………………… 69
　3．ミトコンドリアの遺伝システム………………………………（河本　馨）… 69
　　（1）ミトコンドリアのDNA……………………………………………………… 69
　　（2）ミトコンドリアDNAの転写………………………………………………… 72
　　（3）ミトコンドリアDNAの遺伝コード………………………………………… 72
　　（4）開始コードと停止コード……………………………………………………… 73
　　（5）ミトコンドリアのtRNA……………………………………………………… 73

第Ⅲ章　発生の遺伝子機構…………………………………………………………… 75
　1．配偶子形成の遺伝子支配………………………………………（藤本　弘一）… 75
　　（1）始原生殖細胞の分化…………………………………………………………… 75
　　（2）精子形成………………………………………………………………………… 78
　2．性決定の遺伝子機構……………………………………………（藤本　弘一）… 82
　　（1）哺乳類の性分化………………………………………………………………… 82
　　（2）Y染色体と精巣決定因子……………………………………………………… 83
　　（3）Y染色体以外の性決定関連因子……………………………………………… 84
　3．胚発生の遺伝子支配……………………………………………（藤本　弘一）… 85
　　（1）初期発生………………………………………………………………………… 85
　　（2）胚葉の分化と形態形成………………………………………………………… 90
　4．初期胚の人為操作………………………………………（舘　鄰・佐分作久良）94

(1)キメラ動物 …………………………………………………… 95
　　(2)全能性／多能性細胞 ………………………………………… 100
　　(3)遺伝子ターゲティング ……………………………………… 103
　　(4)クローン動物 ………………………………………………… 104
　　(5)単為発生胚 …………………………………………………… 108
　5．遺伝子導入動物(トランスジェニック動物) ………………(東條　英昭)… 109
　　(1)外来遺伝子の導入法 ………………………………………… 101
　　(2)トランスジェニック動物の一般的特徴 …………………… 113
　　(3)導入遺伝子の構造と発現 …………………………………… 114
　　(4)トランスジェニック動物の利用 …………………………… 116
　　(5)トランスジェニック家畜の利用 …………………………… 120

第IV章　免疫の遺伝子機構 …………………………………………………… 125
　1．血　液　型 …………………………………………(渡邊　誠喜・半澤　恵)… 125
　　(1)一　般　概　念 ……………………………………………… 125
　　(2)血液型の遺伝 ………………………………………………… 127
　　(3)ヒトの血液型 ………………………………………………… 131
　　(4)家畜の血液型 ………………………………………………… 133
　　(5)血液型キメラ ………………………………………………… 137
　　(6)新生子の溶血性疾患 ………………………………………… 137
　2．免疫応答と抗体産生 ………………………………………(岡田　育穂)… 138
　　(1)免　疫　応　答 ……………………………………………… 138
　　(2)免疫グロブリンの構造と遺伝 ……………………………… 139
　　(3)免疫応答の遺伝 ……………………………………………… 145
　3．組織適合性の遺伝 …………………………………………(新見　正則)… 151
　　(1)主要組織適合性複合体 ……………………………………… 152
　　(2)MHCクラスI分子とその遺伝子 …………………………… 154
　　(3)非古典的MHCクラスI遺伝子，MHCクラスIb ………… 157
　　(4)MHCクラスI分子の機能 …………………………………… 157
　　(5)MHCクラスII分子とその遺伝子 …………………………… 159
　　(6)MHCクラスII分子による抗原提示 ………………………… 160
　　(7)Ii　　　鎖 …………………………………………………… 161
　　(8)HLA-DM ……………………………………………………… 161
　　(9)MHCクラスIII領域の遺伝子群 ……………………………… 162
　　(10)MHC多型の起源と生物学的意義 …………………………… 162

第V章　変異，多型の進化 …………………………………………………… 165
　1．個体の変異 …………………………………………………(田名部雄一)… 165
　　(1)概　　　説 …………………………………………………… 165

（2）哺乳類の毛色，鳥類の羽毛色の遺伝 …………………………………………166
　2．蛋白質の多型 ………………………………………………………（田名部雄一）…172
　　（1）蛋白質の多型の検出と遺伝様式 ……………………………………………172
　　（2）ウシにみられる蛋白質多型 …………………………………………………173
　　（3）ウマにみられる蛋白質多型 …………………………………………………174
　　（4）ブタにみられる蛋白質多型 …………………………………………………176
　　（5）イヌにみられる蛋白質多型 …………………………………………………176
　　（6）ニワトリにみられる蛋白質多型 ……………………………………………177
　3．集団と分子進化 ……………………………………………………（日下部眞一）…179
　　（1）自然淘汰の働きと集団中における突然変異遺伝子の動態 ………………179
　　（2）偶然的浮動と有限集団中における突然変異遺伝子の動態 ………………185
　　（3）分子進化中立説 ………………………………………………………………188
　　（4）分子進化を支配する法則 ……………………………………………………189
　　（5）種内変異の問題 ………………………………………………………………193

第Ⅵ章　行動の遺伝 ………………………………………………………………………195
　1．ショウジョウバエ ……………………………………………………（谷村　禎一）…195
　　（1）は　じ　め　に …………………………………………………………………195
　　（2）運　動　性 ……………………………………………………………………196
　　（3）飛　　　翔 ……………………………………………………………………196
　　（4）麻　　　痺 ……………………………………………………………………197
　　（5）感　覚　受　容 ………………………………………………………………199
　　（6）概　日　リ　ズ　ム …………………………………………………………202
　　（7）性　行　動 ……………………………………………………………………205
　　（8）学　習　と　記　憶 …………………………………………………………205
　2．マ　ウ　ス ……………………………………………………………（御子柴克彦）…209
　　（1）遺伝性小脳変性症マウス ……………………………………………………209
　　（2）ミエリン形成障害マウス ……………………………………………………216

第Ⅶ章　動物遺伝学の展望 …………………………………………………（河本　馨）…221
　1．遺伝子地図の構築とその応用 …………………………………………………221
　2．動物間の比較 ……………………………………………………………………222
　3．遺伝子の生理的機能の解明 ……………………………………………………222
　4．逆方向の遺伝学と生命科学の発展 ……………………………………………223

参　考　文　献 ……………………………………………………………………………225
索　　　　引 ………………………………………………………………………………231

I．メンデルからDNAの二重らせんモデルまで

地球上には40億年の進化を経た，多様な生物が生息しているが，それらはすべて，生殖過程によって親から子孫へと，一定の範囲のなかで互いに似た個体を生ずることで種としての存続を維持している．このような生命の連続性は，1つの種の範囲を超えて，生命の起源にまで遡れることを論証しようと試みたのが，ダーウイン(C.Darwin)の進化論であり，その予見は現代の分子生物学の進歩により，分子レベルで実証され，さらに，進化とその結果として生じた生命の多様性の根底にある機構の理解が進みつつある．

われわれは生物を，形質(characterまたはtrait)，すなわち，肉眼で認められる形態や運動の仕方，複雑な行動のパターン，あるいは光学顕微鏡で観察される細胞の形や動き，電子顕微鏡で明らかにされる微細構造，または，生化学的手法によって同定された物質などを通じて実体として認識し，互いに比較する．すなわち，生物は形質の集合として認識され，したがって，生命の連続性ということは，生物個体の諸形質が一定の変異の枠の中で，経時的な連鎖として伝達されることにほかならない．

形質の秩序立てられた集合としての個体が継代される現象が生殖(reproduction)であるとすると，個体を構成する要素である個々の形質，または，複数の形質の組合わせに着目して，それらが継代的に連続する現象が遺伝(inheritanceまたはheredity)である．したがって，生殖において継代的に伝達される形質は，すべて遺伝形質(inherited characterまたはtrait)であり，一方，生物個体が外界からの影響等で後天的に獲得した形質は獲得形質(acquired characterまたはtrait)といわれて区別される．

生物界における遺伝現象を，形質の解析，その継代様式や発現機構の解明を通じて理解しようとする生物科学の分野を遺伝学(genetics)と呼んでいる．また，生物の遺伝形質を人為的に設定した目標や用途に合わせて改変することを育種(breeding)といい，育種に関する学問体系が育種学(thremmatology)である．

もともと遺伝学という語は，ベートソン(W.Bateson)によって1906年に提唱されたもので，当初は，もっぱら形質の解析や継代様式の解析を行う学問分野であったが，次第に遺伝現象の本体としての遺伝子の同定から，遺伝情報の担体であるDNAの構造の解明，遺伝子発現機構の解明，さらに遺伝子操作へと，20世紀の生命科学の主流を成して，生命科学の諸分野に多大の影響を及ぼした．以下では，メンデル(G.J.Mendel)による遺伝の法則の発見から，分子遺伝学，細胞遺伝学，集団遺伝学，発生遺伝学，発生工学を基盤とした応用遺伝学，免疫遺伝学，さらに行動遺伝学など，生命科学全般にわたる遺伝学の進歩の後をたどることとしよう．

1. メンデルの研究と遺伝の基本法則

今日の遺伝学は，メンデルのエンドウ（*Pisum sativum*）における交雑の研究が基本となって発展したといえる．メンデルの発見した遺伝の基本法則，すなわち，メンデルの法則(Mendel's law of heredity)は，(1)優劣の法則，(2)分離の法則，(3)独立の法則にまとめられるが，(1)を除いて(2)，(3)のみをメンデルの法則という場合もある．メンデルの法則を説明するにあたり，メンデルの生涯と研究とを簡単に紹介してみよう．

メンデルの生涯　メンデルは，1822年に現在のモラビアのヒンチーチェ村(当時はハイツェンドルフ村と呼ばれていた)に生まれ，聖トマス修道院に入り，1844年ブルノの神学校入学，1849年27歳でギムナジウム(高等学校)の補助教師となり，1851年から1853年にかけてウィーン大学の聴講生として生物学，物理学，化学を学び，次いでウィーンの動植物学会員に推薦された．

メンデルは再び聖トマス修道院へ帰り，国立実科学校の補助教師を兼任した．この時代に彼はエンドウにおいて交雑実験を行い，これまで誰も完成しなかった実験に成功した．この間約9年を要したという．

1868年に彼は修道院の教主となり，教会の仕事に従事していたが，この間にミヤマコウゾリナ(*Hieracium pilosella*)について交雑実験を続けた．1872年以降，教会の財産課税の問題で政府との間に粉糾が続き，不愉快な晩年を過ごした．1884年63歳にして生涯を終えた．

メンデルは，1866年エンドウにおける交雑実験の結果をまとめて，「植物雑種の研究」と題し，ブリューンの学術雑誌へ発表した．当時ヨーロッパには有名な生物学者がいたにもかかわらず，メンデルの研究はまったく認められずに埋もれていたのである．

1890年オランダのドフリース（H.de Vries）はトウモロコシ，ドイツのコレンス（C.E.Correns）とオーストリアのチェルマック（E.V.S.Tschermak）はエンドウにおいてそれぞれ独立に研究を行い，期せずして3人の学者は，ほとんど同時に研究結果を発表したのである．しかし，これらの結果とまったく同じことを1866年にメンデルが発表したことがわかった．これがいわゆるメンデルの法則の再発見(1900年)であり，そこで3人の学者は，メンデルの功績を讃えて，メンデルが発見した遺伝法則をメンデリズム（Mendelism）と名付けた．

メンデルの研究は実験材料としてエンドウを用い，次の7形質について交雑実験を行った．

1) 種子の形状：丸いものと表面に不規則のしわがあるもの．
2) 種子の子葉の色：黄色と緑色．
3) 種皮の色：灰褐色と白色．
4) 莢の形状：ふくれたものと種実と種実との間がくびれたもの．
5) 未熟な莢の色：緑色と黄色．
6) 花のつき方：腋生と頂生．
7) 植物の背丈：長いものと短いもの．

これら7形質は，丸いものとしわがあるもの，黄色と緑色というように，対の形質を取り上げた．これらの対の形質をもつ株を親(P)としてそれぞれ交雑すると，子孫の第1代（F_1）において，上記の対にした形質の中で，先にあげた形質（丸い種子，黄色の子葉など）のみを生じ

た. 第2代 (F_2) において1代目に隠れていた形質が再び現れ，1代目に現れた形質と隠れていた形質とが3：1の比例に分離した．例えば，丸い豆としわのある豆とを交雑した場合は次のようになる．

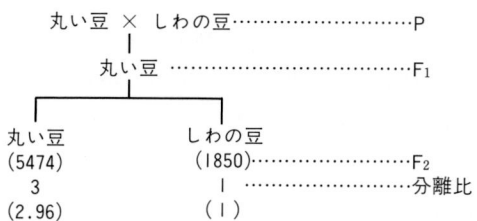

※（　）内はメンデルが記載した観察数と，それから計算した比率

先にあげた2)～7)の形質もまったく同じように，対をなす形質のうち，先に記したものが F_1 に現れ，後に記した方は隠れていたが，F_2 においてそれらはだいたい3：1の比に分離した．

これらの F_1 に現れた形質を優性 (dominant)，隠れた形質を劣性 (recessive) と名付けた．優性，劣性の関係は複雑で，典型的ではない場合もあるが，動植物に共通した現象である．

次に2組の形質が組み合わされた雑種（両性雑種）の場合，2つの形質がどのように遺伝するかについて考えてみることにしよう．丸い豆で子葉が黄色になる品種と，しわの豆で子葉が緑色になる品種とを交雑すると，図1-1の通りになる．

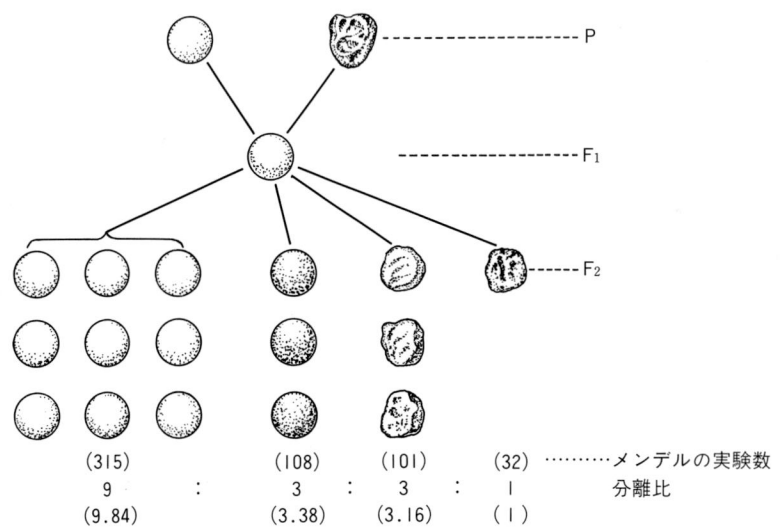

※（　）内はメンデルが記載した観察数と，それから計算した比率

図 1-1　メンデルのエンドウ豆を用いた交雑実験．両性雑種における形質の分離
　　円粒黄色としわ粒緑色エンドウの交雑，F_1 は円粒黄色，F_2 は円粒黄色9：円粒緑色3：しわ粒黄色3：しわ粒緑色1に分離．

これは F_2 において丸い豆としわの豆とが3：1，子葉が黄色のものと緑色のものとが3：1に分離し，それらがそれぞれ独立に組み合わされたのである．すなわち (3：1)(3：1) = 9：3：3：

1である．

　優性劣性3組の形質の組合せの場合もまったく同じである．3組の交雑においてもF₁には各組の優性形質のみが現れ，劣性形質は隠れて現れない．F₂において各組の優性と劣性が3：1に分離し，3組が独立に組み合わさる．すなわち(3：1)(3：1)(3：1)＝27：9：9：9：3：3：3：1の比に分離する．それ以上何組の対立形質でもまったく同様で，F₂において(3：1)(3：1)(3：1)…に分離する．

　さて，なぜこのように分離するのか，考えてみよう．形質は遺伝するが，形質そのものが遺伝するのではなく，形質の発現を支配するもととなる遺伝子の存在が考えられる．メンデルはこれを遺伝因子と名づけた．この因子は，後に1909年になって，ヨハンセン(W.L.Johannsen)により遺伝子(gene)という名称が与えられ，今日に至っている．この章はメンデルの研究の紹介なので，メンデルに従って遺伝因子または因子と呼ぶ．メンデルは対立形質では優・劣性因子が対立していると考えた．メンデルの実験において丸豆の因子をA，その対立形質であるしわ豆の因子をa（一般に優性は大文字，劣性は小文字で表す）とすると，その交雑は図1-2の通りである．

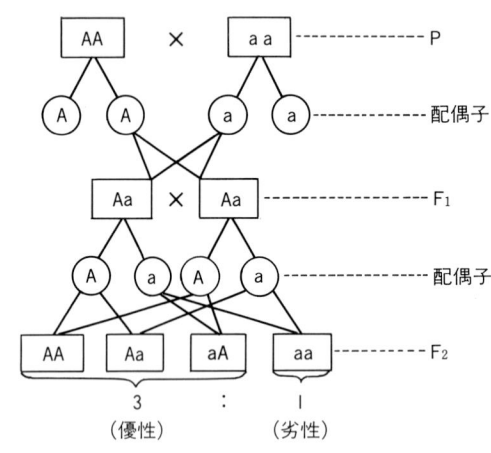

図1-2 優劣対立形質の交雑における遺伝因子の配分を示す．

　遺伝因子は父母からそれぞれ1個ずつ遺伝されるから，各個体は因子を必ず二重に所有している．配偶子が形成されるとき，遺伝因子は分かれて別々の配偶子に配分され，配偶子はただ1個の因子をもっている．したがって，親の配偶子にはAとaとがあり，受精によって合一してAaとなり，優性Aのみが発現する（図1-2）．F₁として生じたAaの因子をもつ個体が配偶子を形成するにあたり，Aとaとは分離して別々の配偶子に配分され，Aをもつ配偶子とaをもつ配偶子とが同数形成される．F₁の交配時においてAとaは両親ともに同数が生じ，それらが組合せを作るから，F₂においてAA，Aa，aA，aaは同数に生ずるはずである．すなわちF₂において(AA，Aa，aA)：(aa)に分離する．F₂以後の分離においてAAとaaとは，AA同士およびaa同士の交配は，どんなに世代を重ねてもいずれも分離することなく純粋に保たれる．Aa同士の交配は，F₁の交配と同じように3：1に分離する．

　豆の形や子葉の色のように，表面に現れる形質を表現型(phenotype)，その因子構成を因子型（今日の遺伝子型，genotypeに相当する）と名付けると，因子型には2つの型がある．その1つは，優性あるいは劣性因子のみからなるもので(AAあるいはaa)，これを同型接合体ある

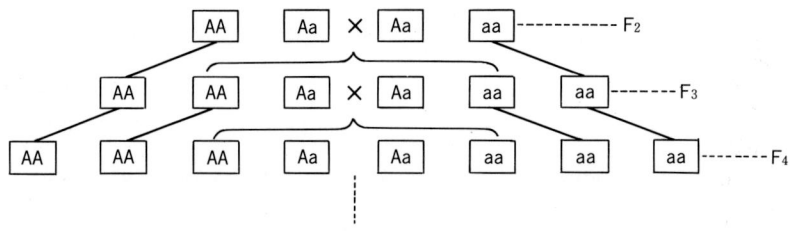

図 1-3 F_2, F_3, F_4 の遺伝因子の分離を示す.

いはホモ接合体 (homozygote) といい，もう 1 つは優性因子と劣性因子の組合せからなるもの (Aa) で，これを異型接合体あるいはヘテロ接合体 (heterozygote) と呼ぶ．同型接合体は，優性あるいは劣性因子のみからなるので，配偶子は 1 種類で世代を重ねても純粋に保たれる．異型接合体は，優性，劣性 2 種類の因子からなるので，それらは分離して優性因子をもつ配偶子と，劣性因子をもつ配偶子とを生じ，交雑によって必ず形質の分離を起こす．

次に 2 組の優性および劣性を示す因子からなる形質，丸豆・黄色子葉としわ豆・緑色子葉の交雑の場合を説明してみよう．丸豆・黄色子葉の因子型は AABB, しわ豆・緑色子葉の因子型は aabb, その交雑は次の図 1-4 のようにそれぞれの親の配偶子は AB, ab, それらの受精によって F_1 は AaBb となる．

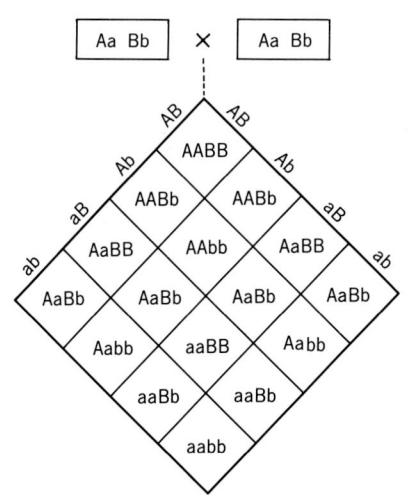

表 1-1 両性雑種 F_2 の因子型

2つとも優性	1方の優性	他方の優性	2つとも劣性
1 AABB	1 AAbb	1 aaBB	1 aabb
2 AABb	2 Aabb	2 aaBb	
2 AaBB			
4 AaBb			
9/16	3/16	3/16	1/16

図 1-4 両性雑種 F_2 における因子型

F_1 個体はそれぞれ AB, Ab, aB, ab の 4 種の配偶子を同数つくるから，それらの交配は，図 1-4 のように碁盤目の方法により組合せを作れば簡単にまとめることができる．すなわち，16 種の因子組合せが得られ，形質は丸黄 9：丸緑 3：しわ黄 3：しわ緑 1 の比に分離する．16 種の因子型（遺伝子型）を表現型によって分類すると，表 1-1 の通りである．

以上がメンデルの研究の概要である．この研究の中で，次の重要な法則の存在が明らかにさ

優劣の法則（law of dominance）　形質は優性と劣性が対をなしている．すなわち優性と劣性の対をなす因子の支配を受けている．優性および劣性因子が共存するヘテロ接合体では，優性形質が表現し，劣性形質は潜在している．

分離の法則（law of segregation）　対をなす遺伝因子は配偶子に配分され，父母から受けた対の因子が配偶子に共存することは決してなく，必ず分離する．したがって，交雑において形質は一定の形式で分離する．

独立の法則（law of independence）　対立因子は何対あってもそれぞれ独立に遺伝し，他の因子によってその遺伝が影響されることはない．

2．交雑実験

メンデルは，交雑実験により遺伝の基本法則を発見した．メンデルの法則の再発見以来，遺伝の研究は交雑実験によって形質の遺伝の様式，関与する遺伝因子の分析がなされ，遺伝学は急速に進歩した．次に交雑の方法と実験結果の取り扱いについて説明する．

メンデルはその研究において遺伝の本体を遺伝因子と呼んだが，その後の研究により，遺伝の本体は染色体上に存在する物質，すなわち遺伝子で，光学顕微鏡ではいうまでもなく電子顕微鏡でも見ることはできないが，実在する生物学的な実体であることが明らかにされたのである．

(1) 戻 し 交 雑

F_1個体へ親または親と同一遺伝子型の個体をかけ合わせて子孫を取ることを，戻し交雑（backcross）という．F_1個体を優性の親へ戻し交雑するときは，その子は全部優性形質を表現し，形質の分離はみられないが，劣性の親または親と同じ劣性個体へ戻し交雑するときは，F_1個体の配偶子の遺伝子組成そのままを現し，次世代の分離状態を簡単に正確に捉えることができる．

1組の優性および劣性の遺伝子に関する交雑において，優性遺伝子を A，劣性遺伝子を a とすると，F_1個体は Aa であるから，これを親の aa 個体へ戻し交雑すると，Aa：aa＝1：1 に分離する．遺伝子の組合せが2組の場合には，F_1は AaBb となり，配偶子は AB, Ab, aB, ab で，これに劣性の aabb がかけ合わされると，AaBb：Aabb：aaBb：aabb＝1：1：1：1 であって F_1個体の配偶子の遺伝子型に一致し，F_2の分離よりも簡単で整理も容易である．今日交雑実験による遺伝子分析には戻し交雑が多く用いられ，試験交雑（test cross）と呼ばれることもある．

(2) 正 逆 交 雑

メンデルは交雑実験において，雄と雌を逆にして交雑しても結果は同じであることを示した

が，性染色体上に遺伝子座がある場合や細胞質遺伝をする場合は，雄と雌を逆にすると結果が異なる．たとえば，X染色体上に遺伝子座がある伴性遺伝では，Y染色体をもつ雄は，その遺伝子が優性であれ劣性であれ，そのまま発現する．仮に雄が優性の遺伝子をもち，雌が劣性ホモの場合，次の世代では雌がすべての優性の遺伝子を発現し，雄が劣性を発現するので，雄と雌の表現型が前の世代と逆になる．

このように雄と雌を逆にして交配することを逆交雑といい，元の交配を正交配というが，どちらを正にするかは特にきまりはない．伴性遺伝や細胞質遺伝を発見する方法として用いられる．

(3) 分離の検定

交雑によって形質の優性，劣性を知り，戻し交雑を行い，必要に応じて F_2 や F_3 を作り，遺伝的形質の分離状態を解析することにより関与する遺伝子を推定すること，すなわち遺伝子分析を行うことができる．

遺伝子の分離はまったくランダムに行われるので，確率に支配される．したがって，分離の観察において無限数の個体があれば結果は確実であるが，実際には無限数の個体を解析することは考えられないから，有限数の個体について得られた結果が正しいかどうかを統計的に検定しなければならない．

実験によって得られた標本値が理論値と完全に一致することはきわめてまれで，常に偏差を伴うが，この偏差が自然のばらつきによるものであるか，または理論値と有意に異なるためであるかを検証しなくてはならない．これには χ^2 検定がよく用いられる．検定法の詳細は統計学の成書を参照されたい．

メンデルの法則は植物における交雑実験によって得られたのであるが，その後，この法則は動物にもそのままあてはまることが多くの研究によって証明された．以下では特別な場合を除き，動物における遺伝学を中心に説明を進めよう．

3. メンデルの法則の発展

メンデル法則の再発見後，遺伝の研究は動植物において盛んに行われ，多くの事実が明らかにされてきた．ここに優劣の法則と形質の表現についてさらに説明を付け加える．

(1) 優劣の法則

対立遺伝子の優性，劣性の関係は，形態学的な形質のみならず，生理学的，病理学的な多くの形質において存在する．たとえば，生体内では無数の酵素がはたらいているが，これらの酵素のタンパク質は遺伝子によってコードされており，1酵素1遺伝子仮説が提唱されたこともある．ある酵素に対する遺伝子が突然変異*(mutation)を起こした場合，酵素活性にまったく

変化がないこともあるが，酵素生産が行われないか，あるいは生産量や活性がはなはだしく減少することがある．病気に対する抵抗性も遺伝子の支配を受けている．多くの場合，抵抗性は優性で，罹患しやすい性質が劣性である．動物の奇形には遺伝的のものが多い．これらも遺伝子の作用を受け，優性もあれば劣性もある．

動物には生存に対して不利に作用する遺伝子があり，致死遺伝子と名づけられている．致死遺伝子の多くは劣性であって，その対立正常遺伝子が優性であるから，劣性致死遺伝子をホモにもつものは生存力がなく，ヘテロにもつものは一般に異常が発現せず健康である．致死遺伝子が優性となることもある．そのような場合，ヘテロにおいてもことごとく死亡し子孫へ伝わることはないから，このような遺伝子の存在は考えられないように思うかも知れないが，突然変異によって生ずることがある．

遺伝学の研究が進むとともに，対立遺伝子の優劣関係には種々の場合があることが明らかにされた．

---

* 突然変異とは，ゲノムを構成する染色体または核酸分子に突然現れる不連続的変化で，遺伝的に伝えられていくすべての変異をいう．有角の家畜牛（$Bos\ taurus$）には50,000頭に1頭くらい無角（polled）の突然変異が出現する（牛の無角は有角に対し優性）．それは微生物の突然変異出現率（10^{-4}〜10^{-6}）に似ており，突然変異は生物界共通の現象である．

1）完全優性と不完全優性

完全優性は，優性および劣性遺伝子のヘテロの組合せにおいて，優性形質のみが表現し，劣性形質は完全に隠れ潜在的になるから，遺伝子型がホモであるかヘテロであるかまったく区別することができない．表現型がF_2において，優性3：劣性1に分離することについては先に述べた．着色マウスと白色マウス，着色ニワトリと劣性白との交雑F_1は，いずれも着色が完全優性，またニワトリの正常羽は絹糸羽（silky feather）に対して完全優性である．

優性といっても完全でなくて，対立劣性形質との交雑F_1において，優性形質が完全に表現しないものがある．これを不完全優性といい，その表現の過程および仕方は形質によって異なり，優性がいくぶん強く表現するもの，中間になるもの，または優劣両形質がモザイクに表現するものなどがある．

図1-5 烏骨鶏あるいは絹糸鶏羽毛は絹糸羽で毛冠と脚羽があり，冠は苺冠で5指，腹膜，骨膜，筋膜などの中胚葉性組織に黒色素が沈着し黒灰色であるから，烏骨鶏の名がある．

メンデルの法則再発見後まもなく，コレンスはオシロイバナ（*Mirabilis jalapa*）の花の赤色が，白色に対して不完全優性であることを発見した．紅色オシロイバナと白色花とを交雑すると，F_1 は中間の淡紅色，F_2 は紅色1：淡紅色2：白色1に分離した．これは，紅色が白色に対して不完全優性であって，ホモでは紅色であるのに対し，ヘテロでは淡紅色になるからである．

図 1-6　褐色レグホーンと白色烏骨鶏との交雑 F_1．次の6形質の優劣関係を観察できる．

優 性	褐色 正常羽装 毛冠(不完全優性)	劣 性	白色 絹糸羽装 正常	優 性	苺冠 脚羽 5趾	劣 性	単冠 脚羽なし 4趾

ニワトリには不完全優性が多数見つかっている．産卵鶏の1種アンダルシャン（Andalusian）は，藍青色で優性遺伝子 Bl をヘテロ（$Blbl$）にもつ．

Bl は色を薄める作用をもち，その対立劣性 bl は薄める作用が欠けている．したがって，ホモ Bl（$BlBl$）は黒色が薄められてほとんど白色で，薄黒が点々と現れている．劣性ホモの $blbl$ は黒色である．アンダルシャンでは標準色は青藍色であるが，青藍色同士の交配は，$BlBl$（白）：$Blbl$（青藍色）：$blbl$（黒）＝1：2：1に分離する．そこで標準色のアンダルシャンは白（$BlBl$）と黒（$blbl$）の交配によって作られる．

図 1-7　藍灰色アンダルシャン

アンダルシャンの標準色は藍灰色であるが，この羽色はヘテロであるから，藍灰色アンダルシャン同士を交配すると，黒，藍灰色，煤白（1：2：1）に分離する．藍灰色は黒色×煤白の中間雑種である．

横斑プリマスロックの羽色は黒白横斑であるが，雄と雌とで色の濃さが違い，雄は雌よりも色が薄い．雄と雌とで色の濃度が違うのは B が伴性遺伝子であってその遺伝子型は雄が BB，雌が B で優性遺伝

子が1個と2個とで作用が異なる．この場合 B が1個よりも2個の方が黒を強力に抑制して白の量を多くするのである．これは優性ではあるが，量的に作用することを示す．

このように，遺伝子の優劣関係にはいろいろの場合があり簡単ではないが，不完全であっても一方の作用が他方より強力であれば，これを優性となし，遺伝子記号は大文字をもってし，他方はその小文字を用いる．

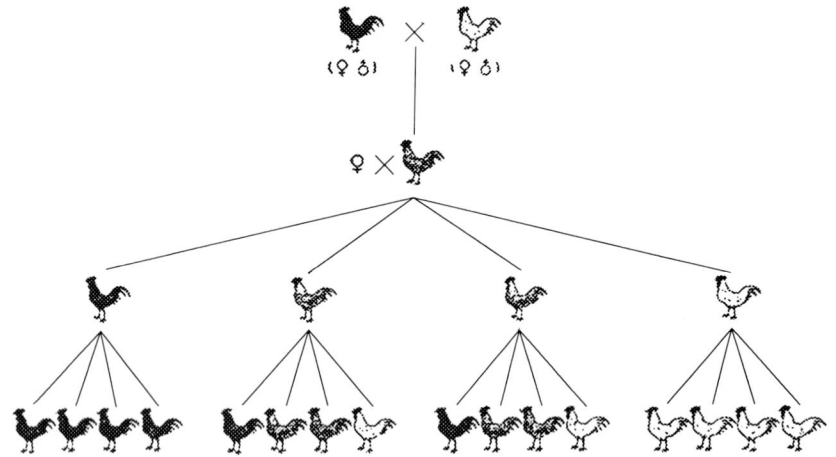

図1-8 アンダルシャンの藍灰色の遺伝を示す．藍灰色アンダルシャン同士を交配すると，黒1：藍灰色2：煤白1に分離し，黒×白の F_1 は藍灰色, F_2 は黒1：藍灰色2：煤白1に分離し，黒と白とは純粋（ホモ），藍灰色はどこまでも同じように分離を反復する．

2) 優劣の転換

対立遺伝子の優劣の関係は，環境によって転換するものがある．サクラソウ（*Primula sinensis*）は，露地栽培において20℃内外で赤色であるが，高温多湿で栽培すると白色になることが早くから知られている．すなわち20℃内外では赤色が優性，高温多湿では白色が優性となる．ヒツジの角は雌と雄で優劣が逆となるものがある．

(2) 形質と遺伝子

近来，遺伝生化学の研究が進歩し，従来1つの表現型に対して一対の遺伝子の作用が考えられていたものでも，複雑な生化学的反応によって合成される場合には，当然多くの遺伝子が作用すると考えられる．たとえば物質合成がいくつかの段階の酵素作用による場合，各段階にそれぞれ異なる酵素が作用する．これらの酵素はそれぞれ異なる遺伝子の支配を受けている．アカパンカビ（*Neurospora crassa*）におけるアルギニン（arginine）の合成をあげてみよう．

アカパンカビのある系統は，培養基にアルギニンを必要とし，第2の系統はアルギニンまたはシトルリン（citrulline）を必要とし，第3の系統はアルギニンかシトルリンまたはオルニチ

ン (ornithine) のどれかを培養基へ加えれば栄養は充たされる．アルギニンの生体内の合成は，前駆物質→オルニチン→シトルリン→アルギニンの3段階によって行われる．正常野生型において連鎖の各段階 (1,2,3) には酵素が作用する．それらの酵素は，それぞれ異なる遺伝子の支配を受けている．

$$\text{前駆物質} \xrightarrow{(1)} \underset{\substack{NH_2 \\ | \\ (CH_2)_3 \\ | \\ CHNH_2 \\ | \\ COOH}}{\text{オルニチン}} \xrightarrow{(2)} \underset{\substack{NH_2 \\ | \\ C=O \\ | \\ NH \\ | \\ (CH_2)_3 \\ | \\ CHNH_2 \\ | \\ COOH}}{\text{シトルリン}} \xrightarrow{(3)} \underset{\substack{NH_2 \\ | \\ C=NH \\ | \\ NH \\ | \\ (CH_2)_3 \\ | \\ CHNH_2 \\ | \\ COOH}}{\text{アルギニン}}$$

正常野生型においては各段階の酵素が作用しているから，アルギニンの合成は異常なく行われ，培養基にアルギニンを加える必要がない．合成の各段階を支配する酵素の遺伝子に突然変異が起こり，物質合成の連鎖の段階で停止すれば，それより先の反応は進行しなくなる．もし図の1の段階で停止すれば，アルギニン，シトルリン，オルニチンのどれかを培養基へ加えなければ成育しない．第2段階で停止すれば，アルギニン，シトルリンのどれかを必要とし，第3段階で停止すれば，アルギニンを添加することにより正常に成育させることができる．

ショウジョウバエの眼の色や，カイコガの卵色の化学物質は3-ヒドロキシキヌレニン (3-hydroxy kynurenine) であって，トリプトファン (tryptophan) から3段階を経て合成される．

トリプトファン 〔インドール環〕-CH$_2$CH(NH$_2$)-COOH

酵素(1)によって，↓

フォルミールキヌレニン 〔ベンゼン環, NH-CHO〕-COCH$_2$CH(NH$_2$)-COOH

酵素(2)によって，↓

キヌレニン 〔ベンゼン環, NH$_2$〕-COCH$_2$-CH(NH$_2$)-COOH

酵素(3)によって，↓

3-ヒドロキシキヌレニン 〔ベンゼン環, NH$_2$, OH〕-COCH$_2$-CH(NH$_2$)-COOH

になり，酵素(3)によって色素を生ずる．これらの合成段階において酵素遺伝子に突然変異が起こると，その段階以後化学反応は進行が停止し，色素は生成されない（口絵参照）．

ショウジョウバエの眼の色を決定する遺伝子は13にものぼるといわれている．分子遺伝学が

進歩して，高等動物の形質に関する分子生物学的研究が進むと，1つの形質の発現に関与する遺伝子がさらにはっきり解明されるだろう．

(3) 浸透度と表現度

遺伝子そのものは変化することはないが，環境の影響により，また他の遺伝子の影響により，遺伝子をもっているにも関わらず完全にその作用を発現しないことがある．ある遺伝子をもつ個体のうち，その形質を発現する個体の割合を浸透度(penetrance)という．また同じ遺伝子が発現しているはずであるのに表現を異にする場合もあり，表現の度合を表現度（expressivity）という．また個体による表現の変化を多様表現度（variable expressivity）という．形質によっては，その表現が不完全なものがある．これを不完全浸透度(incomplete penetrance)という．浸透度は通常，百分率で表す．

ブタの直腸閉塞は単一劣性遺伝子による奇形であるが，これをホモにもつ個体のうち，奇形になる個体の出現率は理論比よりも著しく低く，複雑な遺伝のように見える．しかし，これは浸透度の低いことによって説明される．すなわち，劣性ホモ個体の一部は奇形とならないからである．

表 1-2 横脈異常の程度と頻度

数値化した異常の程度	1（軽いもの）	2（中等度）	3（重いもの）
頻　度	73	72	2

ショウジョウバエの劣性突然変異に，翅の横脈異常（第2横脈途切れ）というのがある．横脈異常同士の交配から，正常211, 異常147が得られた．普通ならば全部異常であるべきはずなのに，表現度は41%に過ぎない．また，異常の発現する程度も個体によって異なる（表1-2）．この表で，異常の程度を任意の数字で表し，その頻度から次のように浸透度を算出する．

$$Q_e = \frac{(1^2 \times 73) + (2^2 \times 72) + (3^2 \times 2)}{(73 + 72 + 2) \times 3^2} \times 100 = 28.6$$

この例では，ショウジョウバエの系統により浸透度および表現度に変異があったが，浸透度と表現度との間には正の相関が認められた．

浸透度および表現度の異常は，人類および高等動物においてしばしば認められる．人間の遺伝病に青色鞏膜症というのがある．この疾患では鞏膜が著しく薄くなり，そのために白眼の部分が青く見える．青色鞏膜症の人は骨の発育も悪く，骨質がもろく，容易に骨折する．骨の軟弱は青年期になると治るが，青年期を過ぎると耳が遠くなる．

青色鞏膜症は単一優性遺伝子によるので，これをヘテロにもつ人と正常の人との間にできた子の半数は，この遺伝子をヘテロにもち，普通ならば必ず発病すべきである．ところが，青色鞏膜症の家系において，健康な人どうしの結婚からしばしば青色鞏膜症の子が生まれる．これは，この病気の遺伝子が優性であるにも関わらず，劣性のように行動するからである．この不規則の優性は不完全浸透度による．しかしこの場合，不完全浸透の原因として，共存するほ

かの対立遺伝子，あるいは環境の影響も考えられる．

（4）複対立遺伝子

メンデルの法則について説明したように，一般に優性と劣性の遺伝子が対立し，したがってそれらがホモ（AA, aa）の場合とヘテロ（Aa）の場合とがある．このような対立関係にある優劣の遺伝子を対立遺伝子（allele）と名付ける．メンデルの法則の発展とともに，遺伝子間の対立関係は，1対の遺伝子の間だけでなく，多数の遺伝子間にあることが見出され，対立遺伝子の考えはさらに前進した．

図1-9　チンチラ遺伝子群によるウサギの毛色の違い
上：普通のチンチラウサギ（$c^{ch3}c^{ch3}rr$），下：ヒマラヤンウサギ（$c^h c^h aa$）．チンチラ色は霜降色であるが，濃淡種々の種類があり，黒色から白色に至るまで複対立遺伝子群をなす．

ショウジョウバエの野生型は赤色眼であるが，飼育中に突然変異によって白眼，エオジン眼，アンズ色眼，象牙色眼，そのほかサンゴ色眼，サクランボ色眼，血液色眼など多数の眼色を生じることが知られている．これらの眼色は，もとの野生型赤色眼と対立するのみならず，突然変異型どうしの間でどれとでも相互に対立関係を示し，優劣関係を示す．このような遺伝子を複対立遺伝子（multiple alleles）と呼ぶ．

高等動物においても，複対立遺伝子は多数発見されている．たとえばマウスの野ねずみ色の被毛色を支配するアグーチ（agouti）遺伝子群（A）は，黄色 A^y，アグーチ A^w（アグーチで腹面白），黒白 a^t，黒色 a が相互に対立し，優劣関係は，現在は新しい遺伝子 a^e（真黒）も加わり，$A^y > A^w > A^+ > a > a^t > a^e$ となっている．家兎のチンチラ（chinchilla）遺伝子群もよく知られている．チンチラ色というのは霜降色の毛色であるが，これにいろいろの種類があり，それらどうしのほかに，野生色および白色（c, アルビノ（albino, 白子））とも対立する．その優劣関係は，野生色（C）＞黒チンチラ（c^d）＞チンチラ（c^{ch}）褐色チンチラ（c^m）＞ヒマラヤンウサギ（c^h）＞白色（c）である．

ヒツジの角には品種によって種々の型がある．ドーセットホーン（Dorset Horn）は雌雄ともに有角，メリノー（Merino）は雄が有角で雌が無角，シュロップシャー（Shropshire）やサウスダウン（Southdown）などは雌雄ともに無角である．これらの角の型はおのおの対立し，雌では優劣関係は雌雄無角（H）＞雌雄有角（H'）＞メリノー型（h）である．

対立遺伝子は相同染色体の同一座位の遺伝子であって，ホモ AA, aa とヘテロ Aa とがある．

複対立遺伝子はいくつあってもみな同一座位の遺伝子である．なぜ同一座位に種々変わった遺伝子があるのか，その説明に苦しんだ時代もあったが，現在では遺伝子構造の解明が進み，遺伝子が異なる種類の突然変異を起こしてさまざまな表現型を示すことが明らかにされている．

(5) 遺 伝 子 記 号

遺伝子は記号で表す．メンデルは，優性因子を A, B, C …と大文字，劣性因子を a, b, c …と小文字を用いて表した．しかし，アルファベットの字数には限りがあり，また遺伝学研究の進歩とともに多数の遺伝子が記載され，異なる遺伝子に同一記号を用いたのでは紛らわしさを増すばかりである．そこで，遺伝子記号はその記号を見て形質が連想され，しかもなるべく簡単に表すことが望まれる．今日用いられている表し方は次の通りである．

従来，遺伝子記号は，その形質のラテン語名，英語その他なるべく世界に広く用いられている名称の頭文字を用い，できるだけ簡単にするため1字を用い，紛らわしさを避けるために1, 2字の小文字を付記することにより表記してきたが，近年，遺伝子数の増加に伴って数字を含むいくつかの英数字により表記されている．そして，優性は大文字，劣性は小文字で表すが，2字を用いる場合，優性は最初の一字を大文字とする．

さらに現在では，ショウジョウバエでは野生種を人工飼育して多くの突然変異を見つけ，遺伝子記号を定めたのであるから，劣性突然変異の場合その記号は，形質名の頭文字，たとえば黄色体は y, その優性遺伝子は ＋ または y^+ とする．棒状眼は優性突然変異 B (bar) で，その野生型は B^+ とする．紫眼は英語で purple あるから，劣性は $purple$, その野生型は $Purple$ または $purple^+$ とする．

ショウジョウバエは，人工飼育条件下で突然変異が分離され，野生型とはっきり区別される場合が多い．したがって野生型を ＋ で表すことができるが，他の動物，ことに家畜では，遺伝子を見つけてもそれを野生型と判然と区別することのできないことがしばしばある．したがって，対立遺伝子は優性を大文字劣性はその小文字で表す．ニワトリの短脚（creeper fowl）は劣性致死遺伝子であるが，形態的には優性で正常遺伝子と対立している．形態形質を取り Cp で表す．

複対立遺伝子では，最初に見つかった型を基準として表し，その後に見つかった型は，その文字の肩にその文字をつける．たとえばショウジョウバエにおいて赤眼は野生型であるから ＋ で表し，最初に見つかったその対立劣性の白眼は w とし，エオジン色は w^e, サンゴ色は w^{co}, バラ色は w^{bp}, アンズ色は w^{ap} と記す．マウスでは，アグーチと真黒色とが対立し，その間にいくつかの対立遺伝子をもつ複対立遺伝子であるから，アグーチ A を基準として A, A^y（黄色），A^w（アグーチ色腹面白色），a^t（黒色，腹面白），a（黒色）とする．家兎にはチンチラ遺伝子群がある．この遺伝子群は，野生色から白色まで6つが相互に対立し，その他の遺伝子と共存して種々の色を生じるのであるが，アルビノ遺伝子群としては C, c^d, c^{ch}, c^m, c^h, c の6つが相互に対立する．

(6) 表現型からみた遺伝子相互作用

形質は，遺伝子の作用と環境の影響とによって発現する．対立遺伝子が2組以上あるとき，それらはそれぞれ独立に遺伝して正規に分離するはずのものが，各組の遺伝子が相互に作用し，形質の表現が変わるとともに，分離様式も変わったように見える場合がある．非対立遺伝子の相互作用によって，特殊な表現型を示す現象が家畜・家禽に多くみられ，A，B 2組の対立遺伝子の相互作用による F_2 表現型分離比は表 1-3 のようになる．

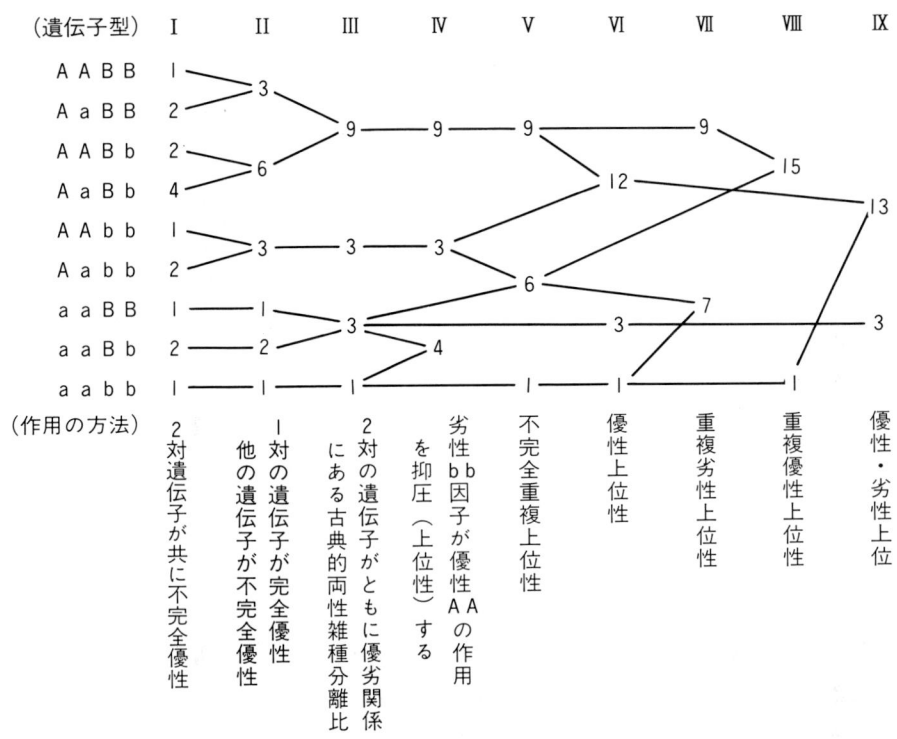

表 1-3 対立遺伝子相互作用による表現型分離比

上位 (epistasis) とは，2組以上の遺伝子が関係して発現する形質で，表現型がある1つの対立遺伝子だけに支配されて，他の対立遺伝子の発現が抑えられる場合，発現される対立遺伝子が他の対立遺伝子に対して上位であるという．上位性が家畜の多くの経済的形質の遺伝子発現に影響し，毛色の分離にも関係する．各クラス I〜IX の例：

1) 2対遺伝子がともに不完全優性

$$
\begin{array}{c}
\text{強い逆羽 Frizzle 黒色鶏} \quad \times \quad \text{正常羽白斑鶏} \\
(FF\ Bl\ Bl) \qquad \downarrow \qquad (ff\ bl\ bl) \\
F_1 : \text{弱い逆羽, 青色鶏} (Ff, Bb) \\
F_2 : F/F\ Bl/Bl\ 1,\ F/F\ Bl/Bl\ 2,\ F/F\ Bl/bl\ 2 \\
F/f\ Bl/bl\ 4,\ F/F\ bl/bl\ 1,\ F/f\ bl/bl\ 2 \\
f/f\ Bl/Bl\ 1,\ f/f\ Bl/bl\ 2,\ f/f\ bl/bl\ 1
\end{array}
$$

2) 1対の遺伝子間でのみ完全優性，他の遺伝子が不完全優性（無角×有角）

```
       無角赤色ショートホーン牛   ×   有角白色ショートホーン牛
           PP R₁R₁                    pp R₂R₂
                              ↓
       F₁：無角糟毛牛        （ショートホーンの赤は白に対し
           Pp R₁R₂             不完全優性）
                    ↓ （因子型）
       F₂：無角赤色牛    3    PP R₁R₁,  Pp R₁R₁
           無角糟毛       6    PP R₁R₂,  Pp R₁R₂
           無角白色       3    PP R₂R₂,  Pp R₂R₂
           有角赤色       1    pp R₁R₁
           有角糟毛       2    pp R₁R₂
           有角白色       1    pp R₂R₂
```

3) 2組の対立遺伝子がともに優劣関係にある古典的両性雑種分離比

テンジクネズミの巻毛黒色×直毛白色→F₁ 巻毛黒色→F₂ 9：3：3：1の場合がある．

4) 劣性bb遺伝子が優性AAの作用を抑圧（上位性）

哺乳類の毛色は色素因子と着色酵素因子クロモーゲン両者の働きによるが，クロモーゲン因子劣性の場合は，

```
       黒色ラット × 白色ラット → F₁：黒色ラット〔Ａ Ｂ〕
         ＡＡＢＢ      ａａｂｂ
       F₂：黒色〔ＡＢ〕9，白色〔Ａｂ〕3，〔ａｂ〕1
           クリーム色〔ａＢ〕3
       Ａ：黒色因子，ａ：減色クリーム色，Ｂ：クロモーゲン
       ｂ：色素抑圧因子〔ｂｂ〕＞〔ＡＡ〕
```

5) 不完全重複上位性

白色となるデューロックジャージー豚の毛色は上位性遺伝のモデルである．

```
       デューロックジャージー豚砂色 × 砂色豚 → F₁：赤色豚
                   ＡＡｂｂ          ａａＢＢ      ＡａＢｂ
       → F₂：赤色〔ＡＢ〕9，砂色〔Ａｂ〕〔ａＢ〕6，白色〔ａｂ〕1
           一面累加的とも考えられる．
```

6) 優性上位性

　　　　　白色犬　×　褐色犬　→　F₁：白色犬
　　　　ＡＡＢＢ　　ａａｂｂ
→　F₂：白色〔ＡＢ〕9，黒色〔Ａｂ〕3，白色〔ａＢ〕3，
　　　褐色〔ａｂ〕1
となるが，Ａ－黒色，ａ－褐色，Ｂ－色素抑圧因子 inhibitor
の作用による．

7) 重複劣性上位性

　　　　白色ドーキング鶏　×　白色烏骨鶏　→　F₁：有色〔ＡＢ〕
　　　　ＡＡｂｂ　　　　　ａａＢＢ
→　F₂：有色〔ＡＢ〕9，白色〔Ａｂ〕3，白色〔ａＢ〕3，
　　　白色〔ａｂ〕1
Ａ－色素因子，Ｂ－クロモーゲンとすれば説明できる．
人の聾者も本例に属する．

8) 重複優性上位性

　　　　毛脚鶏　×　無毛脚正常鶏　→　F₁：毛脚鶏〔ＡＢ〕
　　　ＡＡＢＢ　　　ａａｂｂ
→　F₂：毛脚〔ＡＢ〕9，〔Ａｂ〕3，〔ａＢ〕3，
　　　無毛脚〔ａｂ〕1
ＡＢともに毛脚因子で，1個以上で毛脚鶏となる．
ＡＢ優性因子の数により毛脚の程度が異る

9) 優性・劣性上位

　　　　白色レグホーン　×　白色ワイアンドット鶏　→　F₁：白色〔ＡＢ〕
　　　ＡＡＢＢ　　　　　ａａｂｂ
→　F₂：白色〔ＡＢ〕9，〔Ａｂ〕3，〔ａｂ〕1，
　　　黒色〔ａＢ〕
ＡがＢ（黒因子）に対する抑圧因子．白色レグホーン×白色烏骨鶏
→　の場合も同じく分離する．

白色レグホーンは優性白で，白色ワイアンドットその他の白色ニワトリはメラニン色素形成に必要な因子が劣性のため劣性白と名付けられているが，白色ラット，マウスの白子（アルビノ）と異なり，眼が黒褐色である．

以上の対立遺伝子間および非対立遺伝子間の表現型分離比に及ぼす遺伝子の相互作用は次のように分類される．

表 1-4　遺伝子の相互作用による F_2 表現型分離比

対立遺伝子間	非対立遺伝子間	遺伝子作用の仕方
相互優性（対立）因子 codominant $A \neq A_1$ 1：2：1	相互上位性 coepistatic $A \neq B$ 9：3：3：1	遺伝子が異なる方法で作用
半優性因子 semidominant $A + A_1$ 1：2：1	半上位性 semiepistatic $A + B$ 9：6：1	遺伝子が相加的に作用
同位優性因子 isodominant $A \neq A_1$ 4	同類上位性 isoepistatic $A \neq B$ 15：1	遺伝子がいずれも同じ方法で作用
単純優劣性因子 dominant & recessive $A > A_1$ 3：1	上位性および下位性効果 epistatic & hypostatic $A > B$ 9：3：4 12：3：1 13：3 9：7 15：1	ある遺伝子がその他の遺伝子の作用を覆い隠す（抑制）

(7) 分子レベルからみた遺伝子の相互作用

　前節では，表現型レベルのさまざまな遺伝形質の相互作用について述べた．このような表現型の相互作用の背後には，遺伝子レベルの相互作用があるが，古典的な掛合わせの手法で明らかにされたさまざまな現象の遺伝子機構は十分に解明されていないものが多い．最近では，遺伝子の構造が明らかにされてから，古典的な表現型に関する知識をもとに相互の関係を推論する場合も多い．

　表現型レベルの相互作用の遺伝子機構には，対立遺伝子の相互作用によるもののほか，① 転写調節因子とその標的遺伝子，② 受容体をコードする遺伝子とそのリガンドをコードする遺伝子，③ 遺伝子の染色体上の位置関係による相互作用など，さまざまな場合が考えられる．動物の発生過程における形態形成や器官形成，あるいは毛色のような変異の多い表現型や，体の大きさや形，体重など，いわゆる量的形質を支配する遺伝子群には複雑な遺伝子相互作用を示すものが多い．それらの一部については，後の各章で取り上げられるが，ここでは，染色体上の位置による遺伝子間の相互作用に触れておく．

　発生過程を支配している遺伝子群としてよく知られているものに，ホメオボックス遺伝子と呼ばれる一連の遺伝子群がある．ホメオボックス遺伝子は，その名の示す通り，ホメオボックスと呼ばれる互いによく類似した塩基配列を共通してもっており，最初にショウジョウバエで発見されて以来，マウスやヒトを含む哺乳類をはじめ，多くの脊椎動物，無脊椎動物，また，植物でも見いだされている．

ホメオボックス遺伝子の多くは，いくつかのクラスターとして存在し，発生過程で複雑な動物のかたち造りに本質的な役割を果たしている．興味深いことに，無脊椎動物であるショウジョウバエにおけるホメオボックス遺伝子クラスターと，マウスやヒトのような高度な進化を遂げた脊椎動物のそれとの間には，対応関係が認められる．これらのクラスターに属する遺伝子では，近接したクラスターの遺伝子発現が相互に影響し合って，そのことが，発生過程における秩序だった遺伝子発現に重要な役割を果たしていることが示されている．

すなわち，染色体は多数の機能的ユニットに分かれており，その周辺の遺伝子発現に影響を与えているのである．このような現象の存在は，すでに1925年にA.H.Sturtevantにより，ショウジョウバエの突然変異の解析から明らかにされ，遺伝子発現調節機構における位置効果 (positional effect) として知られている．

仮に，a,b／＋,＋という遺伝子の組合わせで正常の表現型の発現があるとした場合，組換えによる突然変異，a,＋／＋,bでは変異型の表現型が生じることがある．このような場合を安定型位置効果 (stable positional effect) という．一般に，ある野生型の遺伝子が，転座や組換えにより遺伝子発現の活性が低いヘテロ染色質の近傍に置かれた時に，その遺伝子の発現が抑制されたり，逆に，発現活性の高い領域に置かれることで発現が活性化されたりする現象がある．このような現象は，変異型（または斑入り型）位置効果 (variegated positional effect) と呼ばれる．

位置効果の分子機構はまだ十分に明らかにされていないが，インシュレーターと呼ばれる特別な配列があって，特定の遺伝子（例えばショウジョウバエ hsp 70 遺伝子）の発現が，周辺のクロマチンの影響を受けることを防いでいることが知られている．

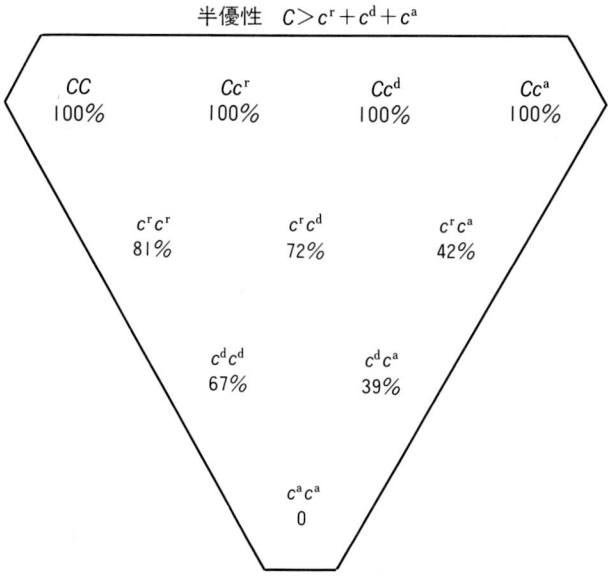

図 1-10　半優性によるテンジクネズミの毛色の支配

(8) 複対立遺伝子間の半優性

げっ歯類およびその他の哺乳類において，その毛はメラニン色素を所有し，そのメラニン含量は c, c^r, c^d および c^a により象徴される複対立遺伝子群に支配されている．最初の C は他の対立遺伝子合計より優性である．これら遺伝子の種々の組合せについて毛中メラニン形成量を調べると，図1-10のように c^a はアモルフであり，他の遺伝子は優性遺伝子 C に対してハイポモルフである（S.Wright, 1949）．

(9) 複対立遺伝子における段階的優性

家兎の毛色には褐色，チンチラ，ヒマラヤ斑およびアルビノの4種があり，c, c^{ch}, c^h および c の複対立遺伝子に支配され，C は他の対立遺伝子に対して優性で，段階的優性形質は逐次的生化学反応（sequential biochemical reaction）とされている．

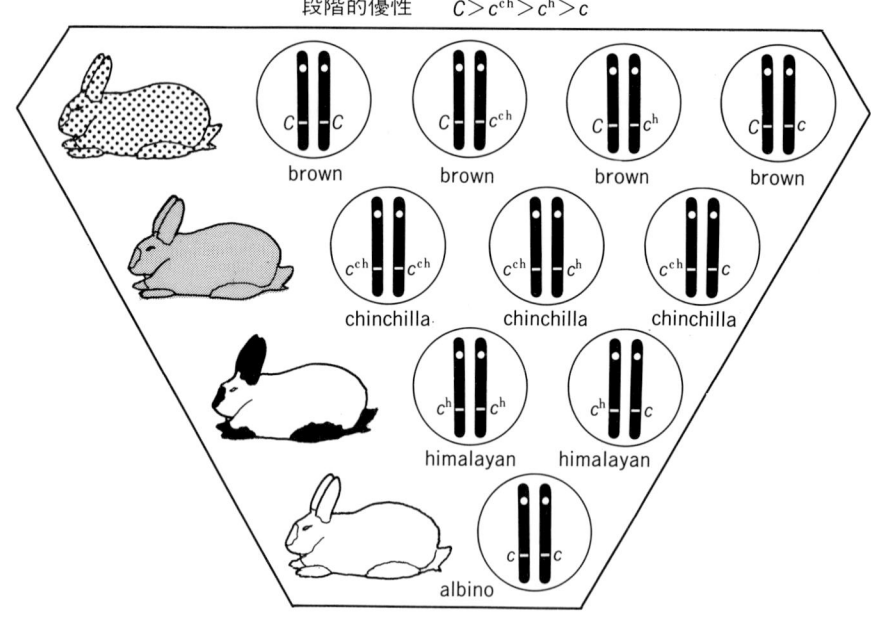

図1-11 複対立遺伝子による家兎の毛色の支配

(10) 遺伝子発現の調節

動物細胞で遺伝子発現が調節されているのは当然であり，よく知られているが，細菌でも環境により遺伝子発現が調節を受ける．このような転写の調節に対し最初のヒントを与えたのはジャコブとモノー（F.Jacob & J.Monod）のラクトース系の研究である．ラクトース系では，3つの酵素の遺伝子が一度に転写され，1つのmRNAを作る．ある機能に関連する遺伝子群が1つのmRNAを形成する遺伝的単位をオペロンといい，原核生物の遺伝子には例が多い．ジャコブらは，ラクトースの存在下で大腸菌がラクトースを分解する酵素群を大量につくる誘導現

象を発見した．さらに，この酵素群を常に（構成的に）合成する2種類の変異株を分離し，この誘導が通常はレプレッサーという抑制因子により調節されていることを示唆した．また，これらの変異株と正常な株を交配して，一部の遺伝子が2倍体となる大腸菌を作って実験すると，一方の変異株は遺伝的に劣性な変異を有し，互いに他方のオペロンに影響する（トランスに作用する）ので，レプレッサーの変異が示唆された．また，他方の変異株は遺伝的に優性であるが，同じ側にあるオペロンにのみ影響を与える（シスに作用する）ので，レプレッサーの作用点の変異と考えられた．レプレッサーの作用点をオペレーターと呼ぶ．ラクトースはレプレッサーに結合し，ラクトースの結合したレプレッサーはオペレーターに結合しないので，ラクトースが存在すると，転写は妨げられない．現在では，レプレッサーの遺伝子である調節遺伝子は常に転写され，レプレッサーがオペレーターに結合して，RNAポリメラーゼによる転写を妨げることが知られている．また，大腸菌の培地にラクトースのほか，グルコースがあるときは，グルコースが優先的に利用され，ラクトース系は誘導されない．これはCAP(catabolite activating protein)がオペレーターよりさらに上流のDNA（下記のプロモーター参照）に結合して，転写を促進するからである．

ラクトース系の転写開始点から15塩基対上流にTATGTTGという配列があり，ここにRNAポリメラーゼが結合して転写を始める．この配列をTATAボックスといい，多くの遺伝子が同様の配列をもっている．多くはTATATAAという配列である．その上流12塩基対はCGが多く，さらにその上流はATに富む．このATに富む領域を-35領域といい，RNAポリメラーゼが最初にゆるやかに結合する領域である．細菌の遺伝子を調べると，すべてがこのような配列をもっているとは限らないが，効率的に大量のmRNAを転写する遺伝子は似たような構造をもっている．ラクトース系では，-35領域と，その上流のCAP結合領域を併せた約80塩基対をプロモーターと呼ぶ．動物では，ホルモンやビタミンが細胞の形質発現を調節するので，さまざまな調節タンパク質の結合部位があり，プロモーターの構造はもっと複雑で，範囲

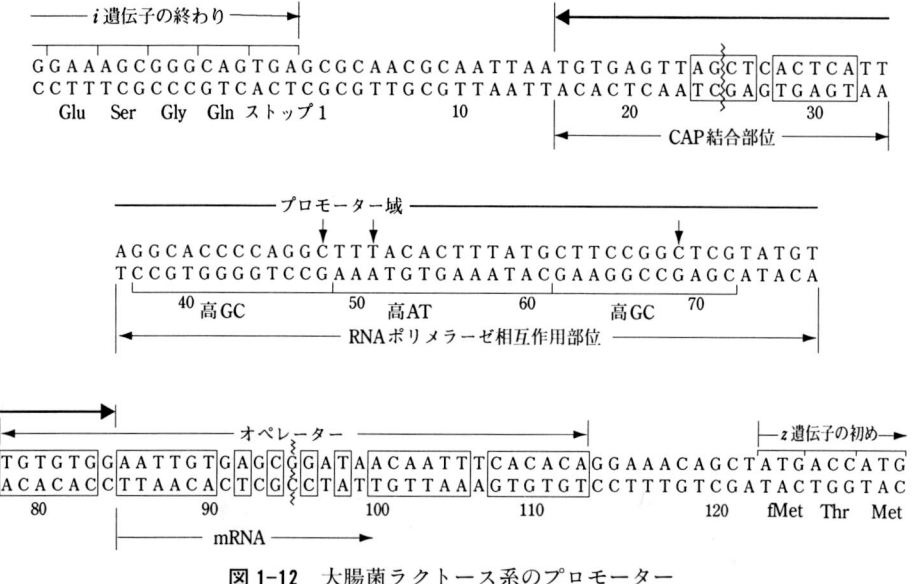

図1-12　大腸菌ラクトース系のプロモーター

も広大となる．一般に，TATA ボックスは転写開始点の約 30 塩基対上流にあり，－35 領域に相当する領域は転写開始点から約 100 塩基対上流にある．

　もうひとつ，動物細胞にはエンハンサー配列という配列があり，その近傍では転写が飛躍的に促進される．その影響は上流および下流の 2000 塩基対にも及ぶ．エンハンサーは，最初，霊長類のウイルス SV 40 の転写促進因子として発見されたもので，このウイルスはTGTGGAATTAG というエンハンサー配列をもっている．一般に，真核細胞におけるmRNAの転写酵素である RNA ポリメラーゼⅡの転写活性を高めるものはすべてエンハンサー配列というが，ATTTGCAT というモチーフをもつものが多い．

4．遺伝現象の細胞学的基礎

(1) 遺伝子の担い手としての染色体

　フック(R.Hooke，1765)による細胞の発見以来 19 世紀末までに，生物体の基本単位は細胞で，それは核と細胞質に区別され，体細胞は分裂によって増殖することが明らかにされた．そして，細胞分裂中期には，核が消失して塩基性色素に濃染する棒状の構造物が形成され(Flemming，1882)，それらが縦裂し娘細胞に等分に伝えられることが明らかにされてきた（van Beneden, 1883)．ヴァルダイアー(W.Waldeyer，1888)が，この構造物を染色体(chromosome)と命名した．さらに，配偶子の形成時には両親からそれぞれ伝えられた相同染色体対が減数分裂によって半減して配偶子に分配されることもボヴェリ(T.Boveri，1882)により見出された．サットン(W.Sutton，1903) は，バッタの染色体の研究から，このような細胞分裂に関係した染色体の行動は，メンデルの想定した形質を伝える要因（遺伝子）の伝達と密接に関係していると考え，染色体が遺伝子の担い手であるという考えを提唱した．

　その後，モルガン(T.H.Morgan)らは，キイロショウジョウバエ(*Drosophila melanogaster*)を累代飼育した遺伝の研究中に 400 を越す突然変異を見つけたが，それらは配偶子の染色体と同数の 4 群に大別され，各群ごとにグループとしてそれぞれ次世代に伝えられることを見出した．大型の 3 本の染色体（1 本は性決定に関係）にはそれぞれ 120〜150 の遺伝子が，最少の 1 本には数個の遺伝子が対応しており，交配実験から各群の遺伝子は染色体上に順に線状に配列していることが認められた．これらの結果を基にして，モルガン (1926) は『遺伝子は各染色体上に点として線状に配列し連鎖群を形成している』という遺伝子説をまとめ，遺伝子の担い手が染色体であることを示した．

　このように同一の染色体上に遺伝子が配列していることを連鎖(linkage, 連関ともいう)，その遺伝子群を連鎖群(linkage group)，遺伝子の配列の順序を図示したものを連鎖地図(linkage map) という．遺伝子の配列順は，配偶子形成時の分裂で相同染色体間で相互に入れ変わることがあり，この現象を組換え(recombination)という．組換えの生じる頻度は遺伝子間の距離に比例するので，その頻度を連鎖地図上の遺伝子間の距離として cM（センチモルガン）を単位

表 1-5 動物の染色体研究の歩み

年代	染色体研究	遺伝研究	遺伝研究	他
1765	R.Hooke 細胞の発見			
1831	Brown 細胞の研究			
1838	Schwann, Schleiden 細胞説			
1855	Virchow "全ての細胞は細胞から"			
1858				Darwin 種の起源
1860				Pasteur 自然発生説否定
1865		Mendel 遺伝の法則		
1869			Miescher 核中のニュークレオン発見	
1882	Flemming 動物細胞の核分裂		Kossel 核酸はAGCT4塩基	
1888	Waldeyer 染色体			
1889			Altmann 核酸の命名	
1900		Correns, de Vries, Tschermack Mendelの法則再発見		
1901				Landsteiner ABO式血液型
1902		Garrod アルカプトン尿症のメンデル性遺伝		
1908		Hardy-Weinberg の法則		
1909			Lavan RNA(酵母より)	
1911		Morgan 遺伝子説		
1919				Yamagiwa ら 人工発癌
1926		Morgan 染色体地図		
1927		Muller X 線による人為突然変異		
1928			Griffith 細菌で遺伝形質の伝達	Flemming ペニシリン
1929			Levan DNA(動物より)	
1933	Painter ら 唾液染色体			
1936				Lysenko 学説
				Oparin 生命起源
1938		Casperson DNA 分子量(50〜100万)		
1941		Beadle ら 一遺伝子一酵素説		
1944			Avery ら 肺炎双球菌の形質転換	Waksmann ストレプトマイシン
1946			Tatum, Lederberg 大腸菌の遺伝子組換え	
1949	Barr, Bertram Barr body(神経細胞)の発見			
1951		McClintock 動く遺伝子	Chargaff DNA 塩基の相補性	
1952	Hsu 組織培養, 低張処理 Makino, Nishimura 低張処理による染色体観察処理法		Harshey, Chase DNA による遺伝子情報の伝達(phage)	
1953			Messelson, Stahl 半保存的 DNA の複製 Watson, Crick 二重らせんモデル	
1954	Davidson, Smith ヒトの白血球のドラムスティク			
1955				Sanger インスリンのアミノ酸配列
1956	Tijo, Levan ヒトの染色体(2n=46)		Kornberg ポリメラーゼ(DNA 合成酵素)	
1957	Taylor, Woods, Hughes 染色体のオートラジオグラフ			
1958	Rothfels, Siminovitch 空気乾燥法			
1959	Lejeune Cri du chat 症			
1960	Moorhead, Nowell, Mellman, Batipps ら 末梢リンパ球培養法(ヒト)			
1961	Lyon X 染色体のライオン仮説		Monod, Jacob ら オペロン説(大腸菌の遺伝子調節機能)	
1962	Moore 口腔粘膜細胞の Barr's body			
1964	Levan, Fredga, Sandberg 染色体の分類法			
1968	Casperson ら Q バンド法		Nierenberg, Ochoa, Khorana コドン表(遺伝暗号の解読)	
1970	Pardue, Gall C バンド法		Khorana 遺伝子の化学合成 Smith 制限酵素	
1971	Sumner ら G バンド法(ASG)			
1971〜1972	Seabright G バンド法改良			
1971	Dutrllaux, Lejeune R バンド法 Arrighi, Hsu C バンド法			
1972	Sumner C バンド法の改良			
1973	Latt 染色体分体交換(SCE) Matsui, Sasaki 仁形成部染色		Boyer, Cohen 組換え DNA 技術	
1974	Perry, Wolff SCE 法の改良			
1975	Goodpasture, Baloom 仁形成部染色の改良		Maxam, Gilbert DNA 塩基決定法	
1976	Yunis 高精度分染法		Sanger diodeoxy 法	

として表す．遺伝子の組換えは，配偶子形式の際に起こる染色体の部分的な交換，すなわち交叉（crossing over）に起因することが明らかにされた．

染色体の研究，遺伝の研究，遺伝子の研究は，それぞれ別々の発展をしてきたが（表1-5），遺伝子の担い手としての染色体研究と遺伝の研究が合体して，新しく細胞遺伝学（cytogenetics）が拓かれ，染色体の形態，構造，機能を中心に遺伝現象の研究が総合的に進められてきた．近年では，分子遺伝学の研究手法の導入によりDNAレベルからの染色体研究が進行し，分子細胞遺伝学（molecular cytogenetics）として発展している．

（2）染色体の構造と形態

高等動物の染色体は，DNAの他にタンパク質（ヒストン，非ヒストンタンパク質），RNAが一緒になったクロマチン（chromatin）よりなり，間期（interphase）には核膜に包まれた細胞核の中で糸状に長く伸展した状態で，ちょうど毛糸を丸めたようになっている．細胞分裂前期に入ると伸展していたクロマチン繊維は次第に凝縮して短くなり，コイル状になってタンパク質の球に巻きついて珠数状になる（ヌクレオソーム（nucleosome）という（p.60参照））．ヌクレオソームは，コイル状に何度も折りたたまれてらせん状に圧縮されて染色体を形成する．通常，10数μmの直径の細胞核内には，6×10^9塩基対（対になった塩基の組，base pair；bp（p.34参照），半数体の配偶子は3×10^9塩基対）のDNAが含まれており，それを直線状につなぐと2m近くの糸となるが，それが細胞分裂前期に入ると，それぞれの染色体ごとに前述のような変化をして，中期には染色体として観察されるのである．

染色体は細胞分裂中期に観察されるので，生体内でも細胞分裂を続けている骨髄や精巣の細胞でみることができるが，近年では生体の組織や細胞を $in\ vitro$ で培養系に移して増殖させて研究している．特に，末梢リンパ球を培養し，低張処理，空気乾燥後染色する方法による研究が広く利用されている．

染色体にはいろいろの形態のものがあり，図1-13に示したように紡錘糸着糸点のセントロメア（centromere）を基準として，そこより上部を短腕（short arm；p），下部を長腕（long arm；q）とした腕比（arm ratio；q/p比）から中部着糸型（metacentric；腕比1.0〜1.7），次中部着糸型（submetacentric，1.7〜3.0），次端部着糸型（subtelocentric，3.0〜7.0），およびアクロセントリック型（acrocentric，7.0〜∞）の4型に大別される．さらに，それぞれの染色体の大きさ（核板の中で相対長）も考慮して分析が行われる．

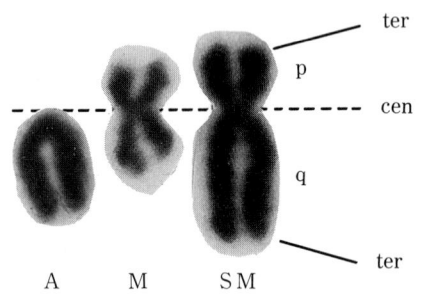

図1-13　分裂中期染色体の形態
A：アクロセントリック型，M：中部着糸型，SM：次中部着糸型，cen：セントロメア，ter：テロメア，p：短腕，q：長腕

(3) 核型とその分析

中期核板の染色体の数と構成する染色体の形態と大きさの組合せは，すべての動物種において一定している．表1-6に主な動物種の染色体数を示した．このように種に固有な染色体構成を核型（karyotype）といい，国際的な分類基準に従って各相同対に分析することを核型分析（karyotype analysis）という．図1-14に示したものは，ブタの体細胞の中期核板とその核型分

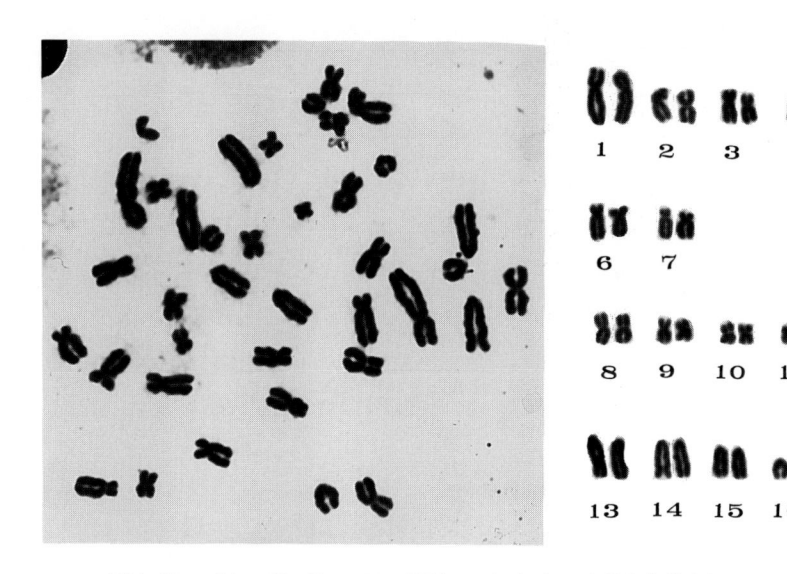

図1-14 ブタ，雄（2n＝38, XY）の白血球の分裂中期像(a)とその核型(b)

表1-6 主な動物の染色体数

種 名	染色体数	種 名	染色体数
ヒト	46	マガモ	80
チンパンジー	48	ニワトリ	78
イヌ	78	アオウミガメ	56
タヌキ	42	アオダイショウ	38
ネコ	38	イモリ	24
インドゾウ	56	ヒキガエル	22
ウマ	64	コイ	100
ロバ	66	メダカ	48
ブタ	38	キイロショウジョウバエ	8
ニホンジカ	68	フキバッタ	23
ヒツジ	54	アキアカネ	25
ウシ	60	アゲハ	60
マウス	40	オホーツクヤドカリ	254
ラット	42	ウマノカイチュウ	2

析である．配偶子が形成される時の減数分裂では，各相同対が対合して配偶子に分配されるので，染色体数は半減し，半数体（n）となっている．

核型を構成する個々の染色体を詳しく調べるためにいろいろな染色体分染法（chromosome differential staining method）が開発されている．分染法には，染色体の縦軸方向に沿って縞模様を染め分けるG-，Q-，およびR-バンド染色法と染色体の特定領域を検出するC-および，NOR-染色法などがある（図1-15）．

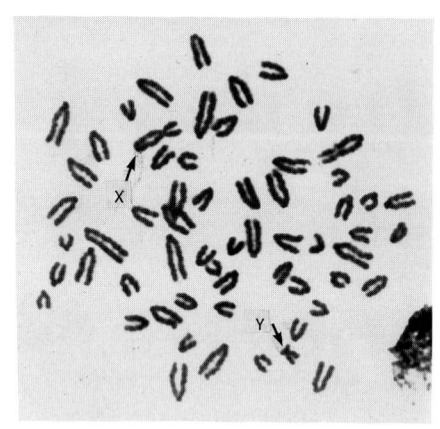

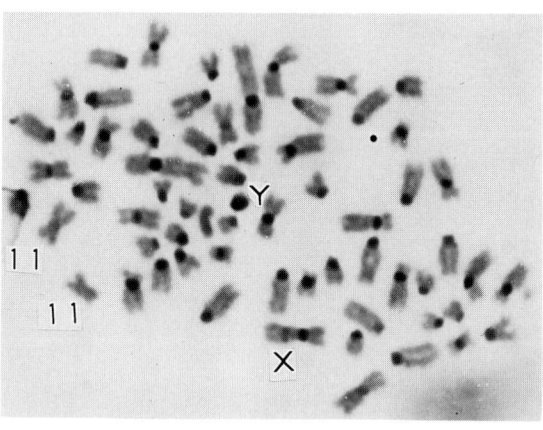

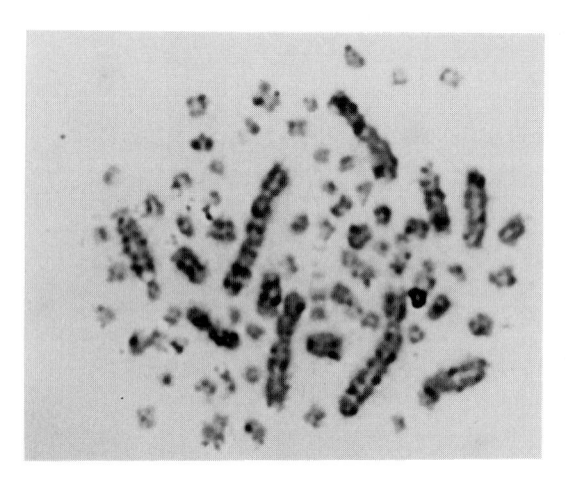

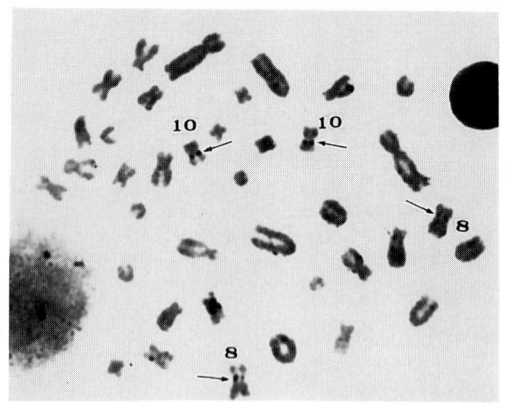

図1-15　各種の分染をした白血球の分裂中期核板
　　　a：通常のギムザ染色（ウシ，雄，2n=60，XY）
　　　b：Cバンド染色（ウマ，雄，2n=64，XY，動原体着糸点に濃染部位）
　　　c：Gバンド染色（ニワトリ，雄，2n=78，ZZ）
　　　d：NORs染色（ブタ，雄，2n=38，↑に濃染部位）

図1-16は，ウシの染色体をG-バンド染色による国際的な分類基準に従って模式化して配列した図，すなわちイディオグラムである．ウシの染色体数は，2n=60で性によって組合せの異なる性染色体（sex chromosome）1対とそれ以外の常染色体（autosome）29対に区別され，さらに形態の類似している個々の染色体も，この分染様式で細部まで詳細に識別することができ

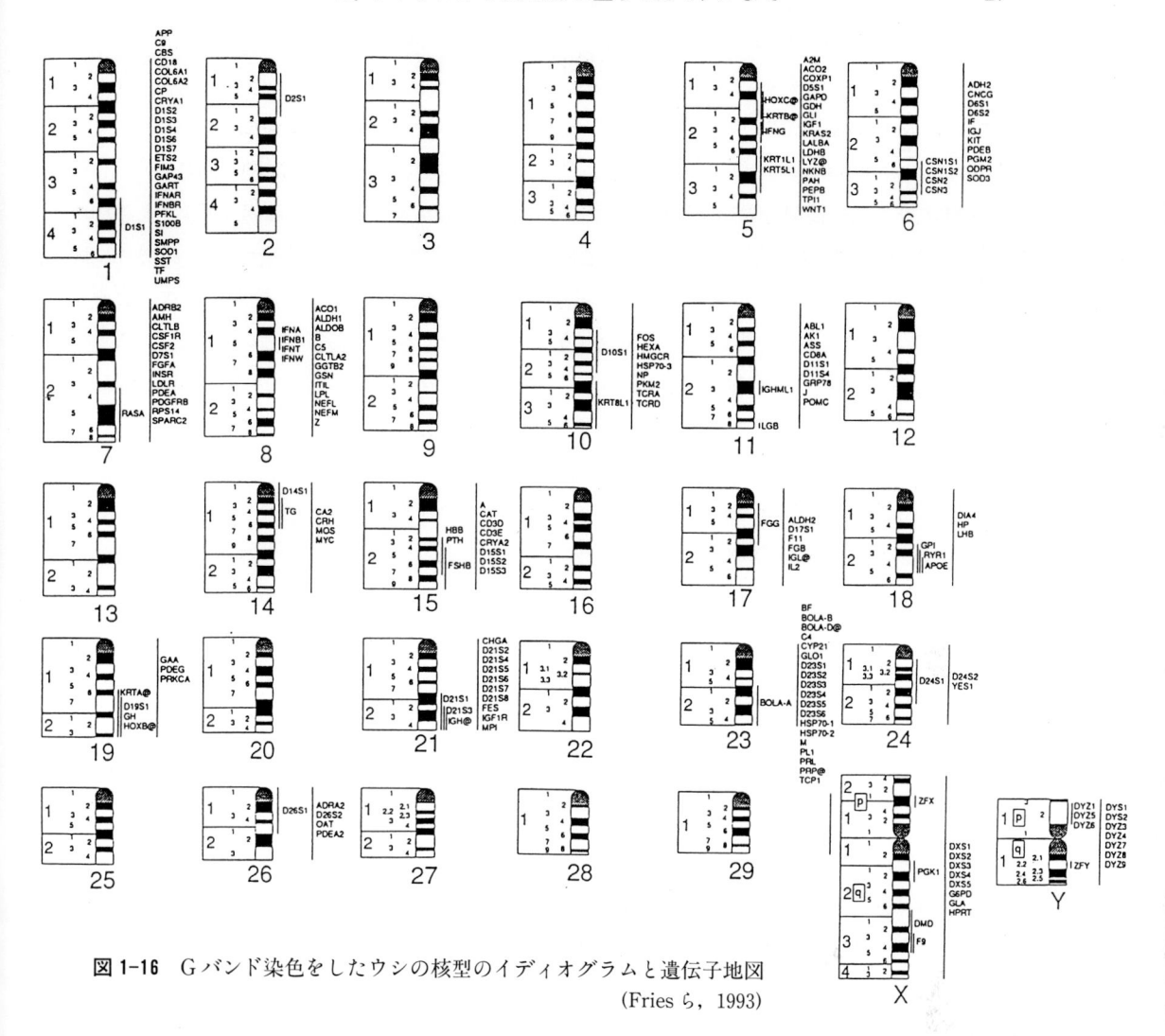

図1-16 Gバンド染色をしたウシの核型のイディオグラムと遺伝子地図
(Fries ら，1993)

る．このような分析は近縁な動物種間の核型の比較検討や染色体上の遺伝子の位置の決定に有効な基準を提供する．

　近縁な動物種の間では，染色体数や核型に類似している点が多く見出される．例えば，ウシ，ヤク，ガウル，アメリカバイソンはそれぞれ別種であるが，染色体数(2 n = 60)，核型は類似しているし，ネコ科のネコ，ライオン，トラ，ピューマ，ヤマネコなどは2 n = 38 で核型を構成する染色体の腕の数（NF：nombre fondamental）もすべて68で一致している．しかし，近縁種間で，染色体の数が倍化していたり，構造に変化はあるがNFは同じものもみられる．このように核型の比較検討から類縁関係を分析する領域が核型進化の研究である．

(4) 性染色体と性の決定

1) 性決定

　同一種の雄と雌の核型の違いは，性染色体の構成にみられ，その染色体はXとYで表され，一般に同型配偶子型（homogametic sex）ではXX，異型配偶子型（heterogametic sex）ではXYの構成となる．雌が同型，雄が異型配偶子型の種類では，XX/XY型の性決定様式となる．雌はX染色体を含む卵を，雄はX，Y染色体を含む2種類の精子を形成するので，どちらの精子が受精するかによって遺伝的な性は受精時に決定する．一方，雄が同型で，雌が異型配偶子型の種類もみられるので，それらはXX/XY型と区別するため，国際規約によりZとWを用いてZZ/ZW型とする．

　XX/XY型は哺乳類全般の他に，メダカ，ショウジョウバエなどがこの型である．異型配偶子にY染色体を欠くXX/XO型は，バッタ，カメムシなどに，またZZ/ZW型は鳥類全般，爬虫類の多くとカイコなどにみられる．しかし，哺乳類，鳥類以外の多くの動物，すなわち異型性染色体の分化が未分化な種類では，孵卵時の温度，ホルモン，集団内の社会的順位など環境要因によって性分化が影響される場合が多い．特に，爬虫類の温度依存性の性決定がよく研究されている．

2) 性決定における性染色体の役割

　性異常を伴う症例の細胞遺伝学的比較研究などから，表現型の性と性染色体の構成異常との関係が分析され，性決定における性染色体の役割が調べられてきた．その結果，哺乳類では，①性染色体を1本欠くXO症（ヒトのターナー症候群）や3本保有するXXX症は形成不全の卵巣をもつ雌型，②ゲノム中にYを含むXXY症（ヒトのクラインフェルター症候群）やXYY症では形成不全の精巣をもつ雄型の表現型の性異常を示すことが明らかにされた．

　哺乳類ではXO型の核型構成をもつ個体が生存可能で雌となり，そこにY染色体が加わった核型構成になると雄に分化することを示している．それは，Y染色体の端部にある偽常染色体領域（PAR）領域に隣接して位置する *SRY*（マウスでは *Sry* と表記する）遺伝子が胚の未分化な生殖腺原基を精巣に分化させ，引き続く内外生殖器，脳，行動の分化を雄へ決定づけるものと考えられている．*SRY* 遺伝子とその塩基配列は性判別にも利用されるが，その性決定機構や他の遺伝子との関わりについて，分子遺伝学的解析，さらに実験遺伝学的手法も加えた研究が進められている．

3) X染色体とライオニゼーション

　X染色体は，生殖巣を卵巣に導く遺伝的要因の他にも，グルコース-6-リン酸デヒドロゲナーゼ（G6PD），グリセロ燐酸・キナーゼ（PGK），ヒポキサンチン・ホスホリボシルトランスフェ

ラーゼ (HPRT), α-ガラクトシダーゼ (GLA) などの酵素活性を制御する遺伝子が連鎖している. 雌はX染色体を2本もつので, それらの酵素活性が雄の2倍となるはずであるが, 実際には雄と同レベルである. それは, 雌の体細胞の2本のX染色体中1本が遺伝的に不活性化されて, 雌も雄と同様1本のX染色体だけが機能しているからである. この現象は, 遺伝子量補償 (gene dosage compensation) の概念に基づいて説明したライオン (Lyon, 1961) に因んでライオン仮説 (Lyon hypothesis) と呼ばれ, その現象をX染色体不活性化, あるいはライオニゼーション (Lyonization) という.

X染色体不活性化は, 個体発生の初期に父由来, 母由来2本のX染色体の一方に任意に生じ, 一度不活性化した細胞のX染色体およびその子孫の細胞では再活性化することはない. したがって, 雌の個体は, 父由来, 母由来のX染色体がそれぞれ活性化した細胞のモザイクとなっているのである.

ライオニゼーションの例外として, 有袋類の体細胞や, マウスやラットの胎盤組織では, 父由来の, またウマとロバの雑種の体細胞ではロバ由来のX染色体が, それぞれ選択的に不活性化されていることが知られているが, その機構は十分に解明されていない. 不活性化されたX染色体は, 分裂時にDNA合成が他の染色体より遅れ (late DNA replicating X), 間期では異常凝縮 (heteropycnosis) しており, 中枢神経細胞では1μm程度のバー (Barr) 小体, また口腔粘膜の細胞では性クロマチン (sex chromatin, X-chromatin), そして中性顆粒球ではタイコバチ小体 (drumstick) として核膜周辺に観察される. それらは雌の体細胞に高頻度で出現するが, XO症ではみられず, 正常雌では1個, XXX症では2個と, その数は個体の保有するX染色体数より1個少ない数となるので, X染色体の数的異常個体の診断や性判別に利用されている.

(5) 染色体異常

動物種固有の核型に内外の要因が作用して, 染色体に生じた変化を染色体異常 (chromosome aberration) といい, 数的なものと構造的なものに区別される.

数的な異常は, 異数性 (aneuploidy) と多倍数性 (polyploidy) に区別される. 異数性は, 正常な体細胞の2倍性 (2n) や配偶子の半数性 (n) の染色体数から1～数本の染色体の増減した状態で, 1本少ないものをモノソミー (monosomy), 3本あるものをトリソミー (trisomy), 4本あるものをテトラソミー (tetrasomy) という. また, 配偶子の染色体セット (n) を基準にすると正常体細胞は2倍体 (2n, diploid) であるが, 3個のものを3倍体 (3n, triploid), 4個のものを4倍体 (4n, tetraploid) といい, これらの倍化による変異を多倍数性という.

構造異常は, 化学物質や放射線などの外的要因により体細胞や配偶子に誘発される. それらは切断型と交換型に大別され, 前者には染色体や染色分体の一部の切断 (break) やギャップ (gap) が, 後者には同一染色体あるいは2本以上の染色体あるいは染色分体の一部で切断後遺伝子の配列が逆転して再結合 (inversion), 相互に再結合 (相互転座, reciprocal translocation;

二動原体染色体，dicentrics；環状染色体，ring など）したものが，それぞれ含まれる．

これらの異常は遺伝情報の過不足をもたらすので，それに起因するいろいろな遺伝障害を発現し，個体レベルでは先天異常や致死的な障害を誘発することになる．性染色体の数的異常は，ウシ，ウマ，ブタなどの家畜で，先に述べたようなXO症やXXY症などの性異常症例となる．また，常染色体についても同様にその数的異常，構造異常はいろいろな致死的先天異常や不妊，低受胎率などの繁殖障害を誘発する．

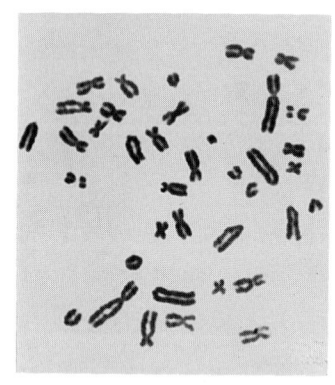

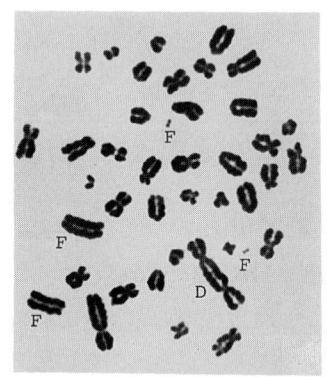

図 1-17 放射線照射により誘発された染色体異常
a：正常なブタの白血球の分裂中期像（2n＝38）
b：放射線照射を受けた細胞の分裂中期像（D，ダイセントリック；F，切断片）

これらの染色体異常は，正常な核型を示す個体の細胞においても低率で観察される．例えば，ランドレース種のブタの末梢リンパ球では，異数性 3.2％，多倍数性 1.0％，構造異常 15.7％（大部分がギャップ），黒毛和種のウシでは，同様に 3.5％，2.1％，19.2％（大部分がギャップ）の割合で，それぞれ観察されている．これを染色体異常の自然発生率というが，その誘発原因は，十分にわかっていない．われわれの生活する環境には SO_x，NO_x などたくさんの化学的，物理的な変異原が存在するので，それらの影響の総合結果として発生したものと考えられている．

一方では，これらの自然発生率を基準として，特定の変異原の影響を検査することが可能である．図 1-17 は，ブタの末梢リンパ球に放射線を照射して誘発された染色体異常（dicentrics）を保有する中期像である．この異常が，放射線の照射線量によってどのように変化するかを調べると（図 1-18），線量に比例した発生率の増加が

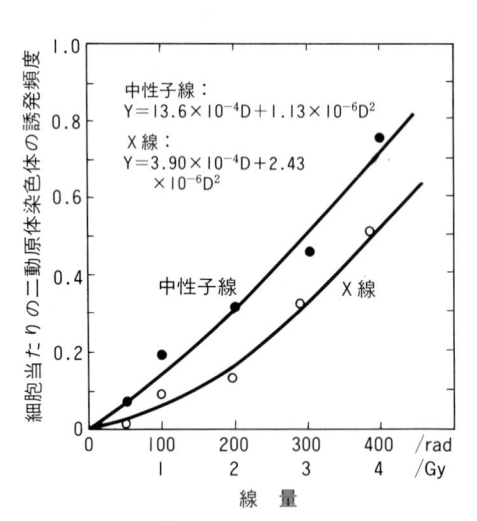

中性子線：
$Y = 13.6 \times 10^{-4}D + 1.13 \times 10^{-6}D^2$

X 線：
$Y = 3.90 \times 10^{-4}D + 2.43 \times 10^{-6}D^2$

図 1-18 200 KVP X線ならびにサイクロトロン中性子線を *in vitro* で照射したブタのリンパ球に誘発された染色体異常の線量-効果関係　　　　　　　　（村松ら，1977）

観察され，この結果からブタの末梢リンパ球への影響を評価することができる．このような細胞遺伝学的な検査法は，家畜ばかりでなくわれわれの健康を保つうえでも重要な研究手法として活用されている．

(6) 遺 伝 子 地 図

　家畜はじめヒト以外の動物の DNA，遺伝子に関する分子遺伝学的研究は，ヒトゲノム研究の成果や研究手法を基にして急速な発展をして，それぞれの動物のゲノムも徐々に解析されてきている．各動物種について，多数の遺伝子，マイクロサテライト (microsatellite)，ミニサテライト (minisatellite) などが分離され，その構造や機能が明らかにされると同時に，それらの遺伝子地図，すなわち連鎖関係（連鎖地図）や分染法によって示した染色体のイディオグラム上の位置（物理地図）が明らかにされている．

　図 1-16 に，ウシの遺伝子（主に主動遺伝子），マイクロサテライトなどの研究から，現在までに連鎖関係や染色体上の位置が決められた遺伝子をイディオグラム上に記載した物理地図を示してある．このような研究は，細胞遺伝学を土台としてウシの他にもウマ，ブタ，ヤギ，ヒツジ，マウス，ラット，ウサギ，イヌ，ネコ，ニワトリなどの家畜，さらにショウジョウバエ，センチュウなどの実験動物について強力に進められ，それぞれの種の遺伝子地図が作られている．家畜では，産肉，産乳，産卵などの経済形質が重要であるが，それらの表現型は連続変異を示し，複数の微動遺伝子（ポリジーン）が関与するので量的形質といわれる．この形質は，量的形質遺伝子座（quantitative traits loci, QTLs）によって支配され，その発現は環境の影響を受ける．近年の分子遺伝学の発展により QTLs も DNA レベルで解析が可能となり，染色体上の位置の決定や遺伝子地図も明らかにされてきた．

　家畜にはマウスのような近交系がないので，遠縁の品種や個体群の交雑から資源家系を構築して，マーカー遺伝子の開発，それらの連鎖地図の作成の後，問題とする形質を支配する遺伝子（あるいは領域）をマーカー遺伝子を利用して QTLs 解析を行っている．ブタでは，ヨーロッパイノシシと大ヨークシャー種の交雑から得た資源家系の研究から第 4 染色体上に成長，小腸長，脂肪の蓄積に関わる QTLs の連鎖が報告され（Andersson ら，1994），それ以来多数の経済形質の QTLs 解析が行われている．ウシなど他の家畜についても同様な研究が進められており，近い将来に量的形質に関与する遺伝子（群）の染色体上の位置が明らかにされてくるであろう．

　染色体の構造や機能についての分子細胞遺伝学的研究の発展は，いろいろな動物種の分染法による標準核型と遺伝子の解析を可能とし，多くの種類の遺伝子地図が作出されてきている．その結果として，従来から行われてきた種間の核型の比較研究に加えて，遺伝子地図の相互比較が盛んとなった．その 1 例として，ヒトの遺伝子地図を基準として，既知のヒトと同じ遺伝子がウシの染色体のどこに位置するかを比較して図 1-19 に示した．ヒト（2n=46）とウシ（2n=60）は，核型も系統分類上の位置も異なるが，両者の遺伝子や遺伝子地図の相同性の分析から，

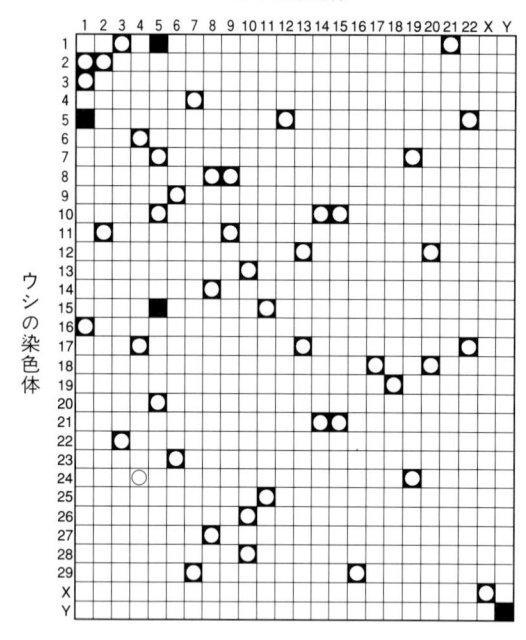

図1-19 ヒトとウシの遺伝子地図の比較
(Solinas-Toldora ら, 1995)
両種の遺伝子の位置が示されている．例えばヒトのNo.1染色体上の遺伝子はウシのNo.2, 3, 5, 16に分散して存在していることを示している．

両種の進化に関する比較研究がなされている．将来はさらに多くの種について，核型と遺伝子地図の相同性研究から，進化の様子が眺められるようになるであろう．

5. 細 胞 質 遺 伝

　細胞質内の自己増殖性因子(plasmid)による遺伝をいうが，相反交雑種を作るとき，メンデル遺伝では結果が同一であるため雌親の細胞質は遺伝に関係なかったものの，この場合相反交雑種で得られる結果が同一の形質を現さず，非メンデル遺伝と称され，また個体発生の途中で遺伝形質の分離が起きる特徴を示す．特にオシロイバナなど葉に白や淡緑色の縞が出る斑入りの遺伝現象は古くから知られ，コレンス（1909）は斑入りの形質が細胞体を通して親から子へと伝えられていくことを発見した．

　すなわちオシロイバナの葉の色とそのパターンは花粉(pollen)ではなく，胚嚢(embryo sac)を通じてF_1に伝えられる．植物の葉の色は細胞質体に含まれている色素体(plastid)に基づくもので，色素体には3種類あり，葉緑素を含む葉緑体(chloroplast)，そのほかの色素を含む有色体(chromoplast)，および色素を含まない白色体(leucoplast)とがある．1つの葉に以上の色素体が2種類以上含まれるときに，斑入りの葉が形成される．葉緑素生産が不足する部分では緑色にならず，糖の合成が行われないので，種子から生育する場合，貯蔵された養分が消費されると苗は枯死する．葉緑素生産の欠如は遺伝する場合があり，普通は劣性致死遺伝子として作用する核遺伝子の突然変異によるのであるが，時には子孫の表現型が母親に似るところの

細胞質要素に基づく場合がある．斑入り（緑と白のモザイク）現象によりこのような遺伝様式が詳細に調べられている．すなわち，トウモロコシでは緑の部分に白，または薄緑色の縞（stripe）の入った葉は子孫に代々現れるが，縞はトウモロコシの穂軸にも発生する．縞入りの葉は劣性遺伝子 ij（iojap：染色体遺伝子）をホモにもつ個体に現れる．普通正常葉のトモウロコシ（＋/＋）と縞入りの葉をもつトウモロコシ（ij/ij）との間で正逆交雑するとき，正常トウモロコシの雌芯に縞葉トウモロコシの花粉をかけた場合，子孫 F_1 に全部正常な緑の葉のトウモロコシ（＋/ij）ができる．しかし，逆交雑では，F_1（ij/＋）が 3 種類できる．緑の正常葉，縞葉および白い葉である．一方，F_1 の縞葉個体を取り，その雌芯に正常花粉をかけると，子孫 F_2 は遺伝子型とは無関係に縞葉ばかり生ずる．これは遺伝子 ij によって細胞質体の葉緑素が白色体に変異させられると，その後個体の遺伝子型が交雑により＋/ij または＋/＋に変わっても，白色体は正常に戻らず，細胞質体を通してそのまま個体の核の遺伝子型と関係なく子孫から子孫へと伝えられていく．トウモロコシ葉緑体の形質は，植物において細胞質遺伝の物質的基礎が知られている唯一の例である．また，トウモロコシ雄性不稔の遺伝についても，雄性不稔の細胞質体要素と劣性遺伝子 ss のホモが重なったとき，雄性不稔症が発現する．

以上細胞質体固有の成分が細胞質遺伝子のように行動するのに対し，次に細胞質遺伝子としてはたらく大腸菌のプラスミド，ショウジョウバエのシグマ因子，ゾウリムシのカッパー粒子について述べる．

(1) バクテリアのプラスミド

1946 年にアメリカのレーダーバーグ(J. Lederberg)とテイタム(E. L. Tatum)は，大腸菌で複数の栄養要求性遺伝子の組合せを使って，遺伝子の組換えが起こることを明らかにした．大腸菌のようなバクテリアは，細胞分裂のみで生殖を行い，他の個体（この場合は他の大腸菌）との間でゲノムや遺伝子の交換や混合を起こさないアミクシス生殖（「無性生殖」と呼ばれていることが多い）を行う典型的な生物と考えられていたので，ミクシス生殖（有性生殖）を行う生物と同じような組換えが起こることが確認されたことは，生物学者の間に大きな衝撃を引き起こした．その後，この現象の研究が進められ，大腸菌が接合するとき，染色体の一部の授受が行われること，この接合には F 因子と呼ばれる遺伝因子が関与していることが明らかにされた．F 因子をもつ系統は染色体を与える側の菌で F^+，F 因子をもたない系統は染色体を受け入れる菌で F^- と表記されている．F^+ と F^- の両系統を一定時間混合して培養すると，F^- 菌はほとんど F^+ に変わり，F^+ として行動するようになる．これは F 因子が接合中に細胞質を介して F^+ 菌から F^- 菌に移ったためと考えられている．

一方，わが国では，赤痢菌の抗生物質に対する耐性の遺伝現象が，通常の遺伝学の法則では説明できないこと，また，赤痢菌と大腸菌の間で相互に耐性を導入することが可能なことが示され，耐性伝達因子(Resistance Transfer Factor)，すなわち R 因子の研究が進展した．その後の研究から，F 因子も R 因子も，染色体とは独立の環状の DNA からなる自己複製単位であ

ることが明らかにされた．これらの因子はエピゾーム（episome）の名で呼ばれたこともあるが，その後，さまざまなバクテリアで類似の因子が見出され，名称を統一する必要が生じ，国際会議が開催されて，プラスミド（plasmid）の名で統一することが決められた．プラスミドは現在多くのバクテリア中で見出されている．

大腸菌のプラスミドは遺伝子工学や，細胞工学あるいは発生・生殖工学の必需品として，広く世界中で用いられている．

原生動物にもプラスミドに類似した因子があることが知られているが，あまり研究は進んでいない．

（2）トランスポゾン

マクリントック（B.McClintock）は遺伝的に不安定なトウモロコシの葉や穀粒の不規則な不規則な斑入りの遺伝を調べ，これが第9染色体の切断と深く関連していることを明らかにし，転移遺伝因子を発見した．膨大なデータを解析した結果，この因子がゲノム上を移動すること，その転移が不安定な突然変異を生じることを結論した．それらはDsとAcと名づけられ，AcはDsを制御する．1970年代に，細菌で同様の現象が発見され，DNAの解析から，遺伝子の転移が確認されてトランスポゾン（transposon；TN）と命名された．

トランスポゾンはゲノム上を移動することのできるDNAで，転移により他の遺伝子の一部に挿入されると，その遺伝子は機能を失うため，突然変異を生じる．また，その部分から他のゲノム上の位置に転移すると逆突然変異により元に戻る．このような突然変異が植物の発生途上に起こると葉に色彩のモザイクができる．

植物では，現在，このような古典的なDNA型のトランスポゾンのほかに，RNA型のトランスポゾンが知られており，レトロトランスポゾンという．これはRNAを中間体として介し，他のゲノム上の位置にコピーするもので，通常，元の遺伝子はそのままなので，多数のコピーができることになる．これに対し，古典的なトランスポゾンは，元の遺伝子が切り出されて他の位置に挿入されるので，増殖はしない．

レトロトランスポゾンはレトロウイルスとよく似ている．レトロウイルスは，それ自体メッセンジャーRNAの構造をもつウイルスで，宿主細胞に感染すると，宿主の蛋白質合成系を用いて自身の遺伝子を翻訳し，逆転写酵素（RNA依存性DNA合成酵素），DNAとRNAのハイブリッド分子のRNAを分解するリボヌクレアーゼH（RNase H），ゲノムDNAに組み込む酵素であるインテグラーゼを合成し，宿主のゲノムに組み込まれて，プロウイルスとなる．適当な時期が来れば大量に転写されてウイルスRNAとなり，ウイルスRNAにコードされた外被蛋白質をまとってウイルスとしての構造を完成し，細胞から放出される．レトロウイルスRNAの特徴は，その両末端に約500 bp（p.24参照）の長い繰り返し配列をもっていることで，これをLTR（long terminal repeat）という．

レトロトランスポゾンの構造は，レトロウイルスのプロウイルスの構造とよく似ており，逆

転写酵素，RNase H，インテグラーゼなどの遺伝子をもっているが，外被蛋白質の遺伝子のみはもっていない．レトロトランスポゾンは一度転写され，RNA となり，それに相補的な DNA (cDNA，p.61 参照) を合成し，ゲノム DNA の他の部位に組み込まれるが，本体は切り出されないので，他の部位に組み込まれたレトロトランスポゾンは元の配列を保存したままコピーされる．

植物にはこのほか，レトロトランスポゾンの一種であるが，LTR をもたないレトロポゾンという可動遺伝因子がある．短い DNA 断片であることが多い．一方，動物のトランスポゾンも，植物と同様，レトロトランスポゾンと DNA 型のトランスポゾンが存在する．これらのトランスポゾンはショウジョウバエでよく調べられており，レトロトランスポゾンとしてはコピア様因子として数種類が知られているほか，DNA 型のトランスポゾンとしては P 因子，hobo 因子，mariner 因子，FB（fold back）因子などがある．

1) コピア様因子

ルービン（G.M.Rubin）らは，1976 年，ショウジョウバエの染色体上に可動遺伝因子を発見し，コピアと名づけた．その後，同種のものが数種見つかっており，コピア様因子と呼ばれている．このグループはレトロトランスポゾンで，また，大量の RNA を転写することでも知られている．

このグループの因子もレトロトランスポゾンであるため，プロウイルスと同様，前後の末端に LTR と同様の同方向反復配列をもっているほか，逆転写酵素，RNase H，インテグラーゼをもっているが，外被蛋白質を含まない．

2) P 因 子

ショウジョウバエには交雑発生異常という現象がある．P 因子をもつ P 系統の雄と P 因子をもたない M 系統の雌を交配すると，次世代には突然変異が多発する．雄と雌を逆にすると突然変異はほとんどない．その原因遺伝子が P 因子で，現在ではその構造もわかっている．両端に 31 bp の逆方向反復配列があり，その間に約 2.9 kb のトランスポゼース遺伝子がコードされている．この遺伝子は不完全なものもある．生殖系列の細胞ではトランスポゼースが形成されるが，体細胞ではトランスポゼースができず抑制因子となるため，突然変異は生殖の際のみ発生する．P 系統を雌とすると卵細胞に抑制因子が蓄積されており，突然変異は生じない．ルービンらは，この P 因子を用いたショウジョウバエの遺伝子組替え法を開発した．

(3) ショウジョウバエのシグマ因子

ショウジョウバエにはわずかな炭酸ガスに対してもすぐに中毒症状を示す炭酸ガス感受性の系統があり，この性質は細胞質体を通して子孫に遺伝する．それは炭酸ガス感受性にするウイルス（σ virus）因子によるもので，染色体遺伝子と無関係である．すなわち正逆交配で細胞質

遺伝と証明される．雌が炭酸ガス感受性の個体であるときには，F_1のほとんど全部が炭酸ガス感受性の個体となる．受精卵の細胞質が主として母親の方からのみ受けついでいると仮定すれば，炭酸ガス感受性が卵細胞質を通して伝えられていることになる．また戻し交配を繰り返すことにより核置換が行われたその雑種が，炭酸ガス感受性の性を失わないとき，その細胞質遺伝子の存在が推定され，シグマ因子（σ virus）と同定されている．

ショウジョウバエの種類による性比変動（SR 雌）　動物の性比は XY 型の場合，♂：♀が 1：1 となるが，ショウジョウバエの種によっては雌の比率が高い．例えば，*Drosophila bifasciata*, *D. prosaltans*, *D. willistoni*, *D. paulistorum*, *D. equinoxialis*, *D. borealis* および *D. nebulosa* などがそれである．この現象は母性遺伝であるとされ，雌が多くなる原因としてスピロヘータ粒子（SR 因子）が同定されている．この細菌は雄を殺すが，雌には作用しない．

（4）ゾウリムシのカッパー粒子

ゾウリムシ（*Paramecium aurelia*）の系統のなかに，他の系統のゾウリムシを死滅させるキラー（Killer）系統と呼ばれる系統がソンネボーン（Sonnebone）らにより発見された．キラー系統は細胞質に小顆粒（約 $0.2\,\mu m$）のカッパー（Kappa）顆粒を 200～2,000 個含有する．この顆粒は，細胞分裂とは別のシステムで自己増殖し，細胞質を通して子孫へ次々と伝えられる．キラー個体が培養液中に放出する毒物パラメシン（paramecin）は，この顆粒（DNAとタンパク質よりなる）と関係している．

ゾウリムシは無性的な分裂増殖が主であるが，環境によって接合し，さらに核を交換しあって一種の有性生殖を行う．それは交配型（mating-type）という特異な個体の間でのみ行われる．この場合，核の交換にとどまり，2つのゾウリムシは互いに同じ遺伝子型の核をもつことになるが，細胞体の方は接合前と同じで互いに異なる細胞質からなっている．正常ゾウリムシを交配型の異なるキラーと一緒にして数時間接合させ，その後もキラーと分けて別の培養液に移すと，死なずにキラーと接合させることができる．接合時間が長いと，核交換のみならず細胞質の交換が起こり，キラーに感受性であった正常ゾウリムシがそれ自身キラーとなる．これはカッパー顆粒の授受が行われたためである．いったんキラーとなった個体はカッパー顆粒が細胞質の中にある限りキラーとして分裂し増殖していく．それはカッパー粒子の機能がゾウリムシの核遺伝子 *K* の存在により支配されているためである．すなわち遺伝型が *KK* または *Kk* であれば，カッパー粒子はその細胞質体で分裂増殖し，個体は存続できる．この場合，個体は転換後もキラーとしてはたらく，一方，*kk* 型の個体はカッパー粒子を取り込んでもすぐ消失してしまい，個体はキラーに反転換しても，再び元の感受性個体（正常ゾウリムシ）に戻ってしまう．

以上は細胞質と核の関係を調べるうえに好ましい材料で，トウモロコシ雄性不稔同様，細胞質遺伝の形質発現が複雑であることを知る．

細胞質遺伝の特徴は，F_1 形質が母親のそれと一致することである．このような形質は，染色

体遺伝子に基づかない（減数分裂で分離しない）伝達様式をなす．それは母の形質が引き続き発現されるので，染色体の分離様式に帰せしめられない．このような細胞質遺伝因子（cytogene, plasmagene）は染色体遺伝子（chromosomal gene）と区別され，独自の自己複製で子孫に伝えられる．

これまで記した各種の細胞質因子とともに，細胞質内の細胞小器官（organelle）として重要なミトコンドアについて述べねばならない．それは特に哺乳動物の細胞エネルギー変換器であり，細胞の1核中心概念構造，植物細胞では核，ミトコンドリア，色素体の3核構造で支配される細胞の多極化概念に通じる新課題である．

ミトコンドリア（単数；mitochondrion, 複数；mitochondria）は動物細胞質にみられる糸粒体と称せられる呼吸代謝にあずかるエネルギー発生の細胞小器官で，DNAをもっている．ミトコンドリアには現在13の遺伝子が確認されている．ミトコンドリアには少なくとも1個の環状DNA分子がDNAの複製，遺伝情報の転写およびタンパク質合成に必要な酵素と並んで存在する．核のDNAは2mの長さであるのに対し，ミトコンドリアのDNAは$5\mu m$の長さにすぎない．ミトコンドリアは卵細胞を通じて伝達されるので，ミトコンドリアの変異で遺伝的変化が母性遺伝することが，ラバ（mule；雌ウマと雄ロバのF_1）とケツテイ（hinny；雌ロバと雄ウマのF_1）のミトコンドリアのDNA多型で証明された．一方，ミトコンドリアDNAはヒトと動物（カエル）でよく似ているが，1細胞当たり100〜2,000個含まれ，核のDNAよりミトコンドリアDNAは迅速に進化し，エネルギー生産に関与する酵素の分化をもたらし，熱帯牛であるインド牛とウシの代謝の相異もミトコンドリアDNAの相違によることが知られている．すなわち環境に対する抵抗性や，体質の遺伝にミトコンドリアの役割が考えられる．

(5) モノアラ貝の巻貝形質

モノアラガイ（*Lymnaea peregra*）の貝がらで右巻き（dextral）は左巻き（sinistral）に対し優性であるが，優性発現の遅滞（delayed inheritance）を伴う母性遺伝である．巻貝の巻き方は卵の巻き方に支配されるが，次世代（F_2）はすべて右巻きとなり，その次（F_3）は左巻きホモの場合のみ左巻きが現れ，その他はすべて右巻きである．また優劣の関係が1世代ずれている．また卵分割初期の（cleavage pattern）により巻貝の右巻き，左巻きが決められ，第1回分割時の分裂軸の傾斜が右のとき右巻き，左傾斜のとき左巻きとなり，受精卵の細胞質に最初から含まれた傾向である．

(6) 遺伝のように見えて遺伝でないもの

ショウジョウバエの一系統が炭酸ガス感受性が高いことや，性比のはなはだしい雌への偏りなど感受性因子についてはすでに述べたが，先天性疾患と免疫との関連について避けられない問題がある．

ニワトリのひな白痢症は配偶子によって伝染するよい例である．ひな白痢症（*Salmonella*

pullorum) に罹った雛が回復し保菌ニワトリとなった場合に，白痢菌は卵細胞および精子を形成する生殖細胞に潜在するから，保菌ニワトリの産んだ卵または保菌ニワトリ雄によって受精した卵からできた雛は，卵あるいは精子によってひな白痢が伝染する．すなわち配偶子伝染 (gametic infection) である．

伝染病にかかり回復することができた場合には，多くの伝染病において免疫が得られ，ある期間あるいは一生再びその疾病に罹らない．このようにして得られた免疫は後天的なものであって，決して遺伝することはない．しかし，免疫が母系遺伝をするように見える場合がしばしばある．これは真の意味の遺伝ではなく，母親の免疫グロブリンが胎盤を通じて移行し，あるいは乳汁に含まれ，哺乳によって子に伝わったものであって，時間の経過とともに子の免疫能は次第に消失する．

1) マウスの乳ガン(癌)因子

乳癌は常に雌マウスを通して伝達され，初めは細胞質遺伝の例と考えられた．ところが高率の発癌系統のマウス(C3H)も生後直ちに母親より隔離して，非発癌性の母親で哺乳させると，乳癌の発生率は著しく低下する．逆に癌の発生率の低い系統のマウス (Balb/c) も高発癌系マウス (C3H) の母親に哺乳させると，癌の頻度が上昇する．したがって，マウス発癌因子はミルク（母乳）によりもたらされるものである．現在では，この因子は，先に述べたレトロウイルスであることが確認されており，その塩基配列も明らかになっている．

2) ウマR因子

母体にできた抗体が乳汁によって子に伝わる例は，ウマにおいても知られている．ヒトのRh因子と同じく，新生子黄疸がウマにも存在する．r^-の雌ウマ (r^-/r^-) がR^+の雄ウマによって妊娠した場合，胎子の遺伝子はR^+/r^-となるため，雌ウマに抗体ができる．同じようにR^+雄ウマとの間に，同じ雌ウマが度々妊娠すると，雌ウマの血液にR^+抗体の濃度が高まり，これが乳汁にも含まれることから，子ウマが母ウマの乳を哺乳すると，たちまち血球が破壊され，重症の黄疸を起こして死亡する．しかし，前記の新生子ウマを別の抗体をもたない母ウマに哺育させると，黄疸は現れない．この場合R^+因子はメンデル法則によって遺伝し，R^+抗体はその間接的結果である．ブタにもウマに似た現象がみられる．

---

* マウスでみられる遺伝子量補正 (dosage compensation, 遺伝子量の効果が表面に出てこないこと) は，ニワトリではみられないようである．

6. 集 団 遺 伝

(1) 集団遺伝学とは

　遺伝（inheritance）とは，ある個体のもつ情報が，生殖活動を通して子孫へと伝えられる現象である．分裂によって増殖する微生物では，突然変異が起きない限り親とまったく同じ情報が子孫へ伝えられるが，有性生殖を主とする高等生物では，複数の同種個体からなる集団の存在によって，初めて遺伝情報の世代間伝達が可能である．集団における遺伝情報のあり方を解析し，伝達の法則性を追求するのが集団遺伝学であり，遺伝子の本体や機能の解明とは異なる視点が必要である．

　生物の進化は生物集団の遺伝的構成の変化に他ならないことから，集団遺伝学の目的の1つは，生物進化の機構の解明にある．また，家畜や作物の品種改良も生物集団の遺伝的構成の人為的改変であり，応用遺伝学の分野では集団遺伝学がその基礎となっている．人類集団中にみられる多くの種類の遺伝病は医学的にも，また，社会的にも重要な問題であるが，その動態の解明や遺伝相談などに集団遺伝学の果たす役割も大きい．

(2) 集団遺伝学のあゆみ

　集団遺伝学は，メンデルの発見した遺伝の法則と数理統計学的手法との結びつきによって生まれたものであるが，理論的研究が終始実験的研究より先行しているのが特徴的である．集団遺伝学の基礎となる数学的理論は，1930年代を中心に，イギリスのフィッシャー（R.A.Fisher）とホールデン（J.B.S.Haldane）およびアメリカのライト（S.Wright）らによって確立された．

　他方，集団遺伝学の実験的研究は，生物の自然集団を対象とした遺伝的構成の解析的研究と，実験集団を用いて遺伝的変異の保有機構や遺伝子頻度の変動をもたらす要因の解明を目的とするものとに大別できる．前者では，バクテリアからヒトに至るまで，様々な生物がその対象となるが，後者の場合，特定の研究目的に適した実験集団を何十代にもわたって維持することが必要になるので，材料はきわめて限定されることになり，主要な研究成果のほとんどがショウジョウバエを用いて得られたものである．

(3) 集団遺伝学の基礎

1) メンデル集団

　有性生殖を行う2倍体生物の特定遺伝子座に注目すると，その遺伝子座の2個の相同遺伝子は，減数分裂の結果，それぞれ別の配偶子に入り，次世代では異なる個体に伝えられることになる．逆にいえば，ある個体のもつ2個の相同遺伝子は，自家受精の場合を除いて異なる個体に由来することになる．このように，互いに交配を行って健全な子供を残すことができるよう

な生物の集団は，長期的に見ると，その構成個体の間で互いに遺伝子を交換しあっているかのように見える．集団遺伝学が主として対象にするのは，このような生物集団であり，ここではメンデルの法則に従った遺伝子の伝達が行われるという意味で，メンデル集団（Mendelian population）と呼ぶ．

メンデル集団を構成する個体は，当然，同一の種に属するが，同一種であっても何らかの原因で集団間の遺伝子の交流が妨げられている場合には，別のメンデル集団とみなされる．また，無性生殖で増殖する微生物などでは，メンデル集団は存在しない．以下，特に断らない限り，集団とは有性生殖を行う多細胞生物のメンデル集団を意味するものとする．

2) 集団の遺伝的構造

a．表現型頻度，遺伝子型頻度，遺伝子頻度

1つの遺伝子座に限ってみても，集団の遺伝的構造は何通りかの方法で表現できる．ヒトのMN血液型を例に取り上げてみてみよう．血液検査によって直接知ることのできる血液型すなわち表現型には，N型，M型，MN型の3種類があり，日本人を対象としたある調査によれば，それぞれ30.2%，20.5%，49.3%を占めている．このような表し方は，表現型頻度（phenotypic frequency）と呼ばれる．

家系分析などから，MN血液型は，1つの遺伝子座の2種類の対立遺伝子，G^MとG^Nによって決まることがわかっている．M，N，MNの各表現型をもつ個体の遺伝的構成すなわち遺伝子型（genotype）は，それぞれ，$G^M G^M$，$G^N G^N$，$G^M G^N$である．集団の遺伝的構成は，各遺伝子型がどのような割合で集団中に出現するかによって表現することもできる．これを遺伝子型頻度（genotypic frequency）という．MN血液型の場合，対立遺伝子の間に優劣関係がないので，表現型と遺伝子型とは1:1に対応するため，表現型頻度と遺伝子型頻度は等しいが，優劣関係がある場合には，これらは一致しない．

さらに，個体を考えずに，集団全体を1つの遺伝子プール（gene pool）とみたとき，各遺伝子がどのような割合で存在するかによっても集団の遺伝的特性を表すことができ，遺伝子頻度（gene frequency）という．MN血液型の場合，M型とN型はホモ接合体（遺伝子型は，それぞれ$G^M G^M$，$G^N G^N$），MN型はヘテロ接合体$G^M G^N$なので，日本人集団中のG^M遺伝子の頻度は，ホモ接合体の頻度にヘテロ接合体の頻度の1/2を加えたもの，すなわち，30.2%＋49.3%×1/2＝54.8%となり，G^N遺伝子頻度は同様に20.5%＋49.3%×1/2＝45.2%となる．

図1-20は，3種類の主要な血液型（ABO，MN，Rh）について，日本人集団の遺伝的構造を示したものである．MN血液型の場合には，遺伝子型頻度は表現型頻度から直接計算することが可能であるが，ABOやRhの場合，表現型と遺伝子型との間に1:1の対応がないため，後述のようにある仮定をおいて，表現型頻度からまず遺伝子頻度を推定し，その値に基づいて遺伝子型頻度の期待値を求める．

集団の遺伝的特性を記述するうえで，それぞれの遺伝子型をもつ個体がどのような割合で出

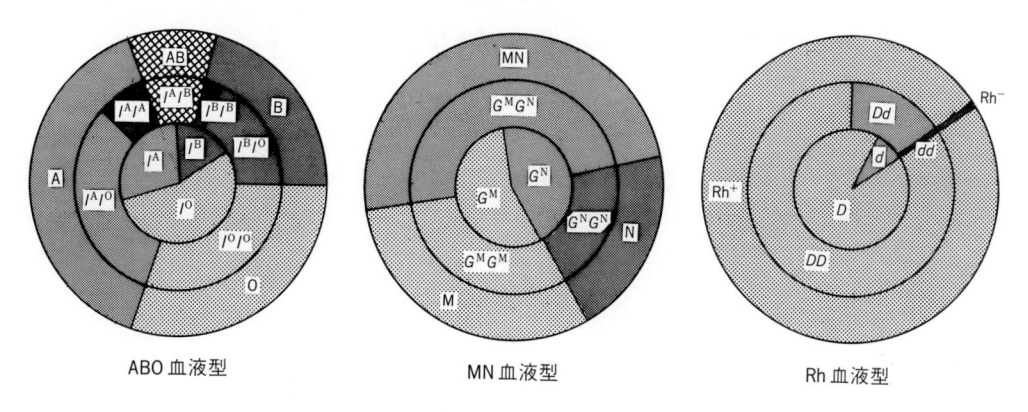

図 1-20 3種類の血液型の日本人集団における遺伝的構成
それぞれの円グラフは，表現型頻度（外），遺伝子型頻度（中），遺伝子頻度（内）を示す．

現するか，すなわち，遺伝子型頻度を用いることが最も望ましいことはいうまでもない．しかし，1つの遺伝子座の対立遺伝子の数が2個の場合は，可能な遺伝子型の種類は3種類であるが，対立遺伝子の数が3個，4個と増えるに従って，可能な遺伝子型の種類は，6種類，10種類というように急激に増加すること，さらに，複数の遺伝子座を考慮すると，遺伝子型の種類は膨大な数になり，取扱いに不便であることなどから，集団遺伝学では，遺伝子頻度によって集団の遺伝的構成とその変化を記述するのが普通である．遺伝子型頻度の代わりに遺伝子頻度を用いてもさほど差し支えがないのは，次の項で述べるように，両者を関係づける法則が存在するためである．

b．ハーディー・ワインベルグの法則

集団の遺伝的構造の変化を記述するには，ある世代での遺伝子頻度や遺伝子型頻度が，次の世代ではどうなるかを明らかにすることが出発点である．有性生殖で繁殖する生物では，普通，雌雄が交配して次世代の子供を作るが，ここではまず交配が雌雄の遺伝子型とは無関係に起こるという任意交配（random mating）が成り立ち，また子供の数や生存力にも異なる遺伝子型間で差がないという前提で考える．このような条件下のメンデル集団における遺伝子頻度と遺伝子型頻度の関係は，メンデルの法則が再発見されて間もない1908年に，イギリスの数学者ハーディー（G.H.Hardy）と，ドイツの医者ワインベルグ（W.Weinberg）によって独立に発表され，現在一般にハーディー・ワインベルグの法則（Hardy-Weinberg's law）と呼ばれる[注1]．

最も単純な形として，ある集団で，常染色体上の遺伝子座 A に1対の対立遺伝子 A_1, A_2 がそれぞれ p, q の頻度で存在する場合（$p+q=1$）を考えると，A_1, A_2 の遺伝子頻度と3種類の遺

注1：近年になって，アメリカの遺伝学者キャッスル（W.E.Castle）が1903年にすでに同じことを指摘していたことが判明したことから，キャッスル-ハーディー-ワインベルグの法則と呼ぶのが妥当との意見もあるが，長くなるのでここでは従来の慣例に従う．

伝子型 A_1A_1, A_1A_2, A_2A_2 の遺伝子型頻度の間には，

$$(pA_1+qA_2)^2=p^2A_1A_1+2pqA_1A_2+q^2A_2A_2$$

という関係が成り立つ．この式の左辺は配偶子系列（gametic array）と呼ばれ，（ ）内の各項は対立遺伝子ごとにその頻度をかけたものである．右辺は接合体系列（zygotic array）といい，各遺伝子型をもつ接合体にそれぞれの頻度をかけて加えたものである．この集団の遺伝子プールには，A_1 と A_2 という 2 種類の対立遺伝子がそれぞれ p, q の頻度で存在するので，各対立遺伝子をもつ配偶子（卵および精子）もそれぞれ p, q の割合で作られることになり，これらの卵と精子の無作為な受精によって生ずる 3 種類の接合体の頻度は，p^2, $2pq$, q^2 の割合で出現することになるのである．

さて，次の世代では各対立遺伝子の頻度はどうなるであろうか．子供の数が遺伝子型によって異ならないという前提は，各遺伝子型をもつ個体が次世代の配偶子プールに均等に寄与することを意味する．この配偶子プール中の A_1 の頻度を p' とすると，A_1A_1 個体の作るすべての配偶子は A_1 をもち，また，ヘテロ接合個体 A_1A_2 の作る配偶子の 1/2 が A_1 をもつことから，

$$p'=p^2+2pq/2=p^2+pq=p(p+q)=p$$

同様にして，A_2 の次世代の頻度 q' は，

$$q'=2pq/2+q^2=q$$

となって，前の世代の頻度 p, q とまったく等しくなる．これらの配偶子の無作為な受精によって作られる接合体の遺伝子型頻度も，前世代のそれと一致することはいうまでもない．したがって，ハーディー・ワインベルグの法則の意味するところは，

① 接合体系列は配偶子系列の 2 乗
② 遺伝子頻度，遺伝子型頻度のいずれも毎代不変

の 2 点に要約される．しかし，後者が常にすべての遺伝子座について成り立つならば，共通の祖先集団に由来する限り，いくら世代数を重ねてもまた集団がいくつに分かれても，集団間に遺伝的構造の分化は起こり得ず，したがって生物の進化も考えられない．この矛盾は後述のように，この法則はいろいろな前提条件の下に初めて成り立つもので，これらの条件が自然界ですべて満たされることはほとんどないということで理解される．これに対して，接合体系列が配偶子系列の 2 乗という関係は，任意交配という前提さえあれば，受精による接合体の形成時点では一般に成立するので，以下のような現実的利点をもたらす．

c．ハーディー・ワインベルグの法則を利用した遺伝子頻度の推定

日本人集団の MN 血液型の例について，ハーディー・ワインベルグの法則が成立していることを確かめてみよう．前述のように，G^M, G^N の頻度はそれぞれ 54.8%，45.2% であった．これから予想される遺伝子型の頻度は，M 型が $0.548^2=0.300$，MN 型は $2\times0.548\times0.452=0.495$，N 型は $0.452^2=0.204$ となる．これらの遺伝子型頻度の推定値は，実際に観察された頻度，30.2%，49.3%，20.5% とほとんど差がない．このことは，少なくとも MN 血液型に関しては結婚が無作為にあ行われていること，また，遺伝子型間の生存力の差が無視できる程度に

小さいことを示している．

　MN血液型のように，表現型と遺伝子型とが1：1に対応している場合には，遺伝子頻度は表現型頻度から容易に求められるが，ABOやRh血液型のように対立遺伝子の間に優劣関係がある大多数の遺伝子座については，優性遺伝子ホモ接合体とヘテロ接合体とが表現型で区別できない．このため，ハーディー・ワインベルグの法則が成立しているものと仮定することによって初めて遺伝子頻度の推定が可能になる．

　1対の対立遺伝子 A_1 と A_2 があり，A_1 が A_2 に対して優性であれば，表現型には $[A_1]$ か $[A_2]$ のいずれかであり，$[A_1]$ には A_1A_1，A_1A_2 という2種類の遺伝子型が含まれるが，$[A_2]$ には劣性ホモ接合体 A_2A_2 のみが含まれている．A_1，A_2 の頻度を p，q とすれば，ハーディー・ワインベルグの法則から，表現型 $[A_1]$ の頻度 $=p^2+2pq$，表現型 $[A_2]$ の頻度 $=q^2$ となり，これから，

$$\text{劣性遺伝子 } A_2 \text{の頻度}=q=\sqrt{q^2}=\sqrt{\text{表現型 }[A_2]\text{ の頻度}}$$
$$\text{優性遺伝子 } A_1 \text{の頻度}=p=1-q$$

で求められる．

　遺伝子頻度がわかれば，同じ表現型をもつ異なる遺伝子型の頻度の推定も可能である．Rh血液型は1対の対立遺伝子 D と d によって表現型の＋と－が決定され，dd ホモ接合体のみが表現型 $[Rh-]$ を示す．日本人集団での遺伝子頻度は，$D=0.92$，$d=0.08$ と推定され，$[Rh-]$ 個体の出現率は1％にも満たないが，アメリカ白人では，$D=0.62$，$d=0.38$ で，$[Rh-]$ の頻度は15％近くに達する．また，$[Rh+]$ の表現型をもつ人の中での DD および Dd 遺伝子型の割合は，D の頻度を p，d の頻度を q とすると，

$$[DD]=p^2/(p^2+2pq)$$
$$[Dd]=2pq/(p^2+2pq)$$

で計算され，日本人では $[Rh+]$ の約85％が DD ホモ接合体，約15％が Dd のヘテロ接合体であると推定される．アメリカ白人では DD が約45％，Dd が約55％とヘテロ接合体の方が多い．さらに，$[Rh+]$ 同士の結婚で $[Rh-]$ の子供の生まれる確率は，

$$\text{日本人：} 0.15\times0.15\times1/4\fallingdotseq0.006$$
$$\text{アメリカ白人：} 0.55\times0.55\times1/4\fallingdotseq0.076$$

となって，両集団で10倍以上も開きがあること，また，日本人集団での $[Rh-]$ 個体の大多数は Dd ヘテロ接合体の両親から生まれること，などが明らかになる．

d．ハーディー・ワインベルグの法則の拡張

　複対立遺伝子　ハーディー・ワインベルグの法則は，対立遺伝子の数が3個以上の場合にも拡張できる．一般に遺伝子座Aにn個の対立遺伝子 A_1，A_2，$\cdots A_n$ が p_1，p_2，$\cdots p_n$ の頻度で存在すれば，

$$(p_1A_1+p_2A_2+\cdots+p_nA_n)^2=p_1^2A_1A_1+p_2^2A_2A_2+\cdots+p_n^2A_nA_n+2p_1p_2A_1A_2+2p_1p_3A_1A_3+\cdots+2p_{n-1}p_nA_{n-1}A_n$$

が成り立つ．ヒトのABO血液型では，3種類の対立遺伝子のうち，I^Oのみが劣性で，I^AとI^Bの間には優劣関係がないので，上式の関係を利用して，

$$I^O の頻度：r = \sqrt{r^2} = \sqrt{\text{O型の頻度}}$$

$$I^A の頻度：p = 1-(q+r) = 1-\sqrt{(q+r)^2} = 1-\sqrt{q^2+2qr+r^2}$$
$$= 1-\sqrt{\text{B型の頻度}+\text{O型の頻度}}$$

$$I^B の頻度：q = 1-\sqrt{\text{A型の頻度}+\text{O型の頻度}}$$

で求められる．標本誤差の関係で，推定された遺伝子頻度の合計が1にならないのが普通であるが，I^Oの推定値を調整することによって，最も合理的な推定値を求める方法が考案されている．

伴性遺伝子　性染色体上の遺伝子座については，雌雄別に扱う必要がある．ヒトやショウジョウバエのように，雌がXX，雄がXYという雄ヘテロ型の性染色体構成をもつ生物では，集団中に存在する伴性遺伝子の2/3は雌，1/3が雄に保有されている．優劣関係のある1対の対立遺伝子 A と a がそれぞれ p，q の頻度で集団中に存在する場合，雌では，AA，Aa，aa の各遺伝子型が p^2，$2pq$，q^2 の比率で出現するが，雄の遺伝子型は A と a の2種類しかなく，その頻度はそれぞれ p および q となる．つまり，雄では遺伝子頻度がそのまま遺伝子型頻度となる．劣性遺伝子 a の表現型を示す個体の雄と雌の頻度の比率は $q/q^2 = 1/q$ となり，$q \leq 1$ なので一般に雄での頻度の方が高くなり，a の頻度が低いほどこの差は大きくなる．伴性劣性遺伝形質として知られる赤緑色盲遺伝子の頻度は日本人集団では5％程度であるので，男性の中の色盲の頻度は女性の20倍にも達することがわかる．

3) ハーディー・ワインベルグの平衡を乱す要因

先に述べたように，メンデル集団がハーディー・ワインベルグの平衡にあると，遺伝子頻度，遺伝子型頻度とも変化しないことから，生物集団の遺伝的構成の変化，ひいては生物の進化は起こり得ないことになる．実は，ハーディー・ワインベルグの法則が厳密に成り立つためには，先にあげた任意交配，遺伝子型の間で子供の数に差がない（すなわち，自然選択がはたらかない）という条件だけでは不十分であり，集団の大きさがきわめて大きいこと，突然変異が起こらないこと，集団間で移住がないこと，などの条件が必要である．これらの諸条件がすべて満たされることは現実の生物集団ではあり得ず，平衡を乱す様々な要因がはたらいていると考えられる．集団遺伝学の目的とするところは，ハーディー・ワインベルグの平衡を乱す諸要因が，集団の遺伝的組成に対してどのような影響を及ぼすかを明らかにすることにあるといえよう．以下，その代表的なものについて述べることにする．

a．任意交配からのずれ

任意交配の条件の成立しない場合としては，特定の遺伝子型をもつもの同士が任意交配から期待されるよりも高い頻度で交配する正の選択交配（同類交配）や，逆に期待よりも低い頻度

I．メンデルからDNAの二重らせんモデルまで

で起こる負の選択交配，交配する個体同士の間に血縁関係が存在する近親交配などがある．また，植物の場合には，自家受精や自家不和合性などによる任意交配からのずれが広くみられる．ここでは，近親婚の例について述べる．

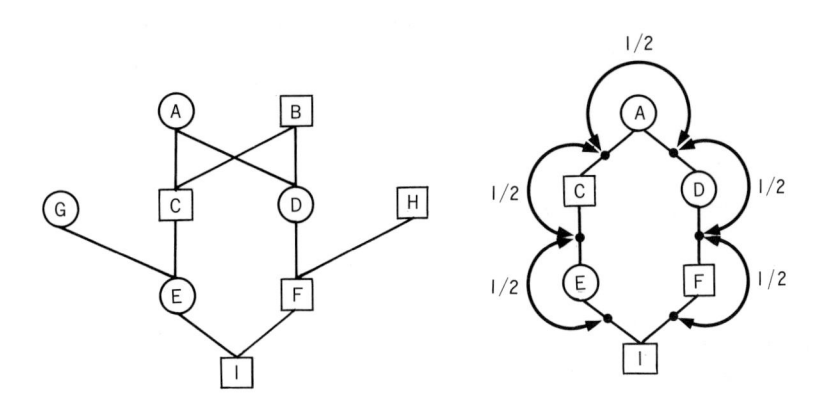

図 1-21 いとこ婚の子供の近交係数
いとこ婚の家系図の例（左図）と子供Iのもつ相同遺伝子が共通祖先Aの同一遺伝子に由来する確立の計算法（右図）．

近交係数　近親交配の集団遺伝学的影響を評価するうえで重要なパラメータは，ライトが提唱した近交係数（inbreeding coefficient）である．これは，「ある個体のもつ2つの相同遺伝子が共通祖先遺伝子に由来する確率」と定義される．図 1-21 に示したいとこ婚の子供の例で説明することにしよう．注目する個体Iは，2人の共通祖先AとBをもつが，AとBの間には血縁関係はないものとする．いま，Aのもつ任意の遺伝子がその子供C，Dの双方に伝えられる確率は 1/2，それと同じ遺伝子がCからEに伝えられる確率，EからIに伝えられる確率はいずれも 1/2 となる．同様に，DからF，FからIに伝えられる確率もそれぞれ 1/2 となるので，個体Iの相同遺伝子の両方がAのもっていた同一遺伝子に由来する確率は，$(1/2)^5=1/32$ となる．また，共通祖先Bのもつ遺伝子についても同様に 1/32 であるが，これらは同時には起こり得ない（排反事象）ので，結局，個体Iの近交係数は，$1/32+1/32=1/16$ となる．この例のように，家系図に基づいて近交係数を求める場合，注目した個体の一方の親からさかのぼり，共通祖先を経て，もう一方の親に至るまでの経路に含まれる個体の数を n とすると，近交係数 F は次式で表される．

$$F=\Sigma(1/2)^n(1+F_A)$$

ここで，F_A は共通祖先の近交係数，また，Σ は共通祖先の数だけ加え合わせることを意味する．主な近親婚について，共通祖先の近交係数が0のときの子供の近交係数を表 1-7 に示す．

近親交配がある場合，集団の遺伝子型頻度がどのように変わるかを見てみよう．いま，ある集団の平均近交係数を F とし，遺伝子座 A の対立遺伝子 A_1，A_2 が，それぞれ p，q の頻度で存在するものとする．ある個体の2つの相同遺伝子が共通祖先遺伝子に由来しない確率は，定義から $1-F$ である．この場合は，遺伝子型 A_1A_1，A_1A_2，A_2A_2 は p^2，$2pq$，q^2 の割合で出現

表 1-7 主な近親婚の子供の近交係数 (F)
＊共通祖先の近交係数は 0 であると仮定

両親の血縁関係	子供の近交係数 (F)
きょうだい	1/4
おじ・めい，おば・おい	1/8
いとこ	1/16
いとこ半	1/32
またいとこ	1/64

する．一方，相同遺伝子が共通祖先遺伝子に由来する確率は F であり，その遺伝子が A_1 である確率が p，また，A_2 である確率が q である．これらの個体がホモ接合であることはいうまでもない．以上をまとめると，近親交配のある場合の各遺伝子型頻度は次のようになる．

$$A_1A_1 : p^2(1-F) + pF = p^2 + Fpq$$
$$A_1A_2 : 2pq(1-F) = 2pq - 2Fpq$$
$$A_2A_2 : q^2(1-F) + qF = q^2 + Fpq$$

これからわかるように，近親交配があると，ヘテロ接合個体の割合が $2Fpq$ だけ減り，2 種類のホモ個体の割合が，それぞれ Fpq だけ増加することになる．

日本人集団に比較的多い近親婚であるいとこ婚の子供の場合について，劣性遺伝子をホモ接合にもつ個体の頻度が他人婚の子供に比べてどのくらい増加するかをみてみる．劣性遺伝子 a の頻度を q とすると，aa 個体の頻度は他人婚 ($F=0$) に比べて，$(q^2+Fpq)/q^2 = 1+(1-q)F/q$ 倍に増加することがわかる．上に述べたように，いとこ婚の子供の近交係数は，$F=1/16=0.0625$ なので，$q=0.1$ のとき 1.56 倍，0.01 のとき 7.19 倍，0.001 のとき 63.4 倍というように，劣性遺伝子の集団中の頻度が低くなるに従い，いとこ婚の子供の中でのホモ接合個体の相対的割合が高くなることがわかる．後で述べるように，有害な劣性遺伝病の遺伝子頻度は，通常 1% 以下であるため，これらの遺伝病患者の出生率は近親婚の子供に著しく高い．1950 年頃までは，日本人の結婚のおよそ 7% がいとこ婚であったため，劣性遺伝病患者の 30%～80% がいとこ婚の子供であった．しかし，近年，近親婚率は急激に低下し，いとこ婚の割合は 1% 以下になったため，近親婚が原因となった劣性遺伝病患者の発生率は，以前に比べて大幅に減少している．

b．遺伝的浮動

実際の生物集団の大きさは有限であり，互いに交配して子供を作る可能性をもつ個体の数は，場合によっては実際の個体数よりもはるかに少ないこともある．次世代の接合体集団が作られる過程は，任意交配のもとで配偶子中の遺伝子プールから 2 個の遺伝子をランダムに抽出する操作を次世代集団の個体数に相当する回数繰り返す過程とみなせる．集団の大きさが有限であることにより，この遺伝子抽出過程には多かれ少なかれ標本誤差がつきまとうため，次世代集団の接合体に寄与する遺伝子の割合は，前世代の遺伝子頻度をそのまま反映することにはならない．このように，集団の大きさが有限であることが原因となって生ずる遺伝子頻度や遺伝子型頻度の変化を遺伝的浮動（genetic drift）という．

話をわかりやすくするため，N 個体からなる雌雄同体でかつ自家受精も起こるような生物集団を考えることにする（普通の雌雄異体生物の場合も，計算はやや複雑であるが，これと同じ

結論が導かれる)．これらの個体が次世代遺伝子プールに均等に寄与するものとすれば，次世代の作られる過程は，事実上無限大であるとみなせる配偶子の遺伝子プールの中から N 対の遺伝子を無作為に抽出する過程とみなすことができる．この場合，同一遺伝子から複製された遺伝子をもつ配偶子を2個抽出する確率は，$1/2N$ となる（特定の遺伝子を2回抽出する確率＝$(1/2N)^2$，遺伝子が $2N$ 種類あるので，$(1/2N)^2 \times 2N = 1/2N$）．したがって，2個の遺伝子が親世代の別の遺伝子から来る確率は，$1-1/2N$ となるが，これら2個の遺伝子は祖先をさかのぼった場合，共通祖先遺伝子に由来する可能性があり，その確率は親集団の平均近交係数に等しいことになる．したがって，世代 t における集団の平均近交係数を F_t とすると，

$$F_t = 1/2N + (1-1/2N)F_{t-1}$$

となる．上式は，以下のように書き直すことができる．

$$1 - F_t = (1-1/2N)(1-F_{t-1})$$

前項で述べたように，$1-F$ はヘテロ接合個体の頻度に比例するので，世代 t におけるヘテロ接合個体の頻度を H_t とすると，

$$H_t = (1-1/2N)H_{t-1}$$

と表せ，ヘテロ個体の割合は毎世代 $1/2N$ の割合で減少することがわかる．上記の関係から，

$$H_t = (1-1/2N)^t H_0$$

が容易に導かれるが，この式は，$t=\infty$ では $H_t = 0$ となって，ヘテロ接合個体がみられなくなることがわかる．つまり，最初の遺伝子頻度がどのような値であっても，究極的には，いずれかの遺伝子頻度が1となって固定してしまう．初期頻度が0.5の遺伝子が固定もしくは消失するまでにどのような経過をたどるかを図1-22に示した．世代が $N/10$ では，遺伝子頻度は初期頻度0.5の近傍にある確率が高いが，$2N$ 世代以降では，どのような遺伝子頻度でもほぼ等しい確率でとり得ることがわかる．

　ある遺伝子が集団中に固定する確率は，その遺伝子の初期頻度に等しいことが証明できる．つ

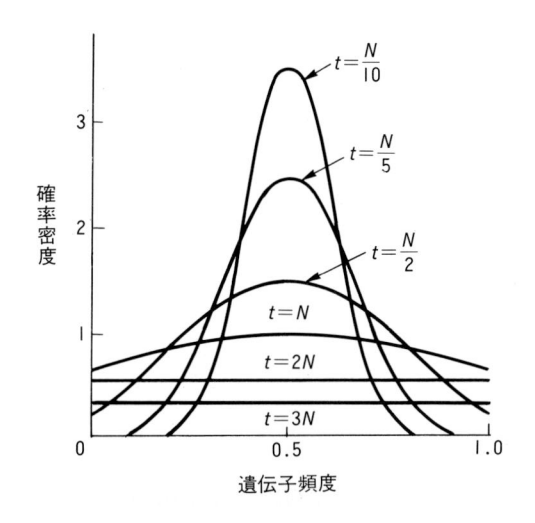

図1-22 遺伝的浮動による遺伝子頻度分布の変化　　　　　（木村，1956より）
t は世代数，N は集団の大きさを示す．図では固定（遺伝子頻度＝1）したもの，および消失（遺伝子頻度＝0）は除いてある．

まり，初期頻度 p であった遺伝子は，確率 p で集団中に固定し，$1-p$ の確率で消失する．いま，集団内に1個の突然変異が出現した場合を考えると，その初期頻度は $1/2N$ なので，この遺伝子が将来全集団に拡がる確率は $1/2N$ である．集団が大きいときは，新たな突然変異はほとんどが消失してしまうが，集団が小さいときは固定する確率が大きいことがわかる．

このように，集団の大きさが有限であることによる遺伝的浮動は，近親交配と同様，ホモ接合個体の頻度をハーディー・ワインベルグの平衡より高くする効果をもつ．地理的な障壁などにより，生物集団が小さい分集団に分かれているようなケースでは，集団間の遺伝的分化をもたらす重要な要因となる．

c．自然選択

ハーディー・ワインベルグの法則が成り立つためには，各遺伝子型の接合体が次世代の配偶子プールに等しく寄与するという前提が必要であった．しかし，実際には，受精卵から成体に達するまでに様々な原因で死亡がみられ，また，生殖年齢に達した個体の妊性にもばらつきがみられることから，各個体の遺伝子が次世代に等しく寄与するとは限らない．生存力や妊性など，次世代の子供の数に影響を及ぼす形質が遺伝子型によって異なる現象を自然選択（natural selection）という．ダーウィン（C. Darwin）によって指摘されたように，自然選択は生物進化の主要な原動力となっていると考えられている．

ダーウィン適応度　自然選択が集団の遺伝的組成にどのような影響を及ぼすかを考える場合，自然選択の作用を定量的に表すことが必要であり，このためにダーウィン適応度（Darwinian fitness，単に適応度ともいう）という概念が用いられる．ダーウィン適応度は，「特定の遺伝子型をもつ1個体が次世代に残す生殖年齢に達した子供の数」で定義される．子供の数は親世代と同じ発育段階で数えれば必ずしも生殖年齢である必要はない．また，雌雄異体の生物では，雌親と雄親がいて初めて子供ができるので，一方の親の適応度は子供の数の $1/2$ となる．

自然選択の一般モデル　遺伝子座 A の2種類の対立遺伝子 A_1, A_2 の頻度をそれぞれ p, q とする．遺伝子型 A_1A_1, A_1A_2, A_2A_2 をもつ個体の適応度をそれぞれ W_{11}, W_{12}, W_{22} とし，集団全体の平均適応度を $\overline{W}$ とする．また，集団は十分大きく，かつ任意交配が行われるものとする．各遺伝子型の次世代遺伝子プールへの相対的な寄与は，選択を考慮に入れると以下のようになる．

遺伝子型	A_1A_1	A_1A_2	A_2A_2	合計(平均)
遺伝子型頻度	p^2	$2pq$	q^2	1
適応度	W_{11}	W_{12}	W_{22}	($\overline{W}$)
平均適応度への寄与	$p^2 W_{11}$	$2pq W_{12}$	$q^2 W_{22}$	$\overline{W}$
次世代遺伝子プールへの相対的寄与	$p^2 W_{11}/\overline{W}$	$2pq W_{12}/\overline{W}$	$q^2 W_{22}/\overline{W}$	1

次世代での A_2 の頻度 q' は，

$$q' = q^2 W_{22}/\overline{W} + pq W_{12}/\overline{W}$$

で求められる．ここで，平均適応度 $\overline{W}$ は，

$$\overline{W} = p^2 W_{11} + 2pq W_{12} + q^2 W_{22}$$

である．1世代の自然選択による A_2 遺伝子の頻度の変化 Δq は，

$$\Delta q = q' - q = pq \{q(W_{22} - W_{12}) + p(W_{12} - W_{11})\}/\overline{W}$$

で与えられる．適応度に差がない場合（$W_{11} = W_{12} = W_{22}$），$\Delta q = 0$ となり，ハーディー・ワインベルグの法則が成立することがわかる．

完全劣性遺伝子　適応度に関して，対立遺伝子 A_2 が A_1 に対して完全劣性である場合について，自然選択の結果，遺伝子頻度がどう変化するかを見ることにしよう．これを調べるには，各遺伝子型の適応度は絶対値である必要はないので，A_2 のホモ接合体が他の遺伝子型に対して s だけ適応度が低いとする（ただし，$1 \geq s > 0$）．すなわち，

$$W_{11} = W_{12} = 1, \quad W_{22} = 1 - s$$

であるとする．s は選択の強さを表す値であり，選択係数（selection coefficient）と呼ばれる．

これらの適応度の相対値を用いて，先の式から Δq を計算すると，

$$\overline{W} = p^2 + 2pq + q^2(1-s) = 1 - sq^2$$

となるので，

$$\Delta q = -sq^2(1-q)/(1-sq^2)$$

となる．Δq が負の値になることから，A_2 の頻度は次第に減少していくこと，また，減少の速さは選択の強さ s に比例することがわかる．さらに，集団の平均適応度は，選択のない場合に比べて劣性ホモ個体の出現頻度 q^2 と選択係数 s の積だけ低下することもわかる．

A_2 のホモ接合体適応度が $0(s=1)$，つまり，劣性致死もしくは劣性不妊であるような場合について見ることにする．このような有害遺伝子の集団中の頻度は一般的に低いので，$1 - sq^2 \fallingdotseq 1$ と見なして差し支えない．したがって，

$$\Delta q \fallingdotseq -sq^2(1-q)$$

となり，遺伝子頻度の減少率はきわめて低いことがわかる．このような有害遺伝子の初期頻度が 0.5 である場合，これが半分の 0.25 にまで低下するには 2 世代しか要しないが，0.1 から 0.05 までは 10 世代，0.01 から 0.005 までは 100 世代を要するというように，遺伝子頻度が低くなるに従って低下の速度は急激に遅くなる．A_2 遺伝子はホモ接合個体を通じてしか集団から除去されないこと，ホモ接合個体の頻度 q^2 は，q が小さいときにはきわめて低いことを考えれば，これらのことは直観的にも理解できよう．

完全優性遺伝子　A_2 遺伝子を1個でももつと適応度が s だけ下がるような有害な優性遺伝子の場合について見てみる．$W_{11} = 1$，$W_{12} = W_{22} = 1 - s$ を先の式に代入すると，

$$\Delta q = -sq(1-q)^2/(1-2sq+sq^2)$$

となり，劣性有害遺伝子の場合とは異なり，Δq は遺伝子型頻度ではなく，遺伝子頻度 q に比例することがわかる．このため，遺伝子頻度の低下率は劣性遺伝子に比べはるかに高い．特に，$s=$

1すなわち優性致死あるいは優性不妊遺伝子の場合は，$\Delta q=-q$ となることからわかるように，1世代で集団中から消失してしまう．したがって，このような有害遺伝子は，突然変異により新たに生じたものしか集団中に存在し得ない．

超優性遺伝子 ヘテロ接合体の適応度が両ホモ接合体の適応度よりも高い場合を超優性 (overdominance) という．いま，ヘテロ接合体 A_1A_2 の適応度を1，ホモ接合体 A_1A_1，A_2A_2 の適応度をそれぞれ，$1-s_1$，$1-s_2$ とすると，A_2 遺伝子の頻度の1世代当たりの変化は，

$$\Delta q = pq\{s_1-q(s_1+s_2)\}/(1-s_1p^2-s_2q^2)$$

となる．この式の分子に注目すると，$s_1-q(s_1+s_2)>0$ すなわち，$q<s_1/(s_1+s_2)$ のとき $\Delta q>0$ となり q は増加，また，$q>s_1/(s_1+s_2)$ のときは q は減少すること，さらに，$q=s_1/(s_1+s_2)$ のとき，$\Delta q=0$ となって，遺伝子頻度は変化しないことがわかる．このことは，A_2 遺伝子の頻度が $s_1/(s_1+s_2)$ で安定な平衡に達することを意味する．

対立遺伝子の間に超優性がみられると，初期頻度がどのような値であっても上記の平衡頻度で安定することから，ホモ接合で有害な突然変異遺伝子が集団中に高い頻度で保有される機構の1つとなる．人類集団におけるこのような例としては，鎌型赤血球貧血症が有名である．この遺伝病は，正常な人のもつヘモグロビン HbA の遺伝子座に生じた突然変異によって異常なヘモグロビン HbS を作るようになったもので，ホモ接合体の赤血球は鎌状に変形し，きわめて壊れやすくなるため，悪質な貧血症や血栓を起こし，成人に達するまでに患者の大部分が死亡する．ホモ接合体の適応度が事実上ゼロであるにも関わらず，HbS 遺伝子の頻度は熱帯アフリカなどでは5%から場所によっては15%を越えることが知られている．また，アメリカの黒人にも高い頻度でみられ，重大な遺伝病の1つとなっている．このような有害な劣性遺伝病の遺伝子が集団中に高い頻度で保有される原因は当初不明であったが，その後，ヘテロ接合個体が，正常遺伝子についてホモ接合の人よりもマラリアに対する抵抗性が高いために，ヘテロ接合の適応度が両ホモ接合より高くなるという超優性によることが明らかになった．HbS の頻度が仮に10%であるとし，ホモ個体の選択係数を s_2 とすると，$s_2\fallingdotseq 1$ とみなせるので，$s_1/(s_1+1)=0.1$ より，$s_1\fallingdotseq 0.1$ となり，HbA ホモ接合の人はヘテロ接合に比べて10%ほど適応度が低いと推定される．しかし，これはマラリアの発生がみられる地域についてのみいえることであり，マラリアの流行のない場所では $s_1=0$ と考えられることから，HbS 遺伝子は完全劣性遺伝子としてふるまい，遺伝子頻度は次第に減少することが予想される．現に，アフリカからアメリカに移住した黒人集団中の HbS の頻度はかなりの低下を示している．

d．自然選択と突然変異による平衡

上述のように，有害遺伝子は，超優性のような特殊ケースを除けば自然選択により集団中の頻度は遅かれ早かれ減少し，究極的には消失するはずである．しかし，実際には多くの有害遺伝子が低頻度ながら集団中に保有されている．これは，新たに生じた突然変異によって有害遺伝子が供給されることにより，自然選択で失われる遺伝子との間で平衡状態にあるためである．完全劣性の有害遺伝子の場合について考えてみよう．

A 遺伝子座に 2 つの対立遺伝子 A_1 および A_2 があり，それぞれの頻度を p，q とし，A_2A_2 の適応度を $1-s$，A_1A_1 および A_1A_2 の適応度をいずれも 1 であるとする．また，A_1 遺伝子に毎世代 μ の率で突然変異が起こり A_2 遺伝子が生ずるものとしよう．A_2 から A_1 への突然変異も考えられるが，新たな突然変異の大部分は有害遺伝子であることが知られていることから，この方向への突然変異率は無視して差し支えない．

突然変異によって毎代供給される A_2 遺伝子の頻度は，もとになる A_1 の頻度が p なので，$\mu p = \mu(1-q)$ である．一方，自然選択によって毎世代失われる A_2 遺伝子の割合は，先に求めたように，$sq^2(1-q)/(1-sq^2)$ である．平衡状態では供給される量と失われる量がつり合っていなければならないので，

$$\mu(1-q)-sq^2(1-q)/(1-sq^2)=0$$

これから，

$$sq^2/(1-sq^2)=\mu$$

となるが，有害遺伝子の集団中の頻度 q は，一般的に非常に低いことから，$1-sq^2 \fallingdotseq 1$ とみなしてほとんど差し支えないので，上式は，

$$sq^2 \fallingdotseq \mu$$

となり，これから，A_2 の平衡頻度 $\hat{q}$ は，

$$\hat{q} \fallingdotseq \sqrt{\mu/s}$$

と推定される．

突然変異率は，概ね遺伝子座当たり毎代 10^{-5} 程度なので，$s=1$，すなわち致死遺伝子あるいは不妊遺伝子のようなきわめて有害な遺伝子の平衡頻度は，$\hat{q} \fallingdotseq 0.003$ となり，突然変異率に比べてかなり大きな値となる．また，$s=0.1$ 程度の弱有害遺伝子の場合には，$\hat{q} \fallingdotseq 0.01$ となるが，人類集団中の劣性有害遺伝子の頻度は，この範囲に入るものが多い．有害遺伝子に対する自然選択にも関わらず多くの種類の遺伝病が人類集団内に保有されているのは，このような理由によると考えられる．平衡頻度が突然変異率の平方根に比例することをみれば，放射線や各種化学物質など，突然変異の原因となる要因をできる限り減らす必要のあることも理解できよう．

付 記

当初の企画では，本章は故大羽 滋博士（東京都立大学名誉教授．当時，岡山理科大学教授）が分担されることになっていた．しかしながら，1992 年 7 月執筆の半ばにして博士が急逝されたため，故人の遺志により布山が引き継ぐことになった．このような経緯から，本章の執筆にあたっては，故大羽博士が遺された未完原稿と構想に基づいて，その趣旨をできるだけ生かすよう努めた．

II. 遺伝子としての核酸

1. DNAとRNA

(1) 遺伝子の概念

　メンデルの遺伝法則の再発見によって，20世紀，遺伝学の研究が盛んになり，その後，連鎖と組換え，突然変異などの知識が蓄積された．そして1930年代になると，遺伝子については，ある生理機能を決定するという基本的性格に加えて，自己複製可能な，組換えによって分割できない，突然変異の最小単位という特徴が付加された．この時期，ショウジョウバエでは，染色体の転座，逆位などの現象も確認されていたので，遺伝子が染色体上にあることは明白であった．染色体は核酸と核タンパク質から構成されていることが明らかにされるとともに，遺伝子は一般にタンパク質だと考える研究者が多かった．

　これに対し，グリフィス (F.Griffith, 1928) の肺炎双球菌 (*Diplococcus pneumoniae*) に関する研究は，遺伝子がタンパク質ではない物質であることを実験的に証明した点で注目に値する．病原性のある野生型の肺炎双球菌を培養すると，通常，表面の滑らかなコロニーを形成する (S型)．あるとき，表面のギザギザしたコロニーを作る変異株が見つかり (R型)，これを調べると病原性が失われていた．グリフィスは，この変異株と加熱してタンパク質を壊した別のS型株を混合してハツカネズミ (*Mus musculus*) に投与したところ，S型を投与したネズミは感染して死亡し，R型変異株を投与したネズミは肺炎の感染がなかったが，混合して投与したネズミの一部は感染して死亡した．この感染したネズミから分離した菌は，加熱したS型の菌と同じ型のものであった．この実験は，形質転換の原因となる物質がタンパク質でないことを示した最初のものである (図2-1)．その後，このような形質転換現象は試験管内 (*in vitro*) で

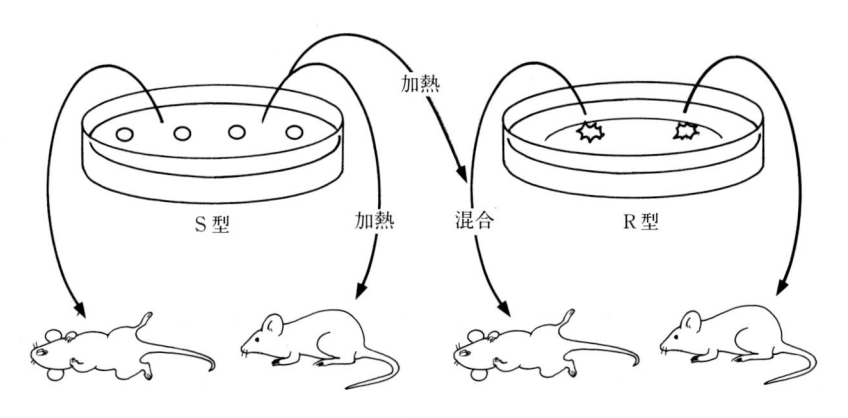

図2-1　グリフィスによる実験

も再確認され，1944年には，形質転換を起こす原因物質がDNAであることがエイブリー(O. T. Avery)らによって証明された．

一方，化学の分野では，核酸の構造もすでに解明されており，核酸が4種類のデオキシリボ核酸という基本単位の集合体であることが知られていた．シャルガフ(E. Chargaff, 1950)らは，そのデオキシリボ核酸の量がゲノム当たり一定であること，塩基として含まれるアデニン(A)とチミン(T)，グアニン(G)とシトシン(C)が，それぞれ等分子含まれていることを明らかにした(1950)．

(2) ワトソン・クリックのモデル

上述のような遺伝子の概念と核酸の化学的構造に関する知識を総合して構築されたのが，ワトソン(J. D. Watson)とクリック(F. H. C. Crick)(1953)の二重らせんモデルである(図2-2)．

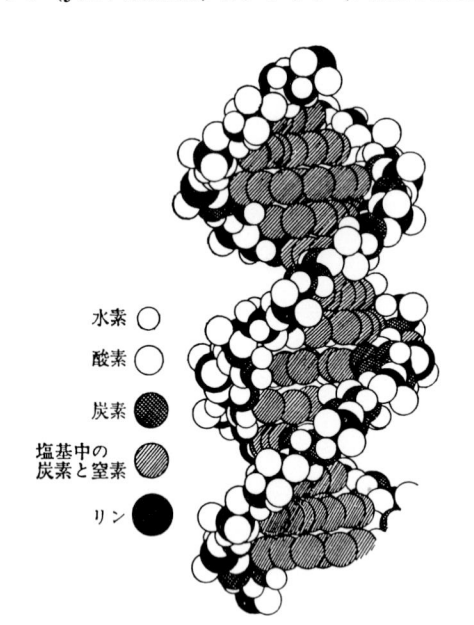

図2-2 ワトソン・クリックのモデルによるDNAの構造　　(Wagner & Mitcellより)

すなわち，この時期にはDNAを構成するデオキシリボースや塩基の立体構造,寸法などが明らかになっていたのである．また，モデルを作るうえで，フランクリン(R. Franklin)の撮影したDNAのX線回折写真がたいへん参考になった．クリックはこの回折像をみて，DNAの二重鎖が逆向きに結合していることをたちどころに確信したという．DNAやRNAは，デオキシリボースやリボースの5'の位置と3'の位置がリン酸をはさんで重合するので，タンパク質にアミノ末端とカルボキシル末端があるように，5'末端と3'末端ができる(図2-3, 4)．1'の位置にA, T, C, Gなどの塩基が結合し，AとT，CとGの塩基同士が水素結合で架橋されている．そしてこの二重鎖が全体としてヘリックス構造を形成している．フランクリンのX線写真から，ヘリックス構造とともに塩基が0.34 nmの間隔でぎっしりと積み重なっていることが判明した．

ワトソン・クリックのモデルは，遺伝子の複製，すなわち細胞分裂によってまったく同じも

図 2-3 上：2-デオキシ-D-リボース (2-deoxy-D-ribose, DNAの糖成分)，下：D-リボース(D-ribose, RNAの糖成分)

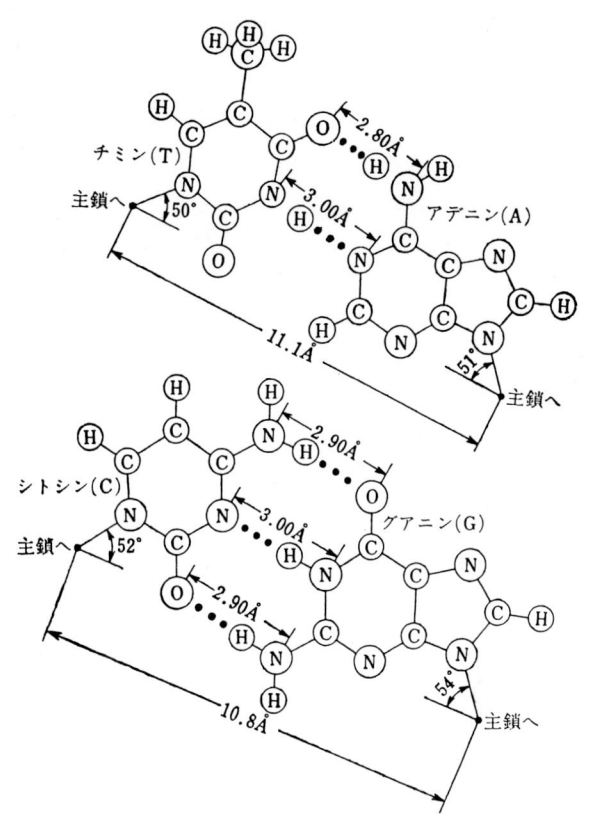

図 2-4 ワトソン・クリックのモデルにおけるDNA中のA-T, G-C結合の水素結合　　(Pauling&Coleyより)

のが作られる原理を説明している．それは二重鎖の水素結合を開裂して一重鎖にし，それぞれの一重鎖を鋳型にして相補鎖を作れば，まったく同じものが2本できるからである．

(3) DNAの半保存法則

　細胞分裂にあたって，二重鎖DNAの水素結合が開裂してできた2本の一重鎖が，それぞれの相補鎖を合成して元の二重鎖と同じものを2本作る．この新しい二重鎖DNAは古い一重鎖と新しい相補鎖からなる．このように，DNAの複製では常に古いDNAが半分保存されるので，半保存法則という．このモデルは，ワトソンとクリックが二重らせんモデルを発表した直後に発表したものである．

　このモデルは，1957年，テーラー（T.H.Taylor）らがDNAを放射線で標識することにより証明した．放射性チミジンを取り込ませた直後のソラマメの分裂中期像を観察すると，新しい2本の染色体は，いずれも放射線を取り込んでいた．放射線を取り込んだ次の世代の分裂中期像をみると，片側の染色体のみが放射線を取り込んでいた．さらに，1958年，メゼルソンとスタール（M.Meselson, F.W.Stahl）は，重い安定同位元素^{15}Nを取り込ませた大腸菌のDNAをその世代，次世代，さらに次の世代にわたって採取し，密度勾配遠心法により調べると，最

初の世代の DNA は重く，次世代のは中間となるが，その次の世代には中間と軽い（通常の）DNA ができることを観察した．これは，最初の世代では DNA のすべてが重い ^{15}N を取り込み，次の世代では相補鎖が通常の ^{14}N を取り込み，さらに次の世代では，重い ^{15}N を保存したものと，通常の軽い ^{14}N を鋳型にしたものとなることを示している．

（4）セントラルドグマ

ワトソン・クリックのモデルによって，遺伝子の本体が DNA であることは疑う余地のないものとなったが，個々の遺伝形質の発現を形づくるものが酵素などのタンパク質であることもいうまでもない．しかし，DNA はタンパク質の合成に直接関わるものではない．DNA は核の中に局在し，タンパク質は細胞質の中で合成されるのであるから，それをつなぐ物質が存在することは明らかである．これを連結するものが RNA である．1940 年代から，細胞化学の研究によって，タンパク質の合成に RNA が関与していることは知られていた．また，RNA には，小胞体に局在するリボソーム RNA (rRNA) と細胞質中に溶解している転移 RNA (tRNA) の存在が明らかになっていた．その後，タンパク質合成に先行して出現する短命の伝令 RNA（メッセンジャー RNA，mRNA）が発見され，遺伝子と形質発現の関係が明らかになった．そこでクリックは，1957 年，この遺伝情報の流れを図式化し，セントラルドグマ（central dogma；一般原理または中心法則と訳される）と名づけた．すなわち，遺伝情報は DNA → RNA →タンパク質という順序で伝達される．DNA → DNA のループは DNA の複製の意味である．

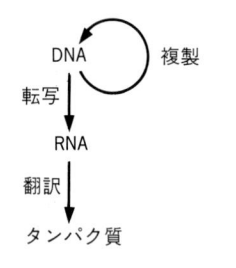

図 2-5　遺伝情報の伝達経路

（5）遺 伝 コ ー ド

遺伝子の本体が DNA であることが明らかになると，DNA に貯えられた遺伝情報とは 4 種類の塩基の並び方の問題となる．すなわち，これは一種の暗号の問題であって，どのようにしてそれぞれのアミノ酸を表すかが議論された．ガモフ（G. Gamov）は，生体に存在するアミノ酸が 20 種類であることから，4 種類の塩基の配列が少なくとも 3 つ必要であり，しかも 4 種類の塩基 3 つによる組合せの数は 64 であるから，1 種類のアミノ酸に対して，いくつかの異なる 3 連符の塩基（トリプレット）が存在するコードの縮重という現象が生じることを予言した．それにしてもこの段階では，まだ mRNA の遺伝暗号をどのように読んでいくかがわからなかったのである．1 つずつずらして読むのか，1 度に 3 つずつずらすのかもわかっていなかった．

3 つの塩基の並びでアミノ酸を表すので，3 つの塩基を暗号の単位としてコドン（トリプレットコドン）と呼ぶ．また，tRNA はこのコドンと対合する 3 塩基の逆の暗号をもっており，これをアンチコドンという．

遺伝コードの実験的証明はニレンバーグ（M. W. Nirenberg）によって道が拓かれた．彼らは，

酵素を用いて合成した mRNA を大腸菌の無細胞タンパク質合成系に入れる実験から，UUU がフェニールアラニン，CCC がプロリン，AAA がリジンであることを証明した．その後，コラーナ(H.G.Khorana)は，TGTGTGTG…となる DNA を合成し，これを転写して UGUGUGUG…の配列をもつ mRNA を作り，同様にして翻訳すると，バリンとシステインのみができることを発見した．さらに，UUGUUGUUGUUG…の mRNA は，読み枠の違いによって，ロイシン，バリン，システインを合成することを明らかにした．その結果，ニレンバーグの行った別の実験結果と考え合わせて，UUG がロイシン，UGU がシステイン，GUG, GUU がバリンであることを証明し，同様の実験を重ねて 33 の遺伝コードを決定した(表 2-1)．さらに，ニレンバーグは，特異的なアンチコドンをもった tRNA がそれぞれのアミノ酸を結合していることに注目し，トリヌクレオチドを合成し，リボソームに結合したうえで，特異的なアミノ酸を結合した tRNA によって検出することによって，遺伝コード表の残された空白を埋めることに成功した．

表 2-1 遺伝コード表

第1文字	第2文字				第3文字
	U	C	A	G	
U	フェニルアラニン	セリン	チロシン	システイン	U
	フェニルアラニン	セリン	チロシン	システイン	C
	ロイシン	セリン	停止	停止	A
	ロイシン	セリン	停止	トリプトファン	G
C	ロイシン	プロリン	ヒスチジン	アルギニン	U
	ロイシン	プロリン	ヒスチジン	アルギニン	C
	ロイシン	プロリン	グルタミン	アルギニン	A
	ロイシン	プロリン	グルタミン	アルギニン	G
A	イソロイシン	トレオニン	アスパラギン	セリン	U
	イソロイシン	トレオニン	アスパラギン	セリン	C
	イソロイシン	トレオニン	リジン	アルギニン	A
	メチオニン	トレオニン	リジン	アルギニン	G
G	バリン	アラニン	アスパラギン酸	グリシン	U
	バリン	アラニン	アスパラギン酸	グリシン	C
	バリン	アラニン	グルタミン酸	グリシン	A
	バリン	アラニン	グルタミン酸	グリシン	G

　以上のように遺伝コード表は，ニレンバーグやコラーナのような先人の巧みな実験技術と優れた推理力によって 60 年代半ばに完成した．この遺伝コードは，細胞から真核生物に至るまですべて共通であるが，後で述べるようにミトコンドリアでは多少の変異がみられる．
　翻訳開始のコードはメチオニンと同じ AUG である．そのため，生合成されたポリペプチドのアミノ酸の N 末端はメチオニンで始まることが多い．一方，コラーナの実験では AUG のほかに GUG が翻訳開始の機能を有することが明らかになった．実際に GUG で翻訳を開始する遺伝子は少数である．また，翻訳停止のシグナルとなるコードは UAA, UAG, UGA で，このコードに対応するアミノ酸は存在しない．
　真核生物では，タンパク質の合成はリボソームの結合した粗面小胞体で行われ，小胞体の中

に分泌されて，小胞体とゴルジ装置で修飾されタンパク質として完成される．小胞体で合成されたポリペプチドのアミノ基末端にある十数ないし数十の残基のアミノ酸は疎水性が強い．これはポリペプチドの小胞体膜通過を容易にするといわれている．この部分をシグナルペプチドといい，小胞体の膜通過の際に切落される．

(6) 転移RNA

20種類のアミノ酸を特徴づけるものはその側鎖である．クリックは，リボソームでRNAのコードが翻訳される際に，3つのヌクレオチドの塩基がアミノ酸の側鎖と直接関係するとは考えられないことから，トリプレットコドンとアミノ酸を結びつけるアダプターが存在するという仮説を提起した（アダプター仮説）．同じ頃，このアダプターとなるのはtRNA（trasnsfer RNA)であることが実験的に証明された．すなわち，タンパク質合成を研究していたグループは，肝細胞の上清分画でアミノ酸が酵素の作用により，低分子量のRNAと結合してタンパク質に取り込まれることを発見した．このRNAは，あらゆる細胞種に存在し，タンパク質合成に関与することが明らかになり，アミノ酸をリボソームまで運搬するので，転移RNAと呼ばれる．また，tRNAとアミノ酸の結合を触媒する酵素は，tRNAの末端にあるアデニル酸とアミノ酸のカルボキシル基を結合してアミノアシルtRNAを作るので，アミノアシルtRNA合成酵素という．

(7) 転移RNAの"ゆらぎ"

ロイシンにはUUAとUUGのようにUUに始まるコードとCUに始まるコードが存在し，それぞれ別々のtRNAがある．当然のことながら，それらは互いに他のコドンを認識しない．tRNAの構造の解析が進むにつれて，細胞のtRNAの塩基は化学的修飾を受けていることが明らかになった．特に，mRNAのコドンの第3番目の塩基に対するtRNAのアンチコドンの塩基(5'-側)は，往々にして修飾されてイノシンになっている．このイノシンはU，C，Aとの結合が可能である．例えば，アラニンのtRNAの5'-側アンチコドンはイノシンとなっており，mRNAのコドンGCU，GCC，GCAと結合する．このような，mRNAのコドンとtRNAのアンチコドンの対合の多様性に鑑み，クリックはtRNAの"ゆらぎ"仮説（wobble hypothesis)を提唱した．それによると，コドンの1番目と2番目の塩基はワトソンとクリックのモデルに示されたように，厳格にAとU，CとGが水素結合を作るが，第3番目のコドンの塩基と，tRNAの5'-側のアンチコドンの塩基との対合には，それ以外のものがある．コドンの塩基Uに対しては，AのほかGも結合できるし，コドンの塩基Gに対してはCのほかUも結合できる．また，コドンの第3番目の塩基U，C，Aに対して，アンチコドンの塩基イノシンが結合し

表2-2 転移RNAのアンチコドンの"ゆらぎ"

コドンの第3位	アンチコドンの第1位
U	A, I, G
C	G, I
A	T, I
G	C, U

得る．細胞には 61 のコドンに対する tRNA は存在するが，実際には，このように融通をもって結合している．ただし，この"ゆらぎ"は，翻訳の開始と停止に関するシグナルにはまったくあてはまらず，開始と停止のみは厳格にそれぞれのコードで行われる．

2. 遺伝子の構造

遺伝子工学技術の進展とともに，動物の遺伝子構造の理解は飛躍的に進んだ．図 2-6 に染色体構造から遺伝的 DNA までの対応関係を示したが，従来の眼に見えない遺伝子の実体としての染色体は，DNA の塩基配列上の情報という形で認識されるようになった．ここでは，遺伝形質発現の制御の上から遺伝子構造についてまとめることにする．

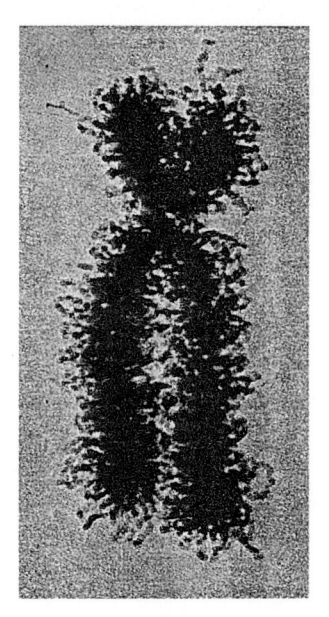

図 2-6 a ヒト染色体の電子顕微鏡写真
（×29,600 Du Praw, 1970 より）

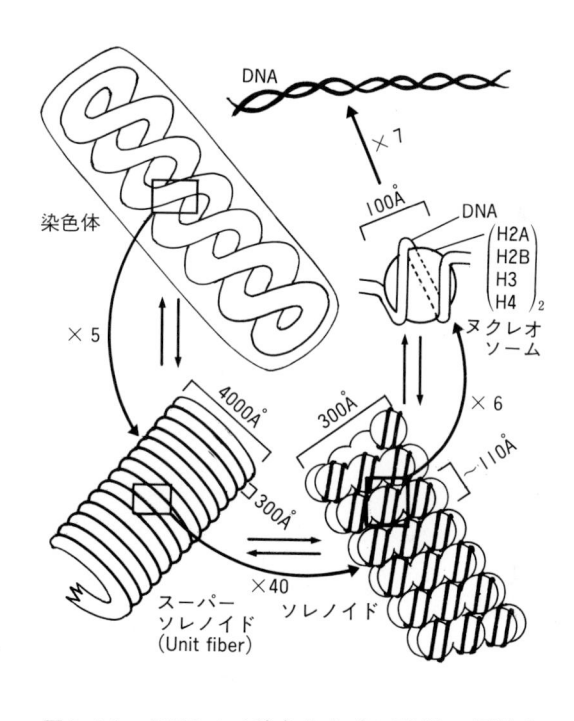

図 2-6 b DNA から染色体までの DNA の圧縮率

(1) 染色体の構造

動物など真核生物の遺伝子は染色体（chromosome）の形をとるが，細胞分裂間期（interphase）では分散したクロマチン（chromatin）状態を，有糸分裂により核分裂をする際には凝縮した染色体状態をとる（図 2-6 a）．ヒトの染色体 23 対は，その大きさにより 0.5～10 μm の長さがあり，その中に含まれる DNA は切れ目なく，長さにすると 1.4～7.3 cm に達する．だから細胞 1 個当たり約 70 cm の長さの DNA が核内に凝縮して存在し，切れたりほつれたりすることなく細胞分裂ごとに娘細胞へと伝播する．染色体構造は図 2-6 b に示すように約 10,000

倍の圧縮率をもって DNA をコンパクトに詰め込んでいる．このためのクロマチンの基本構造はヌクレオソームと呼ばれ，4 種類のヒストン（H 2 A, H 2 B, H 3, H 4）の 8 量体で球状のタンパク質複合体をつくり，DNA を巻きつける形で圧縮している．ほとんどの真核生物でこのようなクロマチン構造がとられており，ヒストンは進化的にもきわめて保存性の高いタンパク質である．

（2）動物遺伝子 DNA の全体像

動物を含む真核生物の DNA 量（遺伝子量）は，細菌など原核生物の DNA 量に比べて多量である．DNA 量がもしそのままタンパク質をコードするとして計算すると，大腸菌では約 4500 種，ショウジョウバエでは 1.4×10^5 種，ヒトでは実に 3.2×10^6 種という種類のタンパク質をつくる情報をもっていることになる．しかし，実際のタンパク質の種類は動物細胞でもこれほどに多くはないので，DNA 量と遺伝子情報量の間にはくい違いがある．図 2-7 に示した動物のゲノムサイズの分布図を見ても，昆虫や両生類などの異なる種の間で DNA 量が 100 倍も違う場合がある．この遺伝子情報と DNA 量のギャップは c 値パラドックス（c-value paradox）と呼ばれる（c 値は半数体当たりの DNA 量）．この DNA 量の問題は現在，多倍数性（polyploidy）や反復配列に加えて，転写を通して mRNA やタンパク質に移行する情報を含んでいない

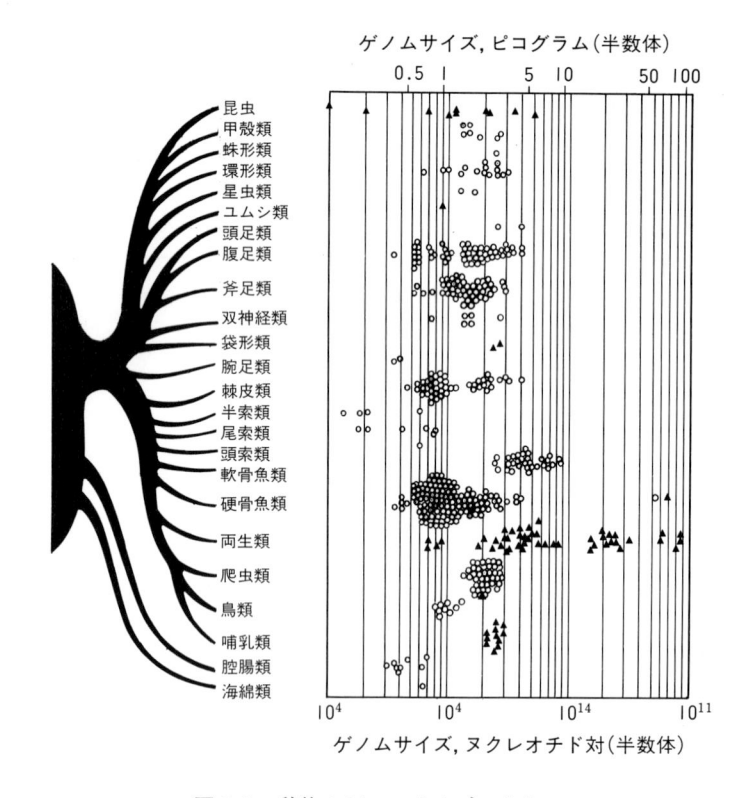

図 2-7 動物のゲノムサイズの分布

DNA領域が多量にあることで説明される．たとえば，哺乳類の遺伝子の種類は，mRNAとして転写を受けるもののみとして数えて，レベルで10^5個程度と考えられている．

(3) 動物遺伝子の構造

動物遺伝子の構造は，遺伝子クローニングにより個々の遺伝子が単離されるようになって次第に明らかとなった．図2-8に遺伝子のクローニングの方法を示したが，染色体DNAから行うゲノムクローンの単離法と，mRNAからスタートし，それに相補的なDNA（cDNA）を介してクローン化する方法が基本である．現在ではこれを改良した新しい方法が色々行われているが，その詳細はそれぞれの専門書を参照してほしい．

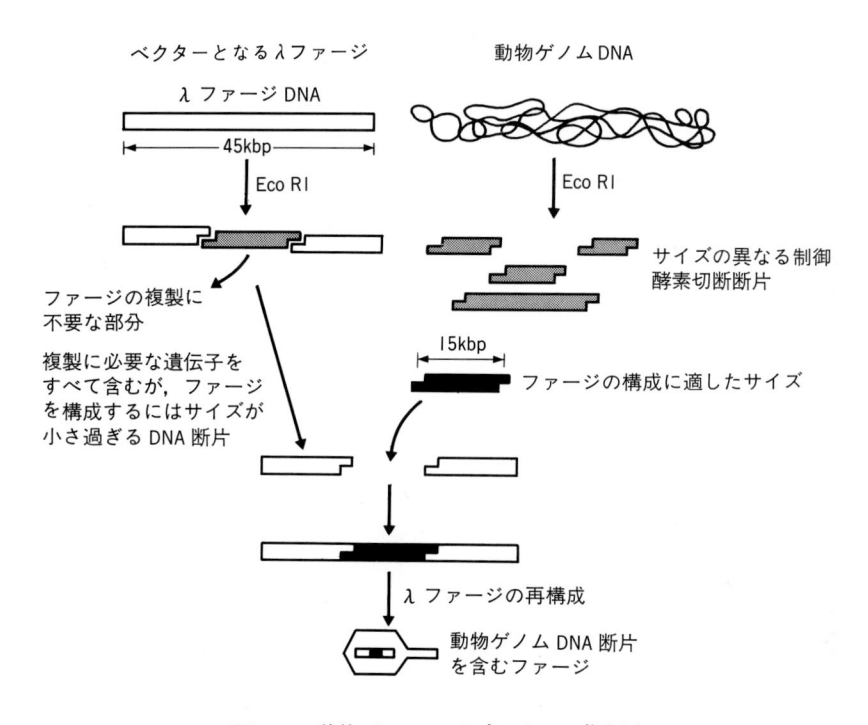

図2-8 動物ゲノムライブラリーの作製法

クローン化された遺伝子はDNAの塩基配列の決定を行い，遺伝情報の解読が完了する．図2-9にサンガー（Sanger）法（dideoxy法）の原理を示した（同じくマクサム-ギルバート（Maxam-Gilbert）法もあるが，現在はサンガー法が主として用いられている）．現在，サンガー法はオートマティックシーケンサーを用いて自動的に塩基配列が解読されるようになった．

このようにしてクローン化された遺伝子の塩基配列から，いくつも新しい事実が発見された．まず染色体ゲノム遺伝子をクローニングし，一方，mRNAからcDNAを介してクローニングした遺伝子と比較すると，図2-10に示すように両者に違いがあることがわかった．すなわち，ゲノム遺伝子DNA中のすべての塩基配列がmRNAへと伝達されていないことから，遺伝子は成熟mRNAへと情報が伝わる領域（エキソン領域，exon）と，その領域間に介在する配列（イ

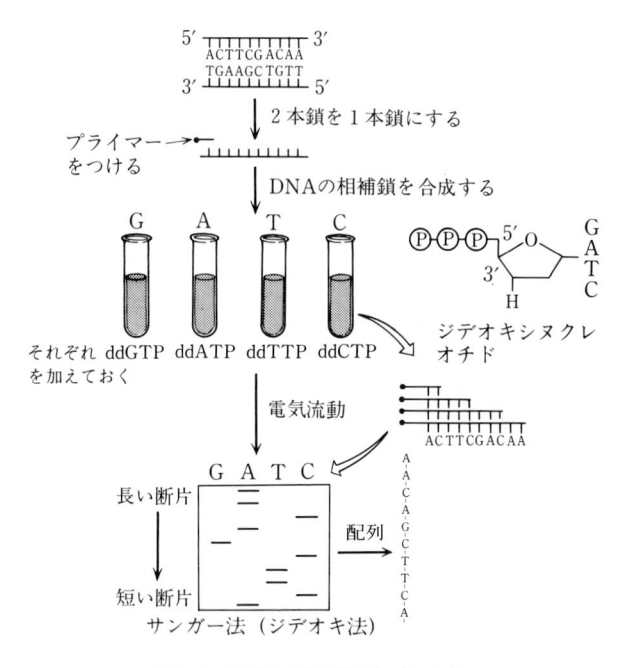

図 2-9　DNA 塩基配列の決定法

DNA 2 本鎖を 1 本鎖にし，その一方に標識したプライマーを結合させる．dGTP, dATP, dTTP, dCTP を加えて DNA の相補鎖を合成する．G, A, T, C と書いた試験管にはそれぞれジデオキシヌクレオチド (ddGTP, ddATP, ddTTP, ddCTP) のうちの 1 つを加えておくと，これを取り込む分子はそれ以上 DNA 鎖を伸長することができない．

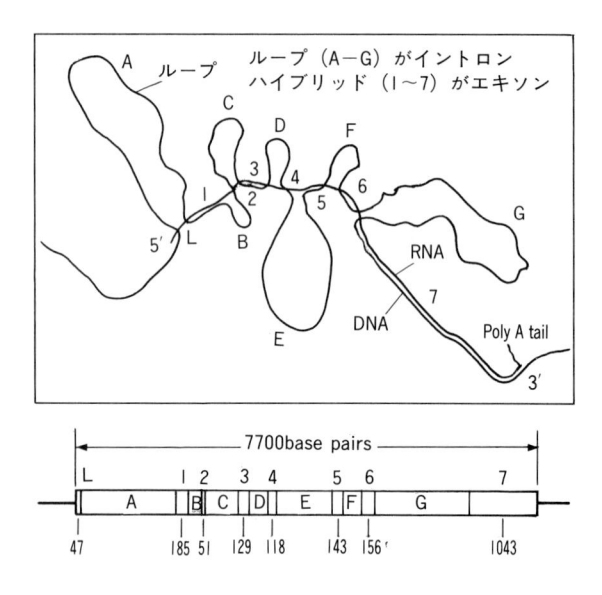

図 2-10　ニワトリ卵白アルブミン遺伝子（染色体由来）DNA と mRNA の RNA-DNA ハイブリッドの電子顕微鏡写真とそのトレース

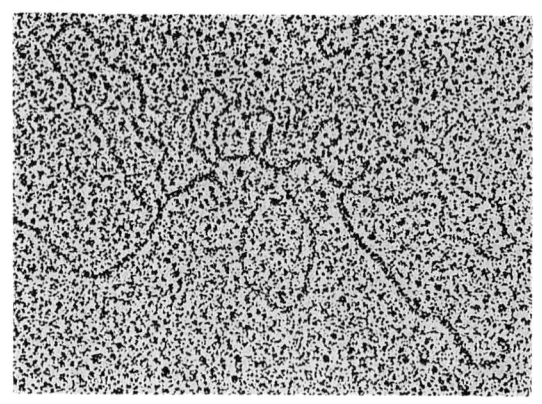

動物の遺伝子はエキソン（成熟 mRNA をコードする）とイントロンからできているモザイク構造である．

ントロン領域, intron) とからなるモザイク構造をとっていることが示された．この結果から，動物遺伝子から転写により mRNA が産生されるまでは，図 2-11 に示すような経路があることがわかった．図 2-11 には赤血球で特異的に発現するヘモグロビンの遺伝子の例を示しているが，まず，遺伝子からエキソンもイントロンも一続きの RNA として転写される．そして RNA の 5'末端はキャップ構造を付加され，3'末端にはポリ A 鎖が付加されるとともにスプライシングと呼ばれる過程によりイントロンが切り出され，つながって成熟 mRNA ができる．このスプライシングの反応には，核内の低分子 RNA (small nuclear RNA) とそのタンパク複合体が関与することがわかっているが，この反応で特に興味深い例は，原生動物テトラヒメナのリボソーム RNA のスプライシングで発見された自己スプライシング (self-splicing) の機構である．すなわち，スプライシング反応では RNA のホスホジエステル結合の共通結合が切れてつながることから酵素反応によるものと考えられていたが，テトラヒメナリボソーム RNA のスプライシング反応では，タンパク質（＝酵素）が存在せず RNA だけでスプライシングが起きる．すなわち，RNA 自体が酵素としてはたらくことになり（リボザイムと呼ぶ），原始生命体の誕生の過程で核酸が自己触媒を通して進化を繰り返してきた可能性を裏付けるものとなった．

テトラヒメナのスプライシング反応では，酵素（タンパク質）が存在せず，RNA だけで自己スプライシングが起こる．すなわち，スプライシングにおいては RNA 自体が酵素のような触媒作用をする．今日，生体における大多数の化学反応を触媒するのはタンパク質である酵素であるが，RNA にも弱い触媒作用がある．このような触媒作用のある RNA をリボザイムと呼ぶ．地球上に生命が誕生する過程の初期には，まだタンパク質がなく，化学反応は RNA により触媒され，後に翻訳によりタンパク質が出現すると，強力な酵素活性をもつタンパク質がこれにとってかわったと推定されている．

(4) グロビン遺伝子の構造と発現制御

動物遺伝子の構造のより詳しい理解のため，グロビン遺伝子を例にとり説明していくことにする．

図 2-12 にグロビン遺伝子クラスターを示す．ヘモグロビンの遺伝子の研究は，ヒトのサラセミア性貧血症の研究により遺伝学的解析が進んでいたが，その遺伝子構造の全体像はクローニングにより明らかとなった．当初 mRNA から α, β-グロビンと DNA クローンが単離され，そのゲノム遺伝子が次々と取り出され，図 2-11 に示すような構造をもつことがわかった．α-グロビン，β-グロビンともに胎子の発生過程を通して，$\zeta \rightarrow \alpha$, $\varepsilon \rightarrow \gamma \rightarrow \delta$, β へと発現のスイッチが起きるが，この発現のスイッチ順に遺伝子が 5'→3'の転写の方向に並んでいることがわかる．このクラスターの中に，$\psi\beta_1$, $\psi\beta_1$ などと示された遺伝子が見つかったが，いずれもこれら遺伝子は変異が集積されていて発現することのできない遺伝子で，偽遺伝子 (pseudogene) と呼ぶ．このような偽遺伝子は他の遺伝子にも見つかり，進化の過程で化石化した遺伝子として残存していると考えられる．また β-様遺伝子，α-様遺伝子はともに構造的に似ており，いわゆ

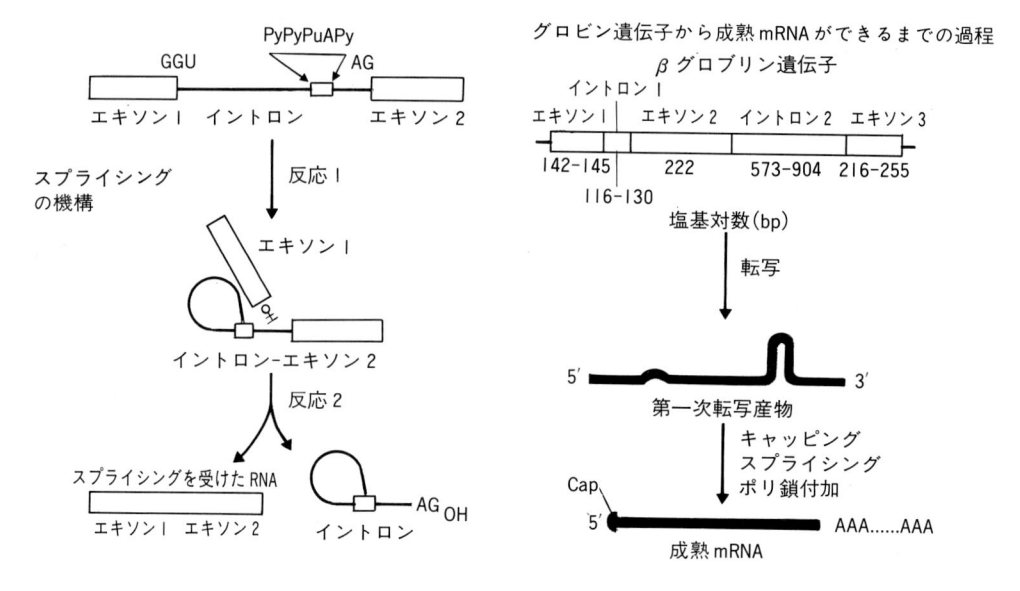

図2-11 グロビン遺伝子から成熟mRNAができるまでのプロセス

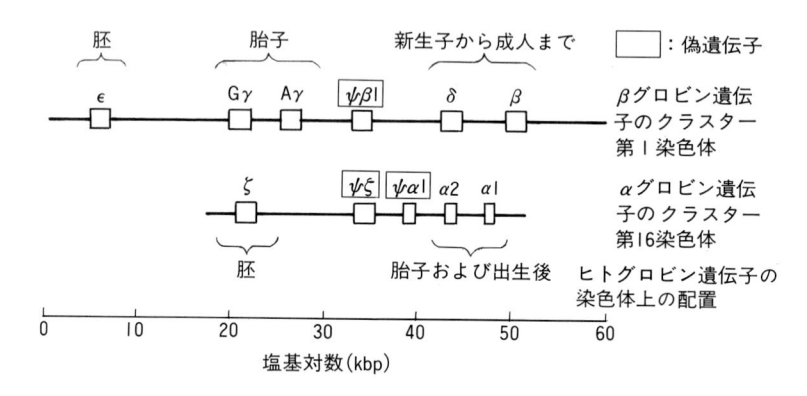

図2-12 ヒトグロビン遺伝子の染色体上の配置

る遺伝子重複（gene duplication）により進化してきたと考えられる．

（5）動物遺伝子の安定性

　動物遺伝子構造の研究で発見された偽遺伝子の中には，マウスのαグロビンの偽遺伝子のように本来の染色体上の位置から離れて別の染色体上に見つけられたものがあり，これはmRNAと転写されたものが逆転写されDNAとなり，他の染色体上へ挿入されたと考えられる．このような変化はレトロトランスポゾンによるものと考えられる．トウモロコシの種子の色の変化の研究でマクリントックが発見したトランスポゾンは，ショウジョウバエや線虫などでも見つかっており，遺伝子の変化をもたらす原因となっている．このような変化は別として，一般に，動物個体で遺伝子は生涯を通して不変であると考えられていた．それは，例えば成体のカエルの体細胞から取り出した核を紫外線で核を不活化した受精卵の卵細胞質に移植して

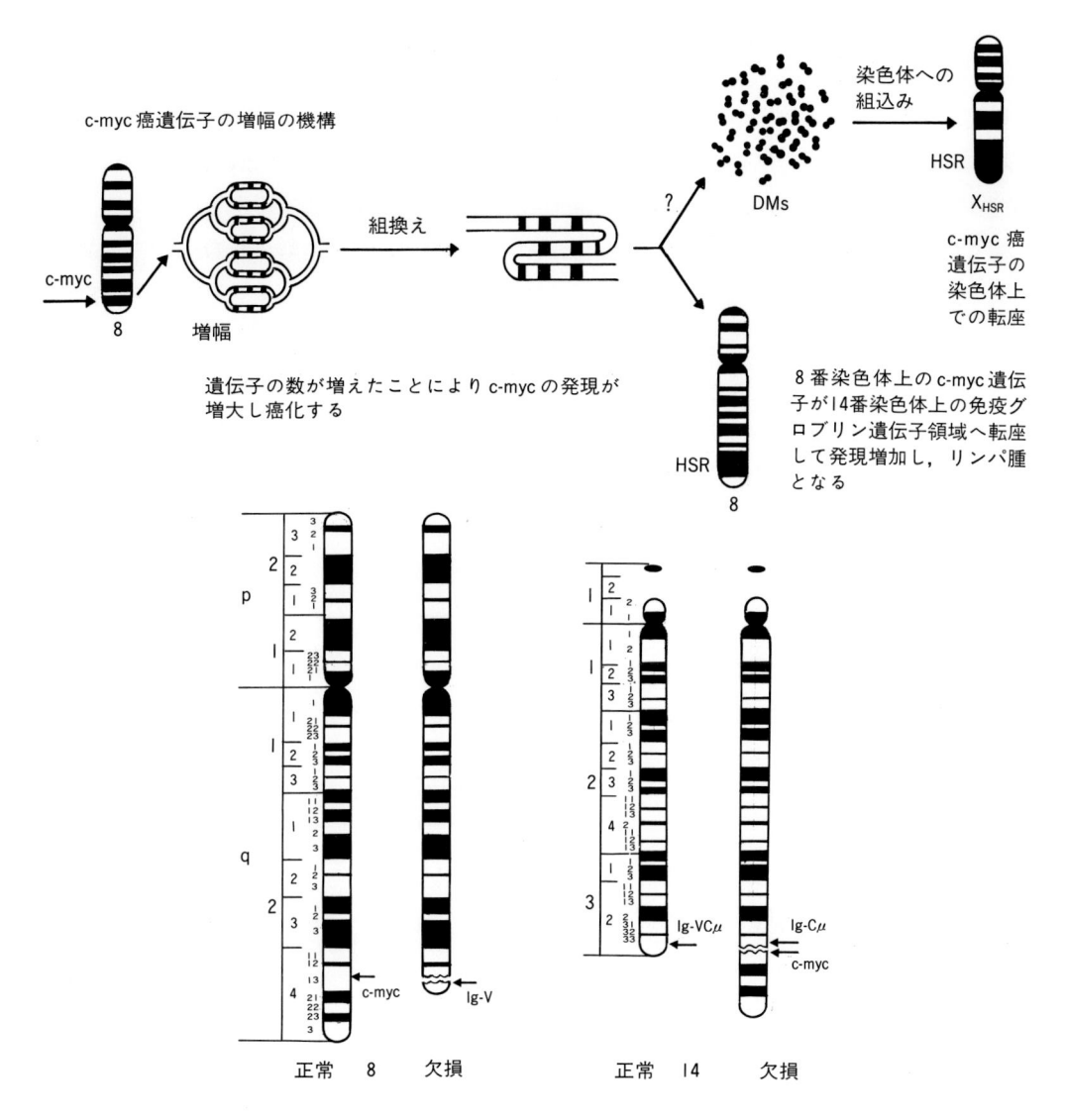

図 2-13 c-myc 癌遺伝子の増幅の機構

も，カエルとなることができるという実験結果から，発生し分化した細胞の核（＝DNA）は，卵の核（＝DNA）と等価であると判断できるからである．しかし，動物の個体発生を通じて，すべての細胞の遺伝子が不変ではないことを示す事実がある．すなわち，哺乳類のリンパ球細胞では，抗体産生細胞と非産生細胞と免疫グロブリン遺伝子の構造が違うことから，遺伝子の再編成が起きるという画期的な事実が発見された．また，卵形成過程でのリボソームRNA遺伝子の増幅現象も，細胞分化過程で遺伝子の構造が変わる例の1つとしてあげることができる．一方，発癌過程などでは遺伝子の突然変異のみならず，染色体の転座や増幅があることが示されている（図2-13）．

(6) 遺伝子発現の制御

　動物遺伝子の発現の制御の機構は，バクテリアにおける遺伝子発現の制御と比較するとより複雑に見えるが，制御の基本は遺伝子の制御領域（シスエレメント cis-element）と，それに結合する転写制御因子（トランス因子 trans-acting factor，TAF）により規定されている．一般に多くの遺伝子は，転写開始点より5'側上流域に発現制御に関与する特異的DNA配列が認められる．シスエレメントは，基本的な転写に関わるエレメント（例えば多くの遺伝子に認められるTATAボックス）と，それぞれの遺伝子に特有の制御に関わるエレメントに大別される．基本的な転写に関わるエレメントであるTATAボックスに結合する因子として単離された転写因子TF II Dは，いくつかのタンパク質の複合体であり，その中で特にTATA配列結合性をもつタンパク質（TBP＝TATA binding protein）が重要である．TF II DはRNAポリメラーゼ（十数個のサブユニットからなる）と結合して，さらに他の基本的転写因子と複合体を形成

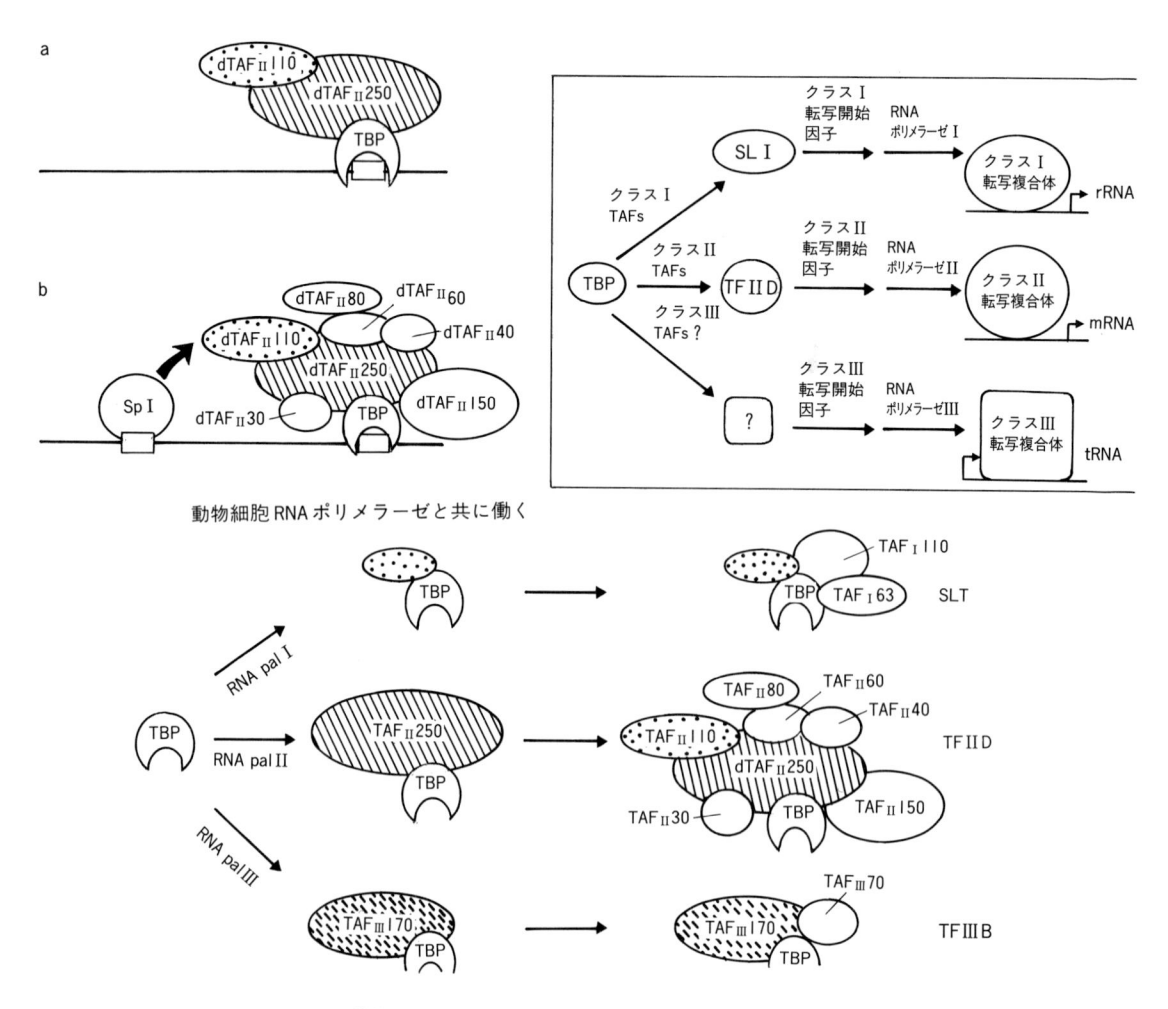

図 2-14　動物細胞RNAポリメラーゼとともにはたらく因子複合体

II. 遺伝子としての核酸

し，転写開始複合体を形成し，遺伝子の転写を行う(図 2-14)．動物の RNA ポリメラーゼはいわゆる mRNA を転写するポリメラーゼ II，リボソーム RNA を転写するポリメラーゼ I，tRNA やリボソーム 5 sRNA を転写するポリメラーゼ III の 3 つのタイプがあるが，いずれも TATA 配列がなくても TBP を含む転写開始複合体を形成する．この転写開始複合体は，遺伝子の転写開始点の近傍（およそ 30 ヌクレオチドくらい上流）に結合して転写を開始する．DNA のこのような領域はプロモーター (promoter) 領域と呼ばれている．このプロモーターへの転写開始複合体の結合は，他のシスエレメントに結合する転写制御因子により促進または抑制を受けると考えられる．

図 2-15 に赤血球分化特異的に発現するグリコホリンという膜タンパク質遺伝子の制御タンパク質とシスエレメントの配置を示している．ここで GATA-1，NF-EZ と表示したタンパク質はいずれも赤血球で特異的に発現する遺伝子に結合する転写因子で，その存在も赤血球系細胞に局在している．この他にもいくつかの転写因子が結合し，プロモーター上での転写開始複合体形成に作用する．

発生や細胞分化においては，それぞれの組織や分化した細胞に特異的な遺伝子発現が起こるが，分化特異的に発現する遺伝子に限らず動物遺伝子の発現の制御は，図 2-15 で示すようないくつかの転写因子の組合せによって遺伝子発現の制御が行われているのが特徴といえる．もちろん，転写因子にもほとんどの細胞で発現しているものと，GATA-1 などのように発現がきわめて限られているものがあり，分化特異的な遺伝子の発現制御には後者の関与が重要である．

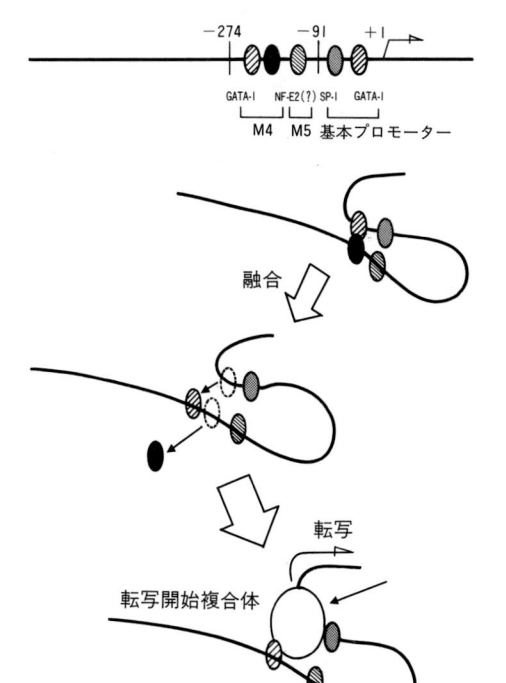

図 2-15 グリコホリン（膜タンパク遺伝子）の制御タンパクとシスエレメントの配置
+1 は転写開始点，−91，−274 はそれぞれ転写開始点より 91 塩基対，274 塩基対上流を表す．

GATA-1 の場合は赤血球分化特異的に発現する遺伝子のほとんどにこの因子に結合するエレメントが認められることから，赤血球分化を特徴づける転写因子といってよい．

（7）クロマチン構造と遺伝子発現

クロマチンや染色体の構造は，すでに述べたように細胞分裂において複製された遺伝子（染色体）の再配分に重要であるが，遺伝子発現の制御の上からも重要である．一般にクロマチンは凝縮した領域と比較的ゆるやかな構造をもつ非凝縮領域があり，前者は遺伝子の発現が不活性な領域であり（ショウジョウバエの唾腺染色体にみられるパフのように），後者が活性な領域と考えられてきた．現在では，このような巨視的な観察だけでなく，個々の遺伝子領域のクロマチン構造も解析できるようになっている．例えばグロビン遺伝子の領域を調べると，この遺伝子が発現している赤血球系の細胞では，クロマチン（あるいは核）を DNase I (deoxyribonuclease I) で短時間消化すると，5'上流の特定の領域が選択的に消化を受けやすいが（DNase 高感受性部位, DNase hypersensitive site；HS），この領域は非赤血球系の細胞では DNase I 抵抗性である．この差は，発現している遺伝子のクロマチンの特定の領域がゆるやかな構造をとっており，DNase I に攻撃しやすいことに起因している．

クロマチンの基本構造はヌクレオソーム構造であり，DNA 上にヌクレオソームが一定の間隔で配置しているが，活性な遺伝子の特定の領域ではヌクレオソーム構造の間隔が空いていると考えられ，この間隔が空くのは先に述べた転写因子が結合しているからと推測される．β-グロビンの遺伝子クラスターをこの HS から調べてみると面白いことがわかった．すなわち，個々の β 様グロビン遺伝子の 5'上流域に HS が認められるのはもちろんであるが，さらにかなり上流の離れた領域に 4 つの HS が認められた．この領域は，ヒトのサラセミア（地中海性貧血）と呼ばれる遺伝性貧血症の研究において，構造遺伝子から離れているのに，この領域を欠失したことによりサラセミアになる例があることから，グロビン遺伝子の発現に重要であることがわかった．この領域の詳しい研究から，4 つの HS 領域は，その 3'側にある遺伝子の発現を活性化するエンハンサーの役割を持っているが，クロマチン構造を介した制御により，胎子発生におけるヘモグロビンのスイッチングを制御していると予想される．この領域は，位置制御領域 (locus control region；LCR) と名付けられた．一般に細胞や胚へ遺伝子を導入するとき，導入遺伝子はランダムにクロマチンの色々な個所へ挿入され，挿入されたクロマチン上の領域に依存して発現したりしなかったりすることが多い．ところが，この LCR を結合して導入すると，その遺伝子発現はいつも遺伝子量に依存した発現をすることから，挿入されたクロマチンの周辺が不活性，活性構造のいずれであるかに関わらず，挿入遺伝子の活性化を起こす性質 (chromatin opener) をもつことがわかっている．その分子機構はまだ明らかではない．この LCR 活性は α-グロビン遺伝子クラスターにも存在し，同様の領域はリゾチーム遺伝子でも見つかっている．このように，遺伝子の発現制御には，シスエレメントとそれに結合する転写因子に加えてクロマチン構造も重要である．

(8) 染色体の遺伝子座

　ショウジョウバエやマウスなど，動物の交配を繰り返して染色体の遺伝子座を決めてきた古典的な遺伝学の領域は，遺伝子工学的手法にとって代わられようとしている．当初は遺伝子のクローニングを行い，さらに，その隣の遺伝子を探していくクロモソームウォーキングの方法（図 2-16）により，原理的には染色体の端から端までつなげた染色体地図（遺伝子地図）ができると考えられた．しかし，最近の世界的な研究体制によるヒトゲノムプロジェクトでは，網羅的な塩基配列の決定が行われ，ヒトの染色体地図が DNA のレベルで描けるようになった．図 2-17 に示すように，例えば染色体 21 の全域をカバーする遺伝子クローン（YAC というイーストのクローニングベクターが用いられる）が得られ，また染色体の位置を決めるためのマーカーとなる遺伝子プローブが取られることにより，染色体地図が完成するとともに，これら断片の塩基配列を決定することで 21 番染色体の全塩基配列が決定された．こうして，ヒトゲノムのすべて染色体の遺伝情報を解読しようというのがヒトゲノムプロジェクトである．これはヒトに限らずマウス，線虫，大腸菌，イネ，ショウジョウバエなどについても行われており，動物遺伝子は，DNA 塩基配列情報にすべて置き換えられる時代となった．

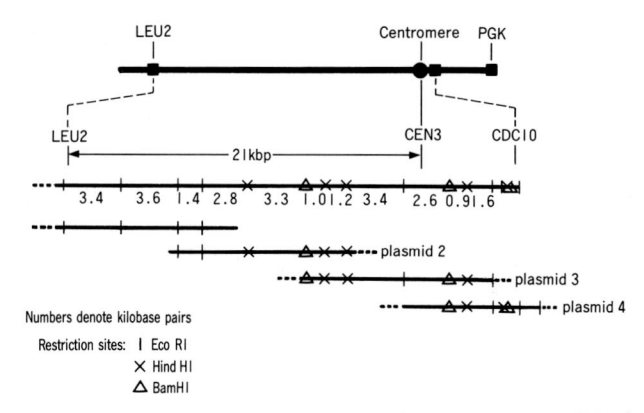

図 2-16 クロモソームウォーキング（chromosome walking）染色体 DNA の断片の一部をオーバーラップして含むプラスミドクローンを並べて制限酵素地図をつなぎ合わせて染色体の全体のマップを作る．

3．ミトコンドリアの遺伝システム

(1) ミトコンドリアの DNA

　ミトコンドリアは，外膜，内膜，膜間腔および内膜の内側にある基質から構成される．基質には脂肪酸の β 酸化系や TCA 回路などの反応系が存在し，内膜上には電子伝達系の酵素複合体が存在する．したがって，ミトコンドリアの重要な機能は脂肪酸の酸化や TCA 回路で発生し

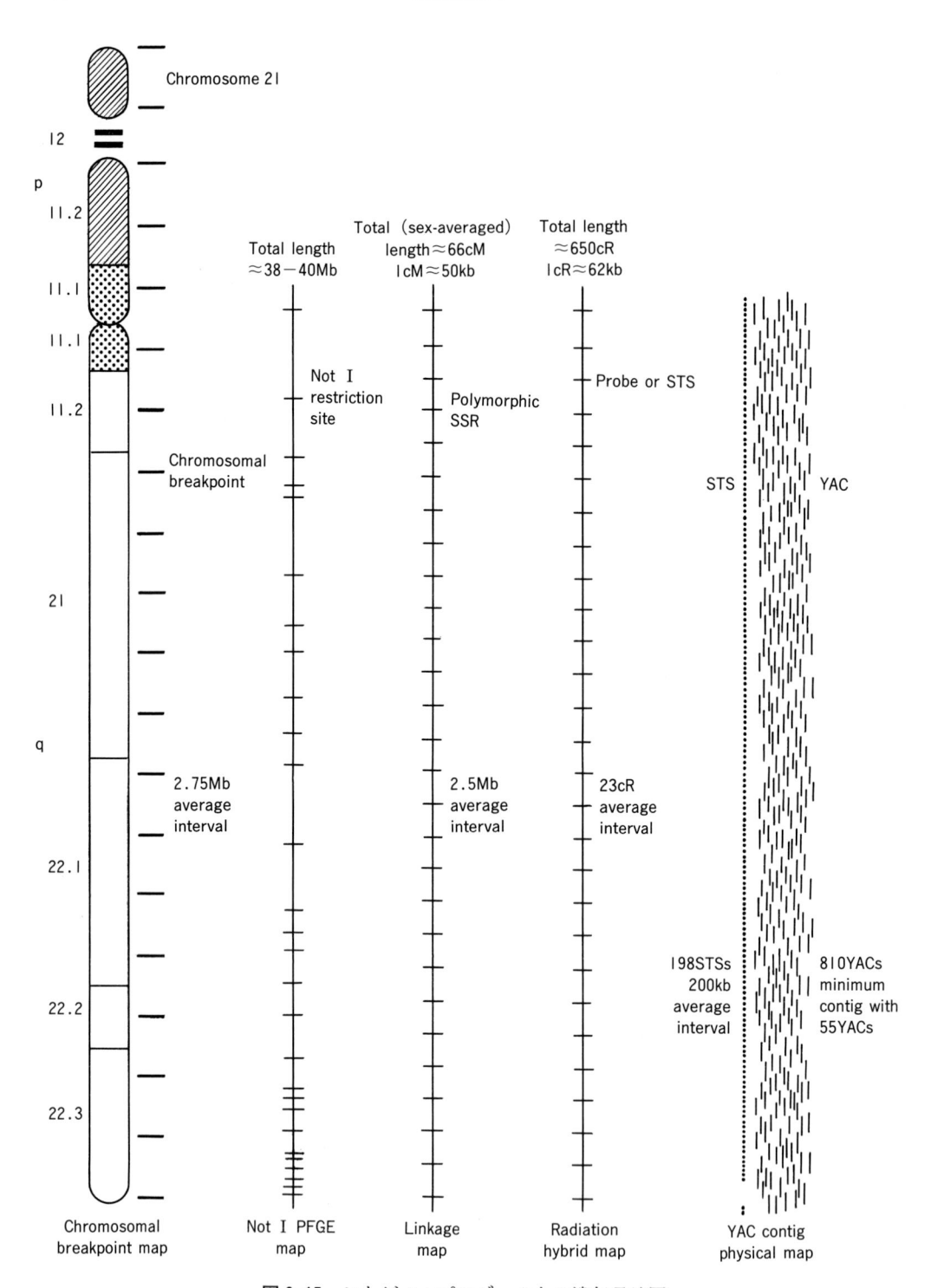

図 2-17 ヒトゲノムプロジェクトの遺伝子地図

右端の YAC contig はイーストベクターにクローニングした断片を並べて全体をカバーするクローンとして維持されている．ヒトゲノムプロジェクトは，このような染色体地図をつくり，それぞれのクローンの塩基配列を決定し，最終的にヒトの染色体すべての DNA 塩基配列を解読しようという世界的プロジェクトである．

た電子が内膜上の電子伝達系を移動し，最終段階において酸化的リン酸化により大量のATPを発生する．これをADPと引き換えにミトコンドリアの外側に放出することである．

酸化的リン酸化の能力が核によって支配されるのではなく，むしろ細胞質に支配されていることは1949年から示唆されていたが，1966年，ニワトリ（*Gallus gallus domesticus*）のミトコンドリアにDNAの存在が発見され，核の遺伝システムとは異なるミトコンドリアの遺伝システムの存在が明らかになった．1981年，ヒトのミトコンドリアDNAの全塩基配列が決定されて，最終的にミトコンドリアの遺伝システムが解明された．現在，脊椎動物では，ヒトのほか，ウシ，マウス，ラット，クジラ，ニワトリ，アフリカツメガエルのミトコンドリアDNAの全塩基配列が決定されており，無脊椎動物ではショウジョウバエ，ウニ，ヒトデ，線虫（*C. elegans*）などの全塩基配列が知られている．

動物のミトコンドリア遺伝子は，約16kbpの環状の2重鎖DNAにコードされており，その上に2つのリボソームRNA（rRNA），22の転移RNA（tRNA），13のメッセンジャーRNA

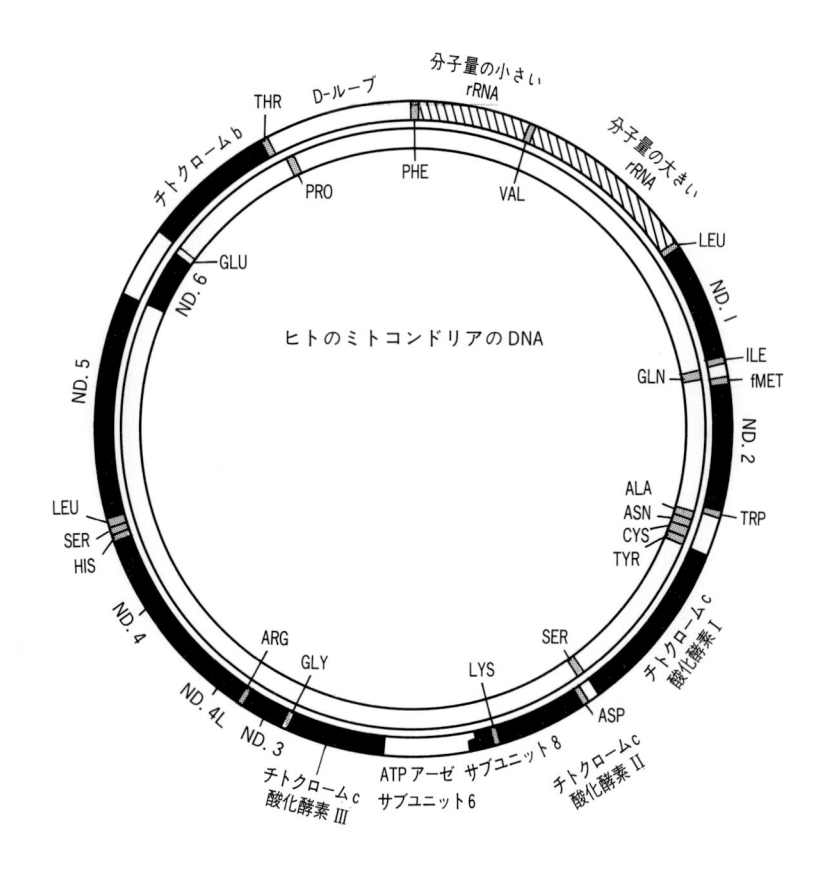

図2-18 ヒトのミトコンドリアDNA
外側の円はH鎖，内側はL鎖を表す．NDはNADHユビキノン酸化還元酵素複合体のサブユニット，Ala, Arg, Asn, Asp, Cys, Gln, Glu, Gly, His, Ile, Leu, Lys, Met, Phe, Pro, Ser, Thr, Trp, Tyr, Valはそれぞれのアミノ酸の転移RNAを表す．

(mRNA) をコードした遺伝子および制御領域といわれる D-ループから構成される．その構成は，知られている限りすべての動物について同じである．DNA は H 鎖と L 鎖があり，L 鎖側には 1 つの mRNA (*ND* 4) と 8 個の tRNA がコードされているが，その他の遺伝子はすべて H 鎖側にコードされる．いうまでもなく，H 鎖と L 鎖は相補性があるので，どちらにコードされているかは方向だけの問題である．ミトコンドリアの遺伝子の特徴は，細菌と比べてもさらに簡単でコンパクトである．

リボソーム RNA は，大腸菌の 16 S および 23 S の rRNA と相同性があり，ミトコンドリア内でタンパク質合成に関与する．13 の mRNA がコードするタンパク質はすべて電子伝達系の酵素複合体のサブユニットを形成するポリペプチドである．電子伝達系は以下の 5 つの酵素複合体からなっている．( ) 内はそれぞれの複合体を構成するサブユニットの数である．なお，複合体 V を電子伝達系に含めないで，独立して取り扱う考え方もあるが，ここでは便宜上，電子伝達系の酵素複合体に含めることにする．

複合体 I：NADH ユビキノン脱水素酵素（25）
複合体 II：コハク酸ユビキノン脱水素酵素（4）
複合体 III：ユビキノール-チトクローム c 脱水素酵素（10）
複合体 IV：チトクローム c 酸化酵素（13）
複合体 V：ATP 合成酵素（12）

以上の酵素複合体について，複合体 I のサブユニットのうち 7 個（*ND* 1〜6 および *ND* 4 *L*），複合体 III のうち 1 個（チトクローム b），複合体 IV のうち 3 個（チトクローム c 酸化酵素 I，II，III），複合体 V のうち 2 個（F_0ATP アーゼサブユニット 6 および 8）の遺伝子がミトコンドリア DNA 上にあり，ミトコンドリア内でこれらを合成している．その他のサブユニットタンパク質は核の DNA 上に遺伝子があり，細胞質で合成されミトコンドリアに移入される．また，TCA 回路の酵素，脂肪酸の β 酸化の酵素も同様に細胞質からミトコンドリアに移入される．

(2) ミトコンドリア DNA の転写

D-ループには，それぞれ H 鎖プロモーターと L 鎖プロモーターがあり，そこから転写が始まり，H 鎖と L 鎖がそれぞれ RNA ポリメラーゼにより転写される．転写後，各遺伝子が順次分離されていくが，現在のところ，その分離の機構についての詳細は明らかでない．

(3) ミトコンドリア DNA の遺伝コード

ミトコンドリア DNA の遺伝コードは表 2-3 に示す通りである．これは細菌や真核生物の遺伝コードとは少し異なる．通常の遺伝コードとの相異点は 3 つある．すなわち，UGA は停止のコードではなく，トリプトファンのコードとなり，AUA はイソロイシンではなく，メチオニンのコードである．また，AGA と AGG はアルギニンではなく停止のコードとして用いられる．これらは動物のミトコンドリア遺伝子では共通であるが，酵母やアカパンカビのミトコンドリア

では，また異なるコドンが用いられている．したがって，ミトコンドリアの遺伝コードに関する限り，種を越えて共通ということはない．

表 2-3　ミトコンドリアにおける mRNA の遺伝コード

第1位	第2位				第3位
	U	C	A	G	
U	フェニルアラニン フェニルアラニン ロイシン ロイシン	セリン セリン セリン セリン	チロシン チロシン 停止 停止	システイン システイン トリプトファン トリプトファン	U C A G
C	ロイシン ロイシン ロイシン ロイシン	プロリン プロリン プロリン プロリン	ヒスチジン ヒスチジン グルタミン グルタミン	アルギニン アルギニン アルギニン アルギニン	U C A G
A	イソロイシン イソロイシン メチオニン メチオニン	トレオニン トレオニン トレオニン トレオニン	アスパラギン アスパラギン リジン リジン	セリン セリン 停止 停止	U C A G
G	バリン バリン バリン バリン	アラニン アラニン アラニン アラニン	アスパラギン酸 アスパラギン酸 グルタミン酸 グルタミン酸	グリシン グリシン グリシン グリシン	U C A G

(4) 開始コードと停止コード

　ミトコンドリアの mRNA の翻訳開始のコドンは AUG に加えて，同じくメチオニンのコードである AUU が用いられる．しかし，ヒトのミトコンドリアにおける *ND* 2 やマウスのミトコンドリア上にコードされる *ND* 1 の mRNA では AUU が開始のコードとして用いられており，またニワトリのミトコンドリア上のチトクローム c 酸化酵素 I (*CO* I) の遺伝子では GUG が開始のコードとなっている．ヒトのミトコンドリア上にある ND 1, ND 3, ND 5 の遺伝子では AUA が用いられているが，その他では AUG が用いられる場合が最も多い．

　遺伝コードの項で述べたように，停止コドンとして UAA, UAG, AGA, AGG が用いられる．ミトコンドリア DNA の特徴の1つとして，DNA 上では遺伝子が TA または T で終わっており，すぐ次の遺伝子が始まることである．これらは転写された後，ポリアデニル酸が付加された結果 UAA となり，停止コードが完成する．ヒトのミトコンドリア DNA にコードされた遺伝子では，*ND* 1, F_0ATP アーゼサブユニット 6 (*ATP* 6) は TA で終わっており，*CO* I が AGA, *ND* 2, *ND* 3, *ND* 4, *CO* III, チトクローム b (*cytb*) は T のみで終わっているほか，*CO* I では AGA が用いられており，*ND* 6 では AGG が停止コードとして用いられている．

(5) ミトコンドリアの tRNA

　ミトコンドリア DNA には，22 の tRNA がコードされている．アミノ酸 20 種類についてすべて存在し，ロイシンとセリンが 2 種類ある．コード表から明らかなように，ロイシンは UUR

(RはAまたはG) とCUN (NはA, G, U, Cのいずれか) があり, その両者に対するロイシンtRNAがある. また, セリンもUCNセリンとAGY(YはUまたはC)セリンがあり, その両者に対するtRNAがある. ミトコンドリアDNAのアミノ酸コードは停止コドンを除く60種類で, 全塩基配列がわかっている種では, そのすべてが出現する.

クリックのゆらぎ仮説では, mRNAのコドンの第3位に対するアンチコドンの第1位のリボヌクレオチドは厳密にAとU, CとGが結合するとは限らず, コドンの第3位Uに対しアンチコドン第1位のGが, またコドンの第3位Gに対しアンチコドン第1位のUが結合することが可能である. そのため, tRNAは32あれば足りることになる. これをミトコンドリアに適用すると30種類で足りることになるが, ミトコンドリアのtRNAは22であるから, それでも8種類不足している. tRNAが細胞質から移入しているとは考えられない. また, 先に述べたように, すべてのアミノ酸コードが出現するので, 22のtRNAで対応しているとしか考えられない.

フェニールアラニン, チロシン, システイン, ヒスチジン, イソロイシン, アスパラギン, セリン(AGY), アスパラギン酸は, コドンの第3位がUとCであり, これに対するアンチコドン第1位のリボヌクレオチドは, ヒト, ウシ, ニワトリのすべてにおいてGである. ロイシン(UUR), トリプトファン, グルタミン, リジン, グルタミン酸のコドンの第3位はAとGであり, DNA上にコードされたアンチコドンの第1位のリボヌクレオチドはヒト, ウシ, ニワトリのすべてでUである. メチオニンはコドンの第3位がAおよびGであるが, ヒト, ウシ, ニワトリの3種において, アンチコドンはすべてCである. その他のアミノ酸, セリン(UCN), ロイシン(CUN), プロリン, アルギニン, スレオニン, バリン, アラニン, グリシンのコドンの第3位のリボヌクレオチドはU, C, A, Gであるが, そのすべてに対し, アンチコドンの第1位のリボヌクレオチドはUのみである. すなわち, コドンの第3位のリボヌクレオチド, U, C, A, Gのすべてに, アンチコドン側のUが結合するのであるが, 現在のところ, コドンの第3位のUやCに対しアンチコドン側のUがどのように結合するのか明らかでない.

III. 発生の遺伝子機構

1. 配偶子形成の遺伝子支配

(1) 始原生殖細胞の分化

1) 生殖細胞の起源

　生殖細胞は卵巣と精巣に局在するが，これは生殖細胞の前駆細胞が発生の過程で生殖巣外に生じ，移動してきた結果である．この前駆細胞は始原生殖細胞（primordial germ cell，PGC）と呼ばれ，形態学的に大型で，細胞質に特有の超微形態的構造が認められたり，組織化学的にアルカリ性フォスファターゼの活性を示すことで特徴づけられる細胞である．

　哺乳類では，始原生殖細胞になる細胞が，発生のどの時期にどのようにして決定されるか明らかでない．多くの昆虫のようにモザイク的な発生をする生物では，初期胚の細胞の運命の決定に関与する因子が卵形成の過程で卵の細胞質中に蓄積されている．ショウジョウバエの極細胞にある極顆粒が，生殖細胞系列の決定に関係するのもそのひとつである．一方，マウスの4細

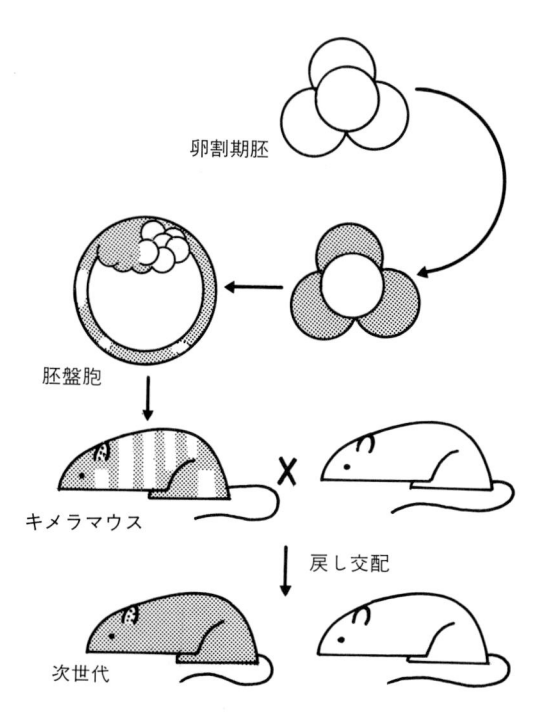

図 3-1 マウス初期胚の発生調節能を示す実験
有色マウスの卵割期胚とアルビノマウスの卵割期胚の割球を凝集させ，発生した胚盤胞を子宮に戻すと，有色とアルビノの双方の形質をもったキメラマウスが得られる．キメラマウスにアルビノマウスを交配させて産子を得ると，有色マウスとアルビノマウスがそれぞれ誕生する．アルビノは劣性形質なので，凝集させたそれぞれの割球由来の配偶子ができたことを示す．

胞期胚の割球1個を遺伝的に区別される他の胚とキメラを作って個体に発生させたとき，その割球は分化全能性を示して配偶子が子孫に伝わることから，哺乳類の初期胚は，非常に高い分化調節能力を保持していることがわかる（図3-1）．このような胚では，それぞれの胚細胞の位置関係から引き起こされる環境要因も，細胞分化の決定に大きく影響する．生殖細胞系列は，少なくとも中胚葉性細胞が形成される以前の段階に決定されて出現すると考えられている．

　冒頭でも述べたように，決定された将来の生殖細胞は胚発生を行う胚細胞から比較的離れた場に形成され，生殖巣の原基へ移動していく．哺乳類の始原生殖細胞の移動については，マウス，ラットやヒトで組織学的に観察されている．始原生殖細胞の特徴をもった細胞は，形成中の尿膜近くの胚体外組織である卵黄嚢にはじめて認められる．その後，後腸上皮，腸間膜を経て生殖巣原基である生殖隆起（genital ridge）に到達する（図3-2）．

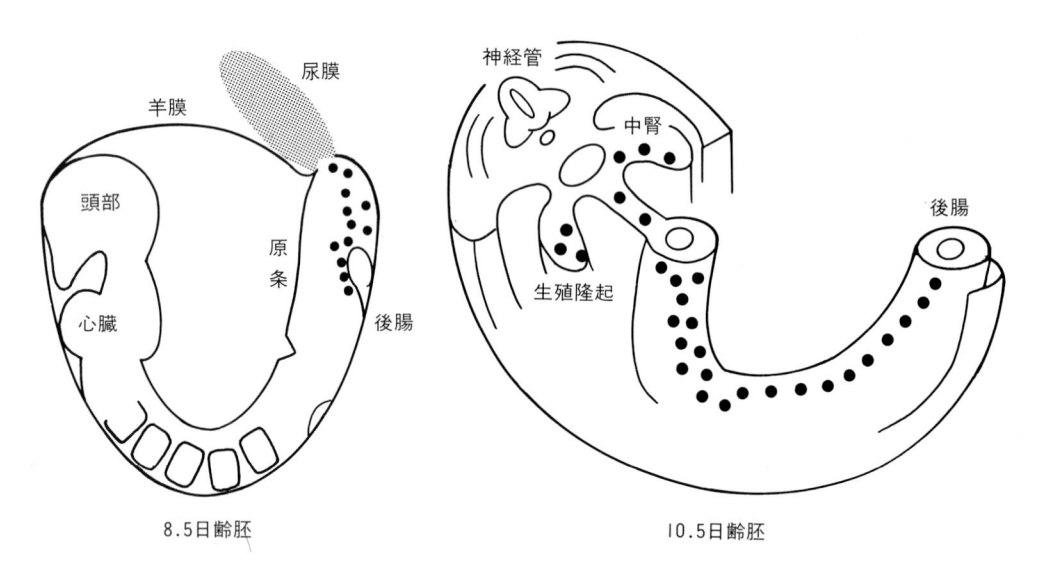

図 3-2　マウスの発生における始原生殖細胞の移動経路を示す模式図
胎齢 8.5 日胚では，始原生殖細胞は後腸付近の尿膜の付け根あたりに認められる．その後，後腸に沿って移動し，胎齢 10.5 日胚では，生殖巣の原基である生殖隆起に定着を始める．

2) 生殖細胞分化の性差

　生殖巣原基に定着した生殖細胞は増殖を続けるが，まもなく停止し，雄では前精原細胞（prospermatogonium），雌では卵原細胞（oogonium）と呼ばれる．前精原細胞は，生後精子形成が始まるまで休止状態にあり，最初の減数分裂は春機発動期（性成熟期）に至るまで起こらない．一方，卵原細胞は，すでに卵形成過程に入った細胞で，胎子期に減数分裂を開始する．しかし，出生時には第一減数分裂前期で停止しており，春機発動期に再開する．また，この過程で多数の生殖細胞が退化するため，生殖細胞の数は著しく減少する．成体における生殖細胞の数が，雌では出生時に規定されているのに対し，雄では幹細胞を終生維持して増殖分化を繰り

返すことができる．

　生殖細胞分化の雌雄差は，テラトーマ（奇形腫）の形成にもみられる．胎子精巣内の生殖細胞は，時として前精原細胞に分化できず，胚性細胞となり，精巣性テラトーマを形成することがある．テラトーマは三胚葉性の分化した組織の無秩序な集合体であり，これらは，幹細胞である胚性癌腫細胞（embryonal carcinoma cells, EC 細胞）から分化してくる．EC 細胞とテラトーマをあわせてテラトカルシノーマ（teratocarcinoma，悪性奇形腫）と呼ぶ．

　マウスの 129/Sv 系統などでは，精巣性テラトーマまたはテラトカルシノーマを先天的に高発する傾向があり，生殖細胞が分化する過程に関わる遺伝的要因のあることを示す．マウスの卵巣にもヒトと同様に自然発生的にテラトーマが形成される．卵巣性テラトーマは卵巣内の卵母細胞が単為発生（parthenogenesis）し，初期胚発生を経て三胚葉性の組織に分化したものである．LT/Sv 系統の卵は，自発的に単為発生を起こしやすく，卵巣性テラトーマ高発系マウスとして知られる．

3）始原生殖細胞の分化に影響を及ぼす突然変異

　マウスでは，古くから始原生殖細胞の分化およびその後の配偶子の形成に関与している 2 つの遺伝子座が知られている．第 5 染色体上の W（Kit^w，優性白斑；dominant white spotting）と第 10 染色体の Sl（Mgf^{sl}, steel）であり，多くの対立遺伝子（W^v, Sl^d など）がある．両突然変異の多面的表現形質はきわめて類似しており，血球系の幹細胞の分化と色素芽細胞の分化にも影響を及ぼし，貧血で初期に死亡したり，体毛が白化する．これらの突然変異のホモ接合体胚では，生殖巣原基に到達するアルカリ性ホスファターゼ陽性の始原生殖細胞がきわめて少なく，生存するもの（W/W^v, Sl/Sl^d, Sl^d/Sl^d）でも妊性がない．始原生殖細胞に対する影響は，細胞の移動よりも生存率や分裂能にあると考えられている．W は，プロトオンコジーン c-kit の遺伝子産物である膜透過受容体型のチロシンキナーゼ，Sl は分泌型と膜結合型の肥満細胞成長因子 MGF（mast cell growth factor）をコードしている．MGF は，Kit 受容体分子のリガンドである．両者は，細胞間相互作用によるシグナル伝達系に機能している．

　野口武彦と野口基子は，129/Sv-ter 系統マウスの中に精巣性テラトーマ形成高発家系を見出し，これが第 18 染色体上の劣性突然変異 ter（teratoma）の影響であることを明らかにした．ter ホモ接合体は，始原生殖細胞の細胞数が激減しており，成体精巣の精細管では生殖細胞を欠損して不妊となる（図 3-3）．雌では卵母細胞の数は減少するが，妊性は維持される．また，この ter 遺伝子を 129/Sv-ter 系統から C 57 BL/6 J 系統へ戻し交配によって導入すると，テラトーマの形成がなくなる．しかし，始原生殖細胞への影響は認められるので，テラトーマ形成は，129/Sv 系統の遺伝的背景と ter 遺伝子の始原生殖細胞へ及ぼす形質が相互作用した結果である．ter 遺伝子は，始原生殖細胞の分裂に関与していると考えられている．

　an（Hertwig's anemia）は，X 線誘発された第 4 染色体上の劣性突然変異である．ホモ接合体は，血球系細胞の分化が異常で貧血を起こし，生後数日で致死となる．系統の遺伝学的背景

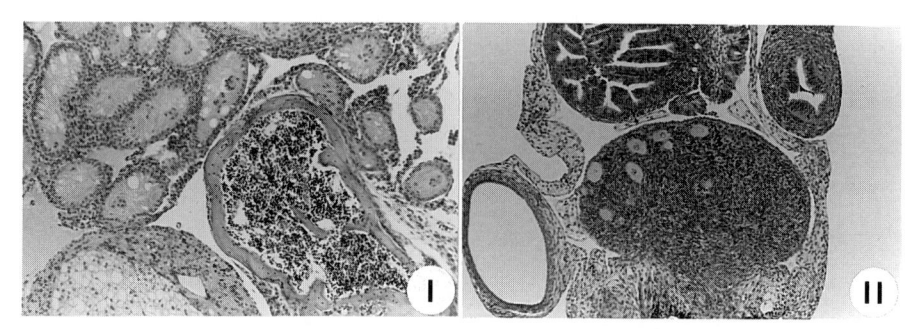

図3-3 テラトーマを発症している 129/Sv-*ter* ホモ接合体マウスの精巣と卵巣

I：始原生殖細胞を起源とする精巣性テラトーマが発症した成体の精巣．骨，骨髄（右下），神経，脂肪組織（左下）などが分化している．左上や右上にみられる精細管には生殖細胞が認められず，ほとんどセルトリ細胞から構成されている．

II：生後10日齢の卵巣と周辺組織．中央の卵巣には，数個の卵母細胞が認められる．*ter* ホモ接合体の雌では 1～2 匹の子を出産する個体もあるが，数回の排卵後には卵母細胞がなくなり不妊となる．（写真提供：野口基子博士）

によって生存率が著しく延長するが，雌雄とも妊性はない．胎生 12 日齢胚の生殖巣原基に到達した始原生殖細胞の数は著しく減少しており，分裂像の異常も認められる．

at (atrichosis) は第 10 染色体に座位する劣性突然変異で，ホモ接合体は特に胴体部の体毛が薄いことで，生後 8～10 日目に区別される．雌雄とも妊性がない．精巣では精原細胞が著しく欠如する．卵巣の生殖細胞も少なく，成熟期に入る卵母細胞の比率がヘテロ接合体に比べて高い．

(2) 精 子 形 成

1) 精 上 皮

精上皮は，精巣の精細管 (seminiferous tubule) を構成し，セルトリ細胞 (Sertoli cell) と精子形成 (spermatogenesis) を行う生殖細胞からなる（図3-4）．セルトリ細胞は基底膜に接して生殖細胞を取り囲み，精子形成に特殊な環境を与えている．精原細胞 (spermatogonium) は精上皮の最外層に位置する生殖細胞で，幹細胞を含み分裂増殖とともに A 型，中間型，B 型を経て精母細胞 (spermatocyte) に分化する．1 つの精原細胞に由来する生殖細胞は，細胞間架橋により細胞質を共有する多核体を形成して精子形成が進行する．減数分裂を行う一次精母細胞の分裂前期は比較的期間が長く，染色体の様相から，前細糸期 (preleptotene)，細糸期 (leptotene)，接合糸期 (zygotene)，太糸期 (pachytene)，複糸期 (diplotene)，移動期 (diakinesis) に分けられる．分裂によって二次精母細胞が生じるが，この細胞の期間は短く，引き続く第二減数分裂によって半数体の精子細胞 (spermatid) が形成される．分裂後の精子細胞は球形をしており円形精子細胞と呼ばれるが，次第に核の伸長，クロマチンの凝縮を含む一連の構造変化を起こし，伸長精子細胞に変態する．精子細胞が変態する過程を精子完成または精子変態 (sper-

miogenesis) と呼ぶ．精子細胞の変態に伴い，細胞質の大半は残留体（residual body）として
セルトリ細胞に貪食され，中片部に小胞体やゴルジ体を含む細胞質小滴を残した精子が管腔へ
放出される．精巣から出た精子は，精巣上体 (epididymis) の中で成熟し，受精能力のある精子
となる．

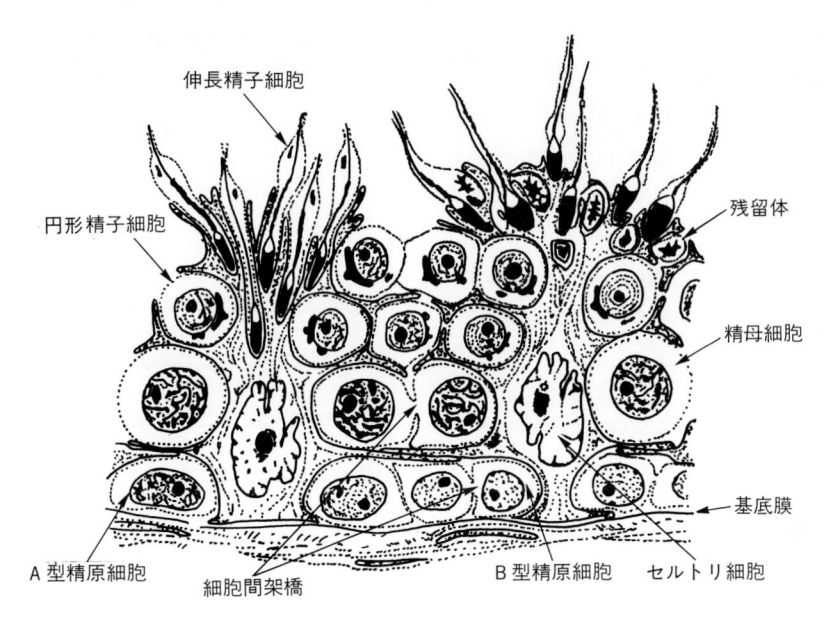

図 3-4　哺乳類の精上皮を示す模式図
（藤本弘一, 1991 より改変）

2) 精子形成に影響を及ぼす突然変異

　発生分化の段階を遺伝子がどのように支配しているかを明らかにする手法の1つとして，この過程に異常を示す突然変異を利用して解析する発生遺伝学の領域がある．しかし，生殖細胞系列の機能異常は不妊を招くことになり，遺伝学的スクリーニングによって突然変異を探し出して維持することが難しい．近年，分子遺伝学的な手法を駆使して新しい突然変異体が作成され，生殖細胞系列に機能異常を及ぼす遺伝子が探索されつつある．以下に示したマウスの雄性不妊に関わる突然変異は，古典的な遺伝学手法により，体細胞にも表れる多面的表現形質によって発見されたものである．これらの多面的な形質の異常が，同一の遺伝子に依存しているのか，また，きわめて近傍に連鎖した別の遺伝子の効果によるものかは，それぞれの遺伝子がコードしている遺伝子産物の同定も含めて分子遺伝学的な解析を待たなければならない．

　azh：(abnormal spermatozoon head shape)　　第4染色体に座位する劣性突然変異で，ホモ接合体の精子の40％は鞭毛を欠く．これは，精子細胞の核の周辺を取り巻くマンシェッテ (manchette) 微小管構造の異常による．先体 (acrosome) の形成やクロマチンの凝縮にも異常が認められる．しかし，多くの雄は妊性をもつ．*in vitro* 受精実験では，透明体をもつ卵とは受

精できないが，透明体を除去した卵には精子が進入する．

bs：(blind-sterile)　第2染色体に座位する劣性突然変異であり，ホモ接合体は両側性白内障を呈する．雌は妊性をもつが，雄の精巣は小さい．精子数は少なく，それらは先体を欠く．

c^{3H}/c^{6H}：(albino deletions)　c 遺伝子座は第7染色体に座位して，チロシナーゼ遺伝子をコードする．放射線照射によって誘発された白化突然変異は染色体欠失を起こし，相補性テストにより4つの相補群に分けられる（図3-5）．c^{3H} と c^{6H} の二重ヘテロ接合体（c^{3H}/c^{6H}）は，精子形成に異常があり，精子の頭部形態異常と精子の運動能失調を伴う．これらの欠失突然変異は，胚発生にも影響を及ぼす（p.85参照）．

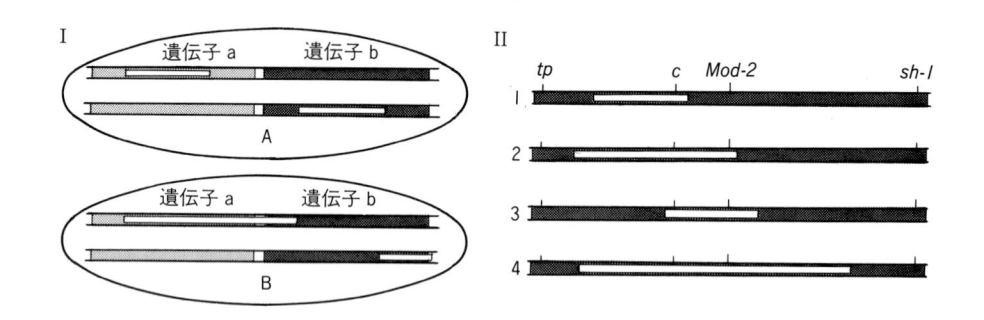

図3-5　2倍体における遺伝的相補性の原理を示す概念図とアルビノ遺伝子座領域の欠失突然変異
Ⅰ：2倍体（2n）の細胞は，ゲノムを2セットもっている．A細胞は，遺伝子aと遺伝子bに欠失（白ボックスで示す）が起きて遺伝子の機能が失われても，相同遺伝子座の遺伝子が正常なので相補により表現型は正常となる．B細胞では遺伝子aの機能は相補されているが，遺伝子bの相同遺伝子座の双方に欠失が起きているため，相補が起こらず表現型は遺伝子bの異常として現れる．
Ⅱ：アルビノ遺伝子座（c）を含む領域に起きた欠失突然変異（欠失領域を白ボックスで示す）は，(Salome Gluecksohn-Waelsch (1979) により) 4つの相補群に分類されている．グループ1；c^{14CoS}，グループ2；c^{3H}，c^{65K}，c^{112K}，グループ3；c^{6H}，グループ4；c^{25H}，*tp*；taupe，*Mod-2*；mitochondrial malic enzyme，*sh-1*；shaker-1．

hop：(hop-sterile)，*hop*^{hpy} (hydrocephalic-polydactyl)　第6染色体に座位する劣性突然変異で，両者は対立遺伝子である．ホモ接合体は前後肢の多指を伴い，後肢を揃えてホップして歩く．しばしば水頭症を起こす．第二減数分裂が不完全なことが多く，細胞当たり4つの中心体を残してしまうことがある．鞭毛形成が異常となり，精子細胞の尾部を欠く．

Hst-1：(hybrid sterility-1)　第17染色体に座位する *Hst-1* の対立遺伝子間のヘテロ接合体，つまり実験用マウスと野生種マウスとの交配雑種において，雄性不妊をもたらす．後述する t^x/t^y の雄性不妊とは区別され，精子形成は，精原細胞の時期を超えない．

jsd：(juvenile spermatogonial depletion)　第1染色体に座位する劣性突然変異であり，雌は正常であるが，ホモ接合体の雄の精巣は小さく不妊である．また血清中の濾胞刺激ホルモン（FSH）の活性が高い．生後，第一波の精巣生殖細胞の分化は起こるが，それに続く精原細胞の分化が起こらず，セルトリ細胞のみを残した精細管となる．

p^s：(sterile pink-eyed dilution)　第7染色体上の色素形成に関わる遺伝子座の劣性対立

遺伝子であり，ホモ接合体の精子形成は減数分裂後の精子細胞における頭部や尾部の形成に異常を起こす．

　pcd：(Purkinje cell degeneration)　　第13染色体上の劣性突然変異で，ホモ接合体は，生後小脳のプルキンエ細胞が退行し，運動障害を起こす．精子形成は，完成期の後期で頭部や尾部の形成に異常を起こし，精子の運動能が失調する．遺伝子導入によって得られた挿入突然変異マウスが，同様の小脳発達の異常と雄性不妊を起こす．

　qk：(quaking)　　第17染色体上の劣性突然変異で，特に中枢神経系のミエリン鞘を欠失し運動障害を起こす．精子完成過程の後期に至って頭部，尾部の形成異常が起こり，成熟した精子は形成されない．雌は妊性がある．

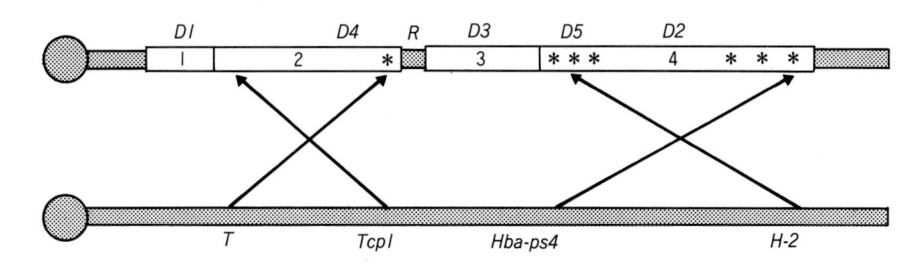

図 3-6　*t*-ハプロタイプの構造

(Silver, 1993 より改変)

t-ハプロタイプ (上) は，野生型マウスの第17染色体 (下) と異なり，逆位 (1〜4) が認められる．逆位2と4では，それぞれ *T* と *Tcp1*，*Hba-ps4* と *H-2* 遺伝子座が逆転していることを示す．これらの逆位のため，*t*-ハプロタイプをもつマウスと野生型マウスとの交配が起きても染色体の組換えが起こりにくく，*t*-ハプロタイプの構造がマウス集団の中に進化的に保存されてきたと考えられている．*t*-ハプロタイプには，致死遺伝子(*)や精子形成に関わる遺伝子(*D1〜D5*, *R*)が複数保持されている．

　t：(*t*-haplotypes, *t*-complex)　　野外集団に生存するマウスの中には，第17染色体上の約12〜15 cM に及ぶ染色体領域に4つの逆位をもつ *t*-ハプロタイプがあり，通常の野生型第17染色体と組換えを起こす頻度がきわめて低い（図3-6）．*t*-ハプロタイプには致死突然変異が多形現象として知られ，致死遺伝子間の相補性によってグループ分けされる．同じ相補群に属する *t*-ハプロタイプがホモ接合体 (*t*/*t*) になると，胚発生致死を起こす (p.91参照)．異なる相補群に属する *t*-ハプロタイプが二重ヘテロ接合体 (t^x/t^y) になった個体では，雄に限り不妊となる．精子形成は，精子完成過程で頭部の形態異常を示し，精巣上体の成熟精子は尾部軸糸構造が乱れており，運動能を欠く．一方，*t*-ハプロタイプと野生型染色体がヘテロ接合体 (+/*t*) になった雄では，*t*-ハプロタイプをもつ精子が優先的に卵と受精する精子伝達率歪曲(transmission ratio distortion) を起こす．これらの精子の形成と機能に関わる現象は *t*-complex 領域に座位する複数の遺伝子が相互作用することによって起こる．

2．性決定の遺伝子機構

(1) 哺乳類の性分化

　哺乳類の雌雄は，生殖巣が卵巣にあるか精巣にあるかによって決められる．発生途上の胎子には性差がなく，生殖巣原基が，遺伝的な性，すなわち性染色体が雄型（XY）か雌型（XX）かによって，精巣あるいは卵巣へ分化することにより雌雄差が生じる．生殖巣の分化を一次性形質と呼ぶ．哺乳類の一次性形質の決定は，Y染色体の存在に依存する．例えば，ヒトのターナー症候群として知られるXO型個体は表現型として女性化する．また，クラインフェルター症候群として知られるXXY型個体は，無精子症となるが外性器は男性に分化する．

　生殖巣の分化は，中腎ヒダと腸間膜との間を占める体腔上皮が肥厚し，間充織が裏打ちすることによって生殖隆起を形成することに始まる．マウスでは，始原生殖細胞が胎齢11.5日目までに生殖隆起に集合するが，12.5日齢では形態的に精巣と卵巣の原基に差が現れる．雄では，中腎組織の間充織が，体細胞と始原生殖細胞によって構成された生殖巣実質内に侵入し，体腔上皮下に白膜と間質領域の一部を形成すると同時に，実質の体細胞はセルトリ細胞に分化して生殖細胞を取り囲み，精巣索（将来の精細管）を形成する．その後，間質内にライディッヒ細胞が出現する．セルトリ細胞で作られる最初の産物として知られるミューラー管抑制ホルモン（Müllerian inhibitory substance, MIS）によってミューラー管は退化し，ライディッヒ細胞で作られるテストステロンにより雄の二次性徴が決定される（図3-7）．雌ではウォルフ管が退化して，ミューラー管が輸卵管となる．性分化の突然変異として知られるマウスの Tfm（testicular feminization, Ar^{Tfm}）は，アンドロジェン受容体をコードし，X染色体上に座位する．

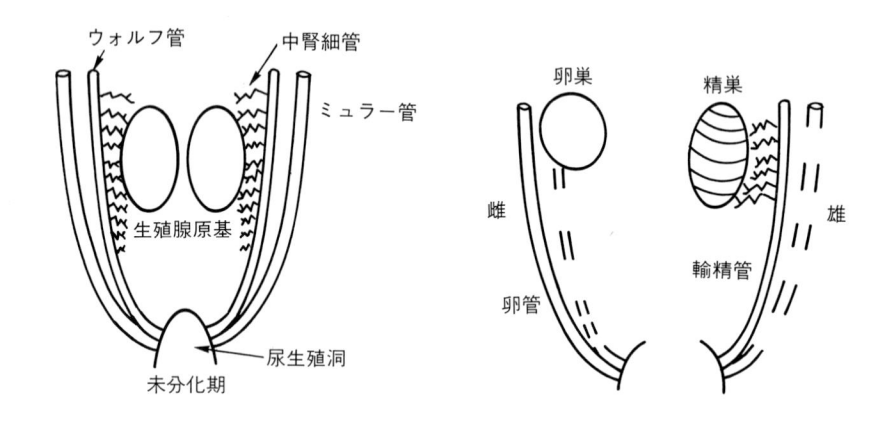

図 3-7　生殖腺原基の性未分化期からの分化を示す模式図
雄では精巣の分化に伴い，MISが分泌されミューラー管が退化し，中腎細管とウォルフ管がそれぞれ精巣上体と輸精管になる．雌では，ウォルフ管が退化してミューラー管が残り，卵管になる．

ヒトにも相同遺伝子が存在し，この突然変異体ではアンドロジェン受容体がすべての標的器官で欠除するため，XY雄においてテストステロンを合成する精巣が形成されながら，第二次性徴は雌化する．

ウシの異性双子において，胎子期に胎盤癒着が起こり，血管吻合から雄胎子の血液が雌胎子にさらされ，雌の生殖器が雄化することがある．これはフリーマーチン(freemartin)と呼ばれ，雄胎子から分泌されたミューラー管抑制ホルモンによって，遺伝的に定められた雌の二次性徴が変化したと考えられる．また，マウス初期胚を集合してキメラを形成したとき，性染色体からみて，XX/XYの組み合わせをもった個体は，多くの場合，妊性のない雄になる．この現象は，XY型の染色体をもつ細胞が，生殖巣原基に入り精巣を形成することにより，XX型細胞も雄化してしまうことを示す．哺乳類の性は，基本的に雌になるべき形質を，Y染色体をもった細胞が積極的に精巣を形成することによって雄化して決定される．

(2) Y染色体と精巣決定因子

Y染色体と精巣分化の関連については，古典的仮説として"H-Y抗原説"が提唱されていた．純系マウスの各個体は遺伝的に均一であるため臓器移植が相互に可能であるが，雄の皮膚を雌に移植したときは拒絶反応が起こる．これは，Y染色体上に存在する遺伝子によって支配される雄特異的な組織適合性抗原H-Yの存在によるもので，仮説では，これが誘導因子として未分化な生殖巣にはたらき，精巣分化を引き起こすと考えられた．H-Y抗原を支配する遺伝子

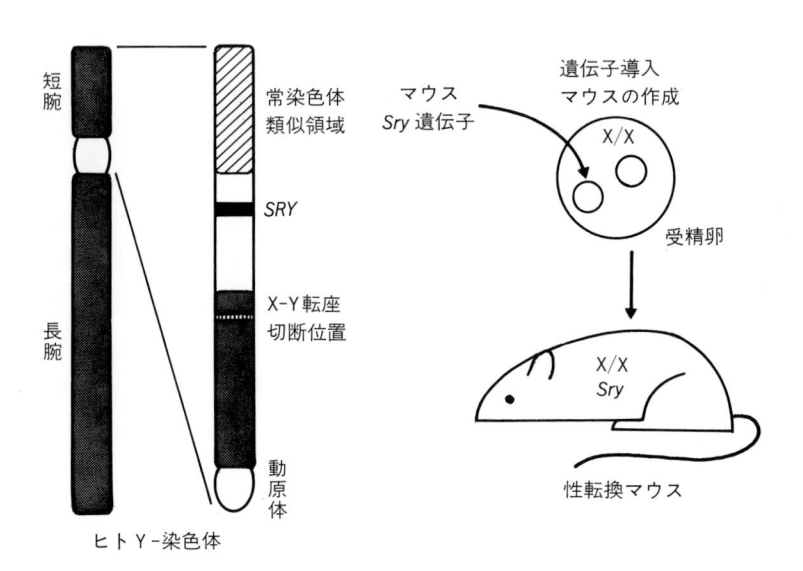

図3-8 ヒトY染色体の構造とマウス Sry 遺伝子による性転換
精巣決定遺伝子は，ヒトのY染色体にマップされる SRY であることが，性分化異常患者の染色体欠失から決められた．SRY 遺伝子と相同なマウスの Sry 遺伝子を受精卵の前核に導入して得られたトランスジェニックマウスの中には，性染色体の構成が雌(XX)にも関わらず，表現型が雄に性転換している例が見つかった．

(*Hya*) は，マウス Y 染色体の短腕に座位しており，この染色体部位が X 染色体に転座したマウス (*Sxr*) は，見かけ上染色体構成が XX 型にも関わらず雄に性転換する．しかし，この *Sxr* 突然変異マウスから生じた H-Y 抗原陰性の突然変異マウス (*Sxr'*) は，やはり雄である事実から，*Hya* とは異なる精巣決定遺伝子（マウスでは *Tdy*，ヒトでは *TDF*, testis determining factor）が Y 染色体に存在することが示された．

ヒトでは，20,000 人に 1 人くらいの割合で XX 型の男性の性分化異常患者が生じる．これは，X-Y 染色体間に転座が生じて起こることが多く，これらの患者にみられる染色体欠失領域の分析から，ヒトの *TDF* は，Y 染色体の短腕 35 キロ DNA 塩基対の長さの領域に存在すると予想され，多くの哺乳類の Y 染色体にも相同性のある DNA 構造をもつ遺伝子クローンが選択された．この中に転写される遺伝子単位として *SRY* (sex-determining region-Y) が同定され，マウスには相同な遺伝子 *Sry* があることが確認された（図 3-8）．*Sry* 遺伝子は XY 型のマウス胎子の生殖巣で，胎齢 10.5～12.5 日の間に，精巣の形成に先がけて一過性に発現する．XY 型染色体をもつヒト女性には，*SRY* 遺伝子に変異と欠失が認められる．*Sry* 遺伝子を受精卵に導入して得られた XX 型染色体をもつトランスジェニックマウスの中には，精巣を形成するものがある．ただし，精子形成は起こらない．これらの事実は，*SRY/Sry* が，Y 染色体上の精巣決定遺伝子であることを示す．精巣が形成されても正常に精子形成を行うためには，Y 染色体上に存在する他の遺伝子がさらに必要である．*SRY* や *Sry* 遺伝子の塩基配列から推測されるアミノ酸配列には，DNA 結合能をもつ部位が存在し，*SRY/Sry* 遺伝子の発現によって一連の他の遺伝子の転写活性化が制御され，精巣の形成が起こる．

(3) Y 染色体以外の性決定関連因子

Y 染色体上の *SRY/Sry* 遺伝子は有力な精巣決定因子である．しかし，XX 型染色体を持つヒトの性転換患者の一部には，*SRY/Sry* 遺伝子の転座が認められないにも関わらず精巣の形成が起きる例が知られる．また，XY 型染色体を持つ性転換患者では，*SRY/Sry* 遺伝子の異常では説明のつかない例も知られている．次にあげる 2 つの遺伝子は，Y 染色体以外の染色体上に存在している性決定に関わることが知られている遺伝子である．

SOX-9/Sox-9：*SRY/Sry* 遺伝子の DNA 結合領域に相同性の高い塩基配列をもつ一群の遺伝子が見つかっており，*SOX* ファミリーと呼ばれる．四肢の骨奇形を呈する先天性骨奇形症候群（campomelic displasia）を示す XY 型患者の一部では，精巣が形成されず性分化異常が起こる．*SOX-9* 遺伝子は，患者のヒト 17 番染色体の転座部位から見つけられた転写単位であり，転座のない性逆転患者でも *SOX-9* 遺伝子に塩基配列置換や挿入などの変異が認められる．

DAX-1/Dax-1：XY 型の個体で X 染色体の一部が重複すると，精巣が未発達となることがある．この重複領域には，発現量に依存した性決定に関わる遺伝子（dosage sensitive sex reversal, DSS）が想定される．また，この領域には，先天性副腎低形成症（adrenal hypoplasia congenita, AHC）の原因遺伝子もマップされる．この領域の転写単位として同定された *DAX-*

1(DSS-AHC-critical region of the X chromosome-1)遺伝子は，核内受容体型転写因子の一員である．マウスの *Dax*-1 遺伝子は，生殖巣原基に性分化に先駆けて発現し，精巣の分化に伴い減少する．*Dax*-1 遺伝子が破壊された雌マウスでも卵巣の分化が起きることから，卵巣形成に必須の遺伝子ではない．

次にあげる2つの遺伝子は生殖巣の発生に関わるが，*SRY*/*Sry*, *SOX*-9/*Sox*-9 や *DAX*-1/*Dax*-1 遺伝子と協調して，性分化に関わると考えられる．

WT-1：*WT*-1 遺伝子は，幼児の腎芽細胞腫（ウィルムス腫瘍）の原因遺伝子として同定された Zn フィンガータンパク質ファミリーの転写因子で，癌遺伝子を抑制する機能をもつ．この遺伝子に変異のあるデニー・ドラッシュ（Deny-Drash）症候群や WAGR 症候群の患者では，泌尿・生殖器系の形成異常や内外生殖器の雌性化を伴う．*WT*-1 遺伝子は，性分化に先駆けて生殖巣原基に発現し，遺伝子破壊されたマウスでは生殖巣や腎の退行をもたらす．

Ad 4 BP/*SF*-1：p450 ステロイド合成酵素遺伝子の転写を制御する *Ad 4 BP*/*SF*-1 遺伝子は，Zn フィンガードメインを持つ核内受容体型転写因子である．胎生期の生殖腺原基や副腎原基で発現しており，遺伝子破壊されたマウスでは，副腎と生殖巣の形成が見られなくなる．

性決定のしくみは，生殖巣原基の形成とその性分化のタイミングが密接に関連している．

3．胚発生の遺伝子支配

(1) 初 期 発 生

1) マウス胚発生の細胞系譜

母体内で発生する哺乳類の胚は，胚葉の形成に先立って，子宮壁へ着床し胎盤形成を行う特異な初期発生様式をとる．卵割期を経てそれぞれの割球は細胞間の結合様式を強固にし，桑実胚（morula）を形成する．引き続く卵割で内側の割球は内部細胞塊（inner cell mass, ICM）へ，外側の割球は栄養外胚葉（trophectoderm）に分化し，胚盤胞（blastocyst）と呼ばれる形態をとる（図3-9）．透明帯から孵化後，この栄養外胚葉の細胞が子宮壁に着床する．

胚盤胞を形成する2つの細胞系列は，その後の発生運命が異なり，栄養外胚葉は胚体外組織を形成していく．内部細胞塊からは，着床直前に原始内胚葉が分化する．残りの内部細胞塊は，胚体自身を形成するとともに，一部は胚体外中胚葉に分化する．原始内胚葉は，卵黄嚢を形成する胚膜の一部に分化する．哺乳類の胚発生では，割球のすべてが胚体になることなく，一部は胎盤や胚膜の形成に関与する（図3-10）．

2) 初期胚の発生致死突然変異

哺乳類の中で，マウスはヒトに次いで遺伝学的情報が集積されている動物である．ゲノム DNA の塩基長は約 2.7×10^9 塩基対といわれ，この長さは約 1600 cM に相当する．ゲノムの約

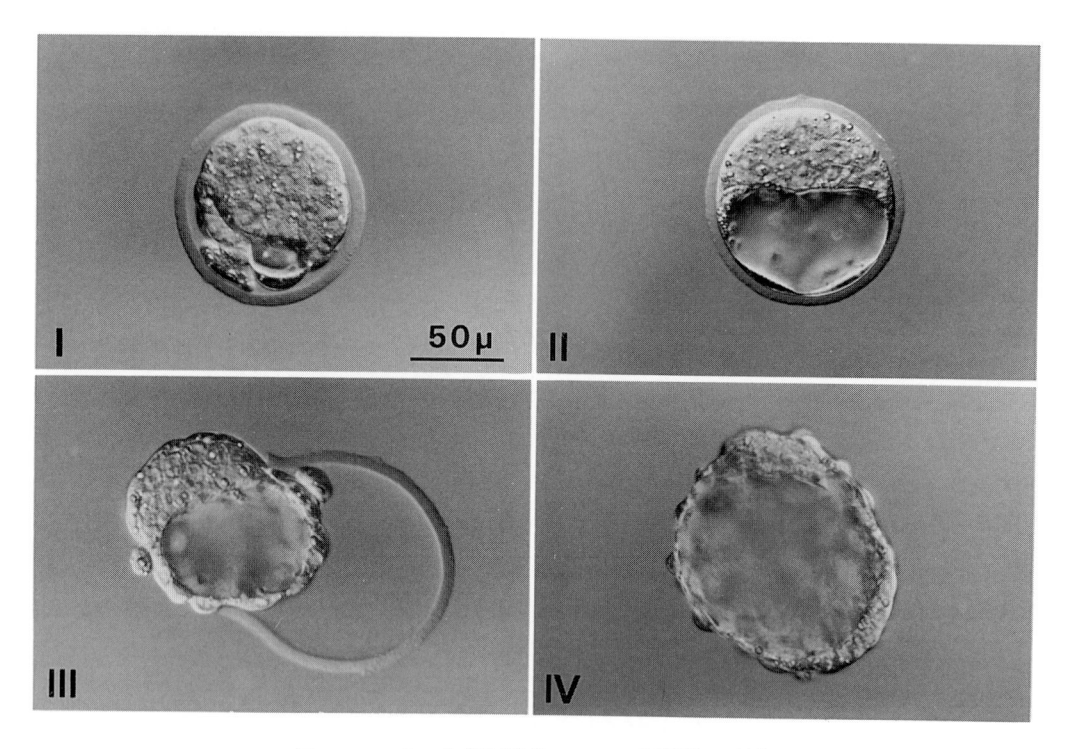

図 3-9 マウス初期胚発生における胚盤胞の形成
(ノマルスキー微分干渉顕微鏡撮影)
Ⅰ：桑実胚に胚盤腔が形成される．
Ⅱ：胚盤腔が拡大し，内部細胞塊と栄養外胚葉からなる胚盤胞が完成する．
Ⅲ：透明帯から胚盤胞が抜け出て孵化する．
Ⅳ：孵化した胚盤胞は，分化した栄養外胚葉により子宮壁に着床できる．

65％以上は重複配列を含み，全遺伝子の数は 70,000〜100,000 といわれる．この約10分の1が単一コピーで，生存に必須な遺伝子 (vital gene) であると概算されている．古典遺伝学的に発見された卵形成や初期胚発生に関与する突然変異は多くはない．顕微鏡レベルの観察によって，突然変異体を致死状態になる以前に同定することが難しいためである．したがって，突然変異の原因とその第一次効果の因果関係について解明されているものは少ない．以下に比較的解析の行われているマウスの発生致死突然変異を表す．

A^y：(lethal yellow)　第2染色体上の a (agouti) 遺伝子座の対立遺伝子．a 遺伝子座は，体毛の色素を決める因子の1つである．A^y ヘテロ接合体は，眼が黒く体毛は黄色を呈する．また，脂肪細胞が増加して肥満を起こす．ホモ接合体は着床の前後で巨大栄養芽細胞の発生異常を伴って致死となる．

a^x：(lethal non-agouti)　a 遺伝子座の対立遺伝子で放射線照射により誘発された．ホモ接合体は胚盤胞中期で異常を示すが着床する．その後胎齢 7.5〜8.5 日までに致死となる．

c^{6H}, c^{25H}：(albino deletions)　前述した第7染色体の c 遺伝子座を含む欠失突然変異のうち，c^{6H} と c^{25H} が初期胚に影響を及ぼす (p.80参照)．c^{6H} ホモ接合体は着床後異常を示し，胚

III. 発生の遺伝子機構

[図: マウス胚発生の細胞系譜フローチャート]

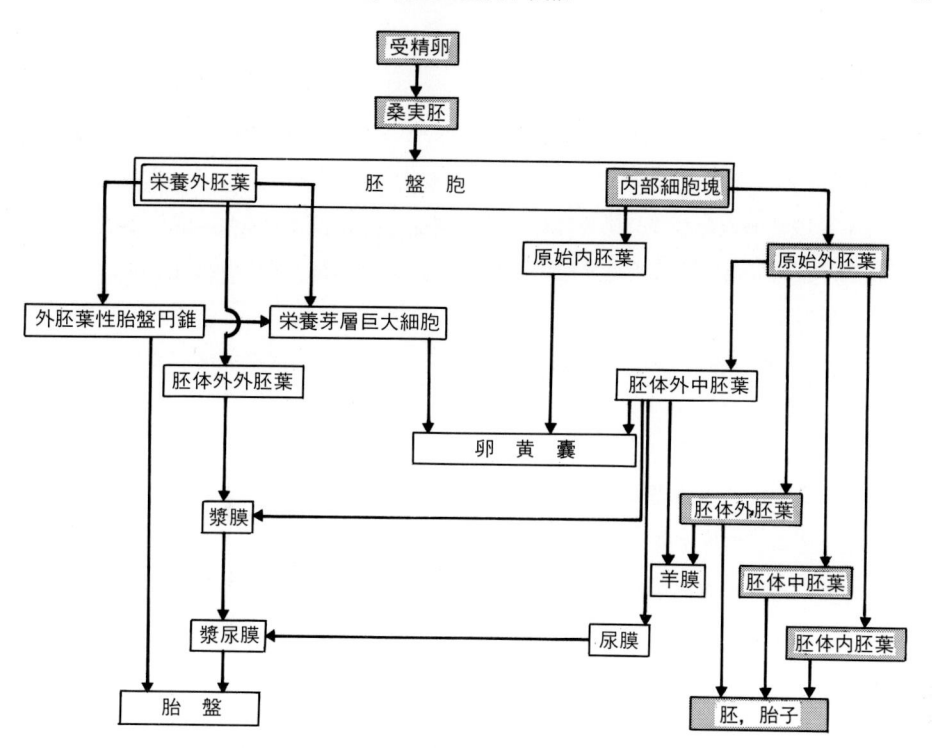

受精卵 → 桑実胚 → 胚盤胞（栄養外胚葉、内部細胞塊）
栄養外胚葉 → 外胚葉性胎盤円錐、栄養芽層巨大細胞 → 胚体外外胚葉 → 漿膜 → 胎盤
内部細胞塊 → 原始内胚葉、原始外胚葉
原始内胚葉 → 卵黄嚢
原始外胚葉 → 胚体外中胚葉 → 羊膜、尿膜、胚体外胚葉、胚体中胚葉、胚体内胚葉 → 胚, 胎子
尿膜 → 漿尿膜 → 胎盤

図 3-10　マウス胚発生の細胞系譜
受精卵から派生した胚細胞は，胚や胎子を形成するほかに，胎盤や胚体外膜などにも分化する．網目をかけた細胞集団の中から，将来の個体を形成する細胞が生じることを示す．

体外組織の分裂が正常に行われずに胎齢 8 日までに致死となる．
　c^{25H}ホモ接合体は，2〜6 細胞期に分裂の異常を示して，胚盤胞形成期に致死となる．核の形態がきわめて異常になる．他の突然変異のホモ接合体は，肝臓と腎臓の分化に異常を起こし，出生前後で致死となる．
　Os：(Oligosyndactylism)　X 線照射により誘発された第 8 染色体上の突然変異．ヘテロ接合体は，四肢の指，特に第 2〜第 3 指が癒合する．また腎臓が萎縮し，糖尿病を起こす．ホモ接合体は 64 細胞期以後，細胞分裂の異常を起こして致死となる．分裂装置に影響を及ぼすと考えられる．
　om：(ovum mutant)　哺乳類ではまれな母性効果を示す突然変異．マウス DDK 系統の雌を KK，NC，C 57 BL 系統の雄に交配したとき，一部の胚は着床前に胚盤胞を形成できずに致死となる．DDK 同士また逆の交配では正常である．発生異常は DDK の卵細胞質因子と他の系統の精子由来の遺伝子産物の不和合性によって起こり，DDK マウスは *om* ホモ接合体と考えられる．
　Ts：(tail short)　第 11 染色体上の突然変異．ヘテロ接合体は曲がった短尾によって認められ，多くの骨格異常を示す．ホモ接合体は卵割が遅く，胚盤胞期に致死となる．

3) 染色体異常とゲノム刷り込み

　哺乳類のゲノムは，対になった常染色体セット（2 A）と X，Y の性染色体とからなる複相体である．配偶子形成過程の減数分裂によって半数体となり，卵子は A＋X，そして精子は A＋X または A＋Y のゲノムをもつ．染色体の欠失や増加はその個体の発生・成長に著しい異常を生じる．減数分裂時における染色体分離の異常（染色体不分離，non-disjunction）により一部の常染色体が重複するトリソミー（trisomy）を起こしたマウス胚は，少なくとも妊娠中期まで生存可能であるが，多くの場合出生前に致死となる．一方，一部の常染色体が欠失するモノソミー（monosomy）胚は，ほとんど着床前の初期発生過程で致死となる．

　これらの現象は，染色体の数に依存した遺伝子量補正の異常による場合も考えられるが，相同染色体の由来による質的な差も関係していることを見逃せない．すべての染色体セットが卵子のみに由来する 2 倍体が発生する単為発生で成体に達する場合は，脊椎動物でも鳥類まで存在が知られているが，哺乳類では例がない．この現象を説明する事実として，哺乳類では卵子由来と精子由来のゲノムが質的に異なり，双方とも揃わないと正常な個体発生が起こらないことが実験的に示されている．

　マウスの卵は受精後，雌性前核と雄性前核が明瞭に区別され，顕微操作でそれぞれの前核を除去あるいは移植することができる．このようにして作られた雄性前核どうしおよび雌性前核同士から発生したそれぞれの胚は，複相体であるにも関わらず，その運命が異なる．胎齢 10 日まで発生した雌核発生胚（gynogenote）は，胚体が 25 体節期にまで発生してほぼ正常であるにも関わらず，胚体外組織である卵黄嚢や栄養芽細胞などの胎盤を形成する部分の発生が貧弱である．一方，同様に経過した雄核発生胚（androgenote）では，胚体の発生が 4〜6 体節期までにしか至らない．しかし，胚体外組織は比較的正常に発生する．つまり，胎盤形成には，精子由来の遺伝子が必要である．これは，精子由来と卵子由来の対立遺伝子が配偶子形成の過程で何らかの機構で区別され，子における遺伝子発現の有無の度合が両者で異なることによる．この現象をゲノム刷り込み（genomic imprinting）と呼ぶ．ゲノム刷り込みが起こった遺伝子は，子においてその発現が抑制される．このため，対立遺伝子が子孫に等価に伝達することを前提としたメンデルの遺伝法則に従わない遺伝現象が起こる．

　後述するマウス第 17 染色体の T 遺伝子座（p.91 参照）の対立遺伝子として知られる T^{hp}（T-hairpin）は，4〜5 cM の欠失突然変異である．ホモ接合体は卵割期で致死となる．ヘテロ接合体は，T^{hp} 突然変異をもつ染色体が精子由来のときは短尾マウスを生じ，$T/＋$ と区別されない．しかし，卵子由来のときは短尾の表現型を示す胎子が妊娠後期で致死となり，T^{hp} 発生致死突然変異は母性効果を示す．T^{hp} 欠失領域内にあるこの致死効果は Tme（T maternal effect）遺伝子座として区別されている．この効果は，精子由来の野生型染色体において，この領域に存在する遺伝子がゲノム刷り込みを受けて発現しないと考えると説明される（図 3-11）．この領域には，胎子の成長と関わりの深いインスリン様成長因子II型受容体（insulin-like growth factor

III. 発生の遺伝子機構

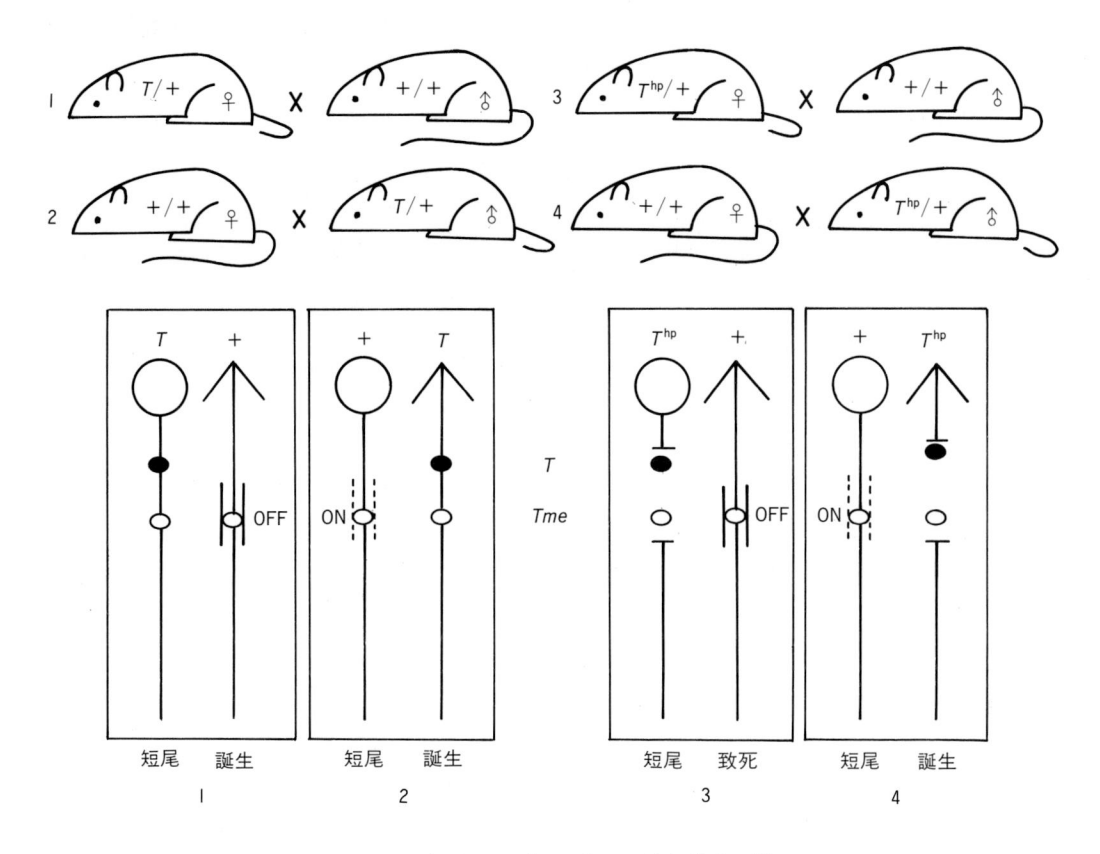

図 3-11 $T/+$ と $T^{hp}/+$ マウスの遺伝様式の違い

上段：T 遺伝子または T^{hp} 遺伝子が，雌または雄から由来する交配のケース 1～4 を示す．
下段：1～4 の交配で生じる $T/+$ または $T^{hp}/+$ 個体における第 17 染色体の相同遺伝子領域の状態を示す．T^{hp} 染色体では T 遺伝子座（●）と Tme 遺伝子座（○）の領域を欠失している．雄由来の染色体は上端を矢印で，雌由来の染色体は丸印で示す．雄由来の染色体の Tme 遺伝子座を含む領域ではゲノム刷り込みが起きているため（実線で示す），Tme 遺伝子の発現が OFF になっている．雌由来の場合はゲノム刷り込みがないため（破線で示す），Tme 遺伝子の発現が ON になる．このため，$T/+$ 短尾マウス(1, 2)は誕生するが，$T^{hp}/+$ 短尾マウス(3)は，個体 (4) と同じ遺伝子型をもつにも関わらず Tme 遺伝子の発現が起こらないため致死となる．

II receptor, Igf II r）がマップされ，この遺伝子の発現も同様なゲノム刷り込みを受ける．

　カタナック（B.M.Cattanach）は，マウスの染色体のどの領域がゲノム刷り込みを受けるかを遺伝学的な手法によって解析した．一般にマウスの染色体は，動原体が一端に存在する末端動原体染色体（acrocentric chromosome）をもつ．野生マウスの中には，染色体が別の染色体に転座して，互いに動原体の部分で融合した中部動原体染色体（metacentric chromosome）をもつ亜種がいる．このロバートソン型転座をもつ染色体は，高頻度に染色体不分離を起こす．このマウスの遺伝学的交配によって，特定の染色体に関して片方の親由来の染色体のみ（片親性ダイソミー）をもつマウスを作成し，その形質を調べる．例えば，第 11 染色体と第 13 染色体のロバートソン型転座を用いた実験では，第 11 染色体の両方が父由来の場合は，生まれたときの子の体重が正常マウスの 150% と大きい．一方，両方が母由来のマウスは，正常マウスの 75%

の体重しかない（図3-12）．この結果は，第11染色体には，精子由来のゲノムと卵子由来のゲノム双方にゲノム刷り込みを受ける領域があることを示す．このような実験から，マウスでは5つの染色体，7つの領域でゲノム刷り込みを受ける染色体領域が同定されている．

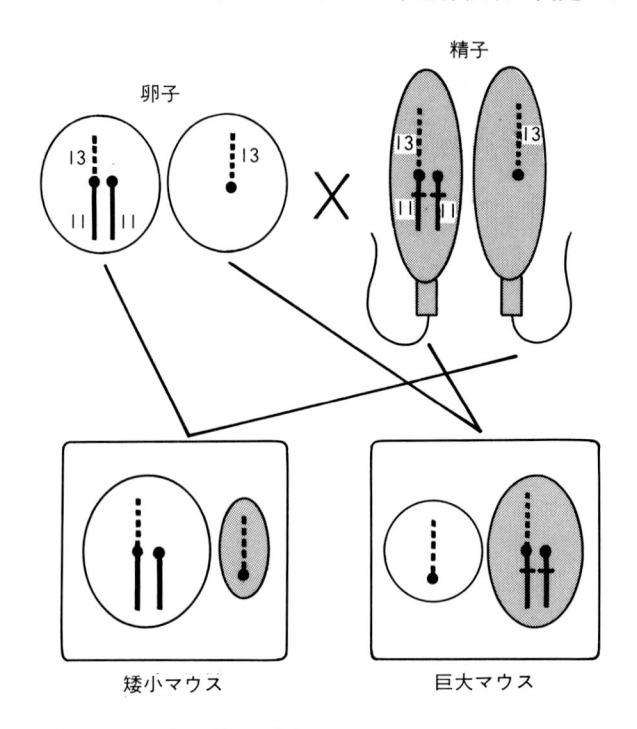

図3-12 マウス第11染色体のゲノム刷り込みを示す実験
第11染色体と第13染色体がロバートソン型転座を起こしたマウスで，配偶子形成のときに染色体不分離が起こると，第11染色体を2本もった配偶子と，2本とも欠いた配偶子が形成される．それぞれが受精することにより，相同染色体2本とも卵子由来（左），あるいは精子由来（右）のマウスが生まれる．それぞれの表現型は，染色体構成がフルセットにも関わらず正常マウスと異なっている．これは，第11染色体にある遺伝子の発現様式が精子由来か卵子由来かで異なることを示す．

（2）胚葉の分化と形態形成

1）マウス胚の胚葉分化

初期発生過程で形成された胚盤胞の内部細胞塊から分化してくる原始外胚葉から外，中，内胚葉が形成される．胚葉分化は，器官形成に先立つ形態形成運動であり，個体の形造りの出発点である．げっ歯類では，この時期の胚をその形状から卵筒期胚（cylinder embryo）と呼び，下等脊椎動物の原腸胚（gastrula）に相当する．原始外胚葉に原条（primitive streak）が形成されて初めて，胚の前後軸が認められる．初期発生期に前後軸の決定が認められる下等動物と比べると，著しく遅い．原条の頭部末端には，鳥類胚のヘンゼン結節（Hensen's node）に相当する部分があり，ここから近位内胚葉層へ割り込んで胚の正中線を前部へ伸長する頭突起

(head process) が出現する．頭突起は，外胚葉の神経溝 (neural groove) を裏打ちする脊索中胚葉と胚体の内胚葉に分化する．原条の後端部からは，尿膜になる胚体外中胚葉が形成される．その他の中胚葉性細胞は，原条からこぼれ落ちるように移動し，三胚葉が形成される．

2) 形態形成に関わる突然変異

a．*T* 遺伝子座と *t*-complex

T 突然変異 (brachyury) は，マウスの第17染色体上に存在し，ヘテロ接合体 ($T/+$) が短尾マウスを生じることで，1927年，ドブロボルスカヤ-ザバドスカヤ (N.Dobrovolskaia-Zawadskaia) によって記載された．ホモ接合体は，後肢芽より後端に著しい形態形成異常を伴い，胎齢10.5日で致死となる．胎齢8.5日では，原条の著しい肥厚，尿膜の萎縮，体節の形成が不十分，原腸 (archenteron) の形成不全，頭突起の細胞が少ないことなどの形態形成異常によって正常胚と区別される (図3-13)．これらの観察は，*T* 遺伝子が原条に由来する中胚葉細胞の移動に影響を及ぼすことで説明され，形態形成に深く関わっていることを示す．この *T* 遺伝子は分子遺伝学的にクローニングされ，そのmRNAは，原条に隣接する中胚葉や原始外胚葉に発現し，その後，脊索 (motochord) に限局する．この発現パターンは，T/T 胚の形態形

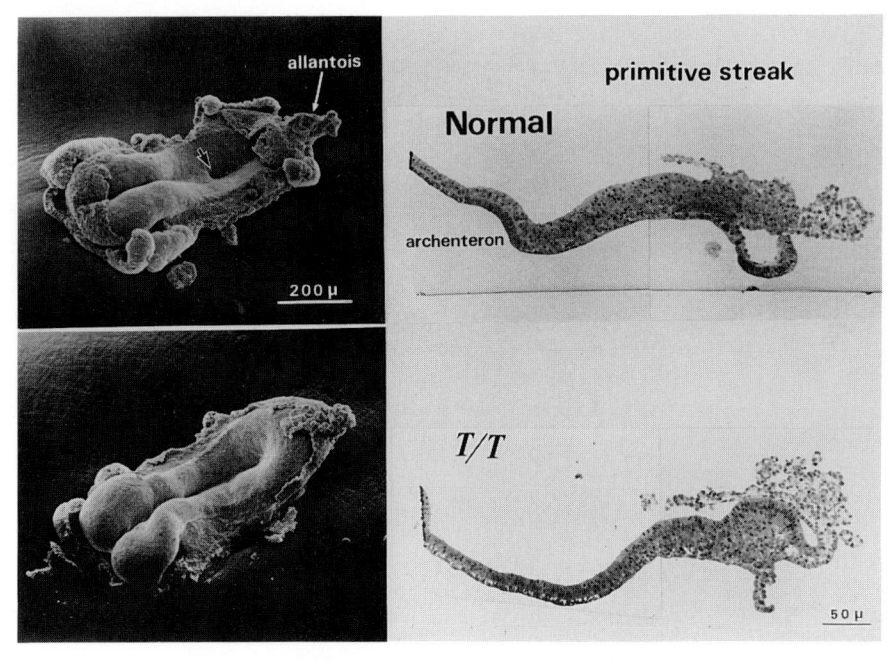

図3-13 マウス T/T ホモ接合体胚の形態形成異常

胎齢8.5日の正常胚（上段）と T/T 胚（下段）を示す．左は，卵黄囊に包まれた胚を開いて伸展し，背側から走査型電子顕微鏡で観察したもの．右は，胚の後部を正中線に沿って薄切した切片像．T/T 胚の尿膜 (allantois) は正常胚に比較して萎縮しており，原条 (primitive streak) は肥厚している．正常胚に明瞭に形成される原腸 (archenteron) が，T/T 胚では認められない．これらの形態異常は原条から由来する中胚葉細胞の移動の欠陥によって説明される．

成異常を伴う部域と一致する．また，T 遺伝子に相同な遺伝子が，他の脊椎動物やホヤなどにも同定され，この遺伝子は脊索動物の原腸陥入（gastrulation）に進化的に保存された機能をもつ．これらの遺伝子は，転写因子をコードしており，互いに保存されたアミノ酸配列である T-ボックスを共有する．

T 突然変異には，対立遺伝子が知られている．T^h(T-Harwell) と，放射線誘発による T^{or} (T-Oak Ridge) 突然変異それぞれのホモ接合体は同様の表現型を示し，胎齢6.5日の卵筒期胚以後，胚体外胚葉に細胞死が起こり退化する．T^h/T，T^{or}/T 胚は，T/T 胚の表現型と区別されない．T^c(T-curtailed) 突然変異も放射線誘発によって生じたものであるが，$T^c/+$ ヘテロ接合体は，$T/+$ よりも骨格系の異常が著しく，無尾マウスを生じる．また，T^c/T^c ホモ接合体は T/T 胚にみられる後部異常よりも著しく，前肢芽も正常に形成されない．T^c/T^h 胚は T^c/T^c 胚の表現型と類似するが，T^c/T 胚は，T/T と T^c/T^c の中間型の効果を示す．

精子形成や精子の機能に複雑な影響を与える t-ハプロタイプをもつマウスは（p.80参照），$T/+$ 突然変異マウスとの交配によって，無尾マウス（T/t）を生じる．これは，t-ハプロタイプ上の tail-相互作用因子（tct）の効果である．t-ハプロタイプに知られる致死遺伝子群（表3-1）は，当初，マウスの胚発生過程の重要な段階を経時的に支配する遺伝子と考えられ，この領域には，胚発生を制御する機能的に類似した遺伝子が重複している複合遺伝子座であるという仮説が提唱された．t-complex の名称も，ここに由来する．しかし，その後の研究で，マウスのゲノムの約1%を占めるこの領域に存在する致死遺伝子の数は，ゲノム当たり平均的な数であることが分った．t-ハプロタイプはマウスの進化過程で特有に生じたものと考えられ，複合遺伝子座とは考えにくい．それぞれの致死遺伝子によってコードされる産物の同定と，その胚発生における役割の解明は，他の古典遺伝学的発生致死遺伝子と同様に今後の解析が必要である．

表3-1 t-ハプロタイプにおけるホモ接合体胚の発生致死

相補群	異常の認められる初期段階	致死となる発生段階	異常の表れる細胞型
t^{12}, t^{w32}	桑実胚	桑実胚	すべての割球
t^{w73}	後期胚盤胞	初期卵筒期胚	栄養芽細胞
t^0, t^1, t^6	初期卵筒期胚	後期卵筒期胚	栄養芽細胞 胚体外胚葉 原始内胚葉
t^{w5}	後期卵筒胚	前原条胚	主として胚体外胚葉
t^4, t^9, t^{w18}	初期原条胚	後期原条胚	中胚葉，胚体外胚葉
t^{w1}, t^{w12}	後期原条胚	神経胚	腹側神経管 脳

b．ホメオボックス遺伝子

発生における体の形造りの遺伝学的原理の解明は，ショウジョウバエの発生遺伝学的解析に端を発して明らかにされてきた．節足動物は，体節の連なりを体の基本構造としているが，一

部の体節の形態的特徴が他の体節の構造に変換することがある．これを相同異質形成 (homeosis) と呼ぶ．ショウジョウバエには，相同異質形成を起こすホメオティック突然変異が存在する．1978 年，ルウィス (E. B. Lewis) は，胸部と腹部の体節構造を特徴づけるバイソラックス（双胸系）遺伝子群 (bithorax complex, *BX-C*) の突然変異の詳細な解析を行い，この遺伝子群の活性化が個々の体節の特徴を付加的に決めて幼虫や成虫の形態形成が起こるというモデルを提唱した．バイソラックス遺伝子群と似たようなホメオティック遺伝子としてアンテナペディア遺伝子群 (antennapedia complex, *ANT-C*) の研究も進み，これらの遺伝子の構造解析がなされた．ホメオティック遺伝子の塩基配列には，180 塩基対のきわめて類似性の高い

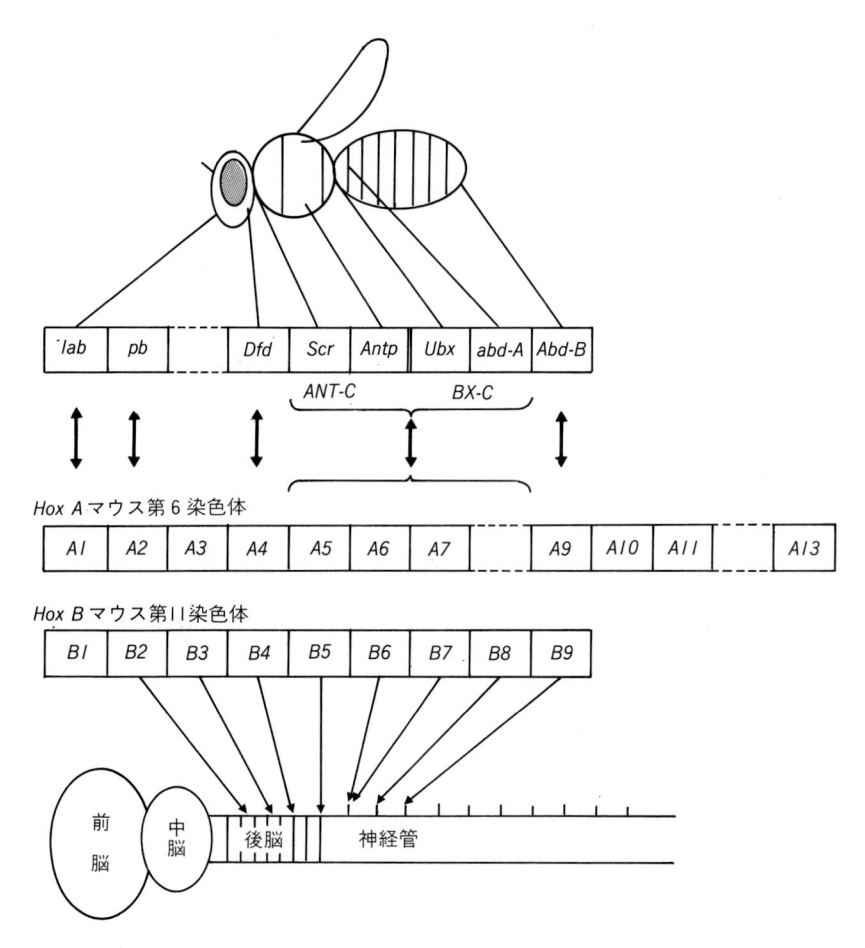

図 3-14 ショウジョウバエとマウスのホメオボックス遺伝子群の構成と発現パターン
マウスの *Hox* 遺伝子群はショウジョウバエのアンテナペディア遺伝子群 (*ANT-C*) とバイソラックス遺伝子群 (*BX-C*) の配列に対応して染色体上にクラスターを成し，*Hox A* から *D*（第 15 染色体の *Hox C* と第 2 染色体の *Hox D* は省略）として存在する．各遺伝子は右側が遺伝子の上流にあたる．上段と下段は，ショウジョウバエとマウスの胚発生において各遺伝子が発現する最頭部域の境界を矢印で示す．クラスター内の遺伝子の発現パターンが種を越えて保存されている．

領域が含まれており，ホメオボックスと名付けられた．ホメオボックスにコードされるアミノ酸配列は DNA 結合能力があり，現在ではホメオボックスを含む遺伝子，すなわちホメオボックス遺伝子は，他の遺伝子の発現を制御する転写因子であることがわかっている．また，ホメオボックスは，ホメオティック遺伝子のみならず，ショウジョウバエの形態形成，すなわち，体軸の形成，体節の決定などに重要な役割を果たす遺伝子にも存在し，さらに脊椎動物のゲノム中にも認められる．

バイソラックス遺伝子群とアンテナペディア遺伝子群には，ホメオボックス遺伝子が重複してクラスターを形成している．マウスのゲノムでは，*Hox* 遺伝子群として 4 本の染色体上にクラスターをなして分布している．そして，各クラスター中の類似した遺伝子の並びは，マウスとショウジョウバエとで進化的に保存されている．また，ショウジョウバエでは，クラスターの上流の遺伝子ほど体の後部で発現し，下流に行くほど順に体の前部で発現して，体制の形造りに関わっている(図 3-14)．マウスの胎子では，これらの遺伝子は胚葉形成期以後，器官形成期に至るまで，主に神経管や原脊椎で発現しており，尾部から頭部にまで発現がみられるが，下流の遺伝子ほど発現の境界が頭部側に寄っている．ショウジョウバエは外骨格，脊椎動物は内骨格をもつが，体節構造からなる動物のボディプラン形成の機構は，種を越えて基本的に共通している．

4. 初期胚の人為操作

19 世紀の終りから 20 世紀の初頭にかけて，ドイツのルー (W.Roux) やドリーシュ (H.Driesch)，ビュッチュリ(O.Bütschli)，アメリカのロイブ(J.Loeb)，モーガン(T.H.Morgan,遺伝学者として著名であるが，初期の研究は実験発生学で優れた業績を残している) といった人々により，動物の発生過程に人為的に介入して発生の機構を探る実験発生学の手法の基礎が築かれた．1920 年代には，ドイツのシュペーマン(H.Spemann)とその協力者であるマンゴールド (H.Mangold) によって，実験形態学的手法を駆使した形成体に関する一連の研究成果が報告され，その後の実験発生学の展開に多大の影響を与えた．

一方，イギリスのニーダム (J.Needham) は，1931 年 (1900 年生まれのニーダムは 31 歳であった) に，大著「Chemical Embryology」3 巻を著し，ビュッチュリ，ロイブらによって先鞭をつけられた，分子レベルで発生機構を理解しようとする流れに基礎と展望を与え，当時の若い野心的な生物学者達に多くの信奉者を生んだ．

第二次世界大戦の終結後は，多糖類，タンパク質，核酸に関する生化学が急速に進歩し，これら生体高分子に関する知識を駆使して生命現象を解明する分野が分子生物学として誕生すると，発生学の流れも発生生化学から分子発生学へと移り，記載的な色彩の強い発生学(embryology) は，より包括的で動的な側面を重視した発生生物学 (developmental biology) へと発展した．

III. 発生の遺伝子機構

こうした一連の流れの中で，哺乳類の発生学は，実験発生学の主流から長い間取り残されていたといっても過言ではない．哺乳類ではごく一部の卵生種を除き，胚発生が母体の体内で進行する真胎生であること，また，大量の材料を得難いことが実験的な研究を著しく困難なものにしていたのである．

ところが，1950年代から哺乳類の体外受精や初期胚の体外培養・胚移植に関する基礎研究が爆発的に進歩し，1960年代には胚操作によって，人工的な動物を完全な成体として得られるようになった．さらに，テラトーマ細胞や胚性幹細胞など，発生学的な全能性／多能性を備えた培養細胞を用いて遺伝子操作を行い，これらの細胞を動物にすることで，人為的に遺伝子を改変した動物を作出することが可能になった．このような成体の個体作出にまで至る胚操作技術は，伝統的な発生生物学の材料であった両生類（カエル，イモリなど），鳥類（ニワトリ，ウズラなど），海産無脊椎動物（ウニ，ヒトデ，ホヤなど）ではむしろ困難で，一躍哺乳類の実験発生学を発生生物学の主流に据えることになった．さらに，哺乳類はヒトを含み，また，家畜としても重要な動物が多いことから，基礎研究の成果が短期間でバイオテクノロジーとして医学・農学に応用可能なことも，哺乳類の発生生物学の急速な進歩に拍車をかけた．

以下では，哺乳類の発生生物学とバイオテクノロジーの進歩の端緒となったキメラマウス作出から，最近の体細胞核移植に至る哺乳類初期胚の人為操作について概説する．

(1) キメラ動物

1) 凝集キメラと注入キメラ

人工的なキメラ動物を作出する試みについての最初の報告は，1942年にアメリカのエール大学のニコラス（Nicholas）とホール（Hall）のそれで，ラットの卵割前の受精卵を2個接着させ，宿主の偽妊娠ラット子宮に移植したところ1匹の産子が得られたと記述されている．しかし，生まれた動物がキメラであることの証明はなく，実際，キメラであった可能性はむしろ薄い．それから約20年後，ポーランドのターコウスキー（A.K.Tarkowski, 1961）は，黒色の被毛をもつC57BL系マウスと白色の被毛をもつA2G系マウスのそれぞれの8細胞期胚の透明帯を除去し，胚を接着させて偽妊娠マウス子宮の戻すことでキメラマウスの作出に成功した．被毛色という，確かなマーカーでキメラであることが確認されており，この報告が，確かなキメラマウス作出成功の最初の報告である．ターコウスキーの方法では，卵管から回収した8細胞期胚を微小ガラスピペットで吸ったり出したりすることで透明帯を壊した後，裸出した胚を物理的に押しつけて接着させ，培養後，仮親の偽妊娠マウス子宮に移植するのであるが，技術的に困難で効率が悪いのが欠点であった．ミンツ（B.Mintz, 1962）は，非特異的なタンパク質分解酵素プロナーゼを適当な条件下で用いれば，容易に透明帯を溶解することができ，しかも胚細胞を傷めないことを見出した．この方法は簡便で，キメラ胚の作出効率も良く，キメラマウスが哺乳類発生学の重要な材料として普及するきっかけとなった．一方，透明帯が酸性

pHの条件下で溶解することが早くから知られていたが，この事実を胚操作に応用して，酸性タイロード液を透明帯の除去に用いる方法も好んで用いられている．

ターコウスキーやミンツらが用いた初期胚を押しつけてキメラを作出する方法は，凝集法（または集合法，aggregation method）と呼ばれ，この方法で作出されたキメラを凝集キメラ（または集合キメラ）と呼んでいる．凝集キメラは，用いたマウスの系統の間を，双方向の矢印で結び，例えば，C3H↔BALB/cのように記述する．なお，当初は初期胚操作で人工的に作出されたマウスをアロフェニックマウス（allophenic mouse）と呼んだが，他の遺伝学用語と紛らわしいので現在は使われていない．

凝集キメラマウス作出に用いる胚として最もよく用いられるのは，8～12細胞期の卵割期胚である．この時期の胚は物理的に押しつけるだけで，比較的容易に接着する．しかし，フィトヘムアグルチニンと呼ばれる植物性の血球凝集因子が割球の接着も促すので，これを"接着剤"として用いることで，キメラマウスの作出効率は一段と上昇した．

一方，イギリスのガードナー（R.L.Gardner, 1968）は，胚盤胞腔の内部に直接他の胚盤胞の内部細胞塊（inner-cell-mass；ICM）から分離した未分化胚細胞を顕微操作で注入して，キメラマウスを作出することに成功した．先述した凝集法に対して，彼の方法は顕微注入法（microinjection method），または単に注入法（injection method）と呼ばれ，この方法で作出

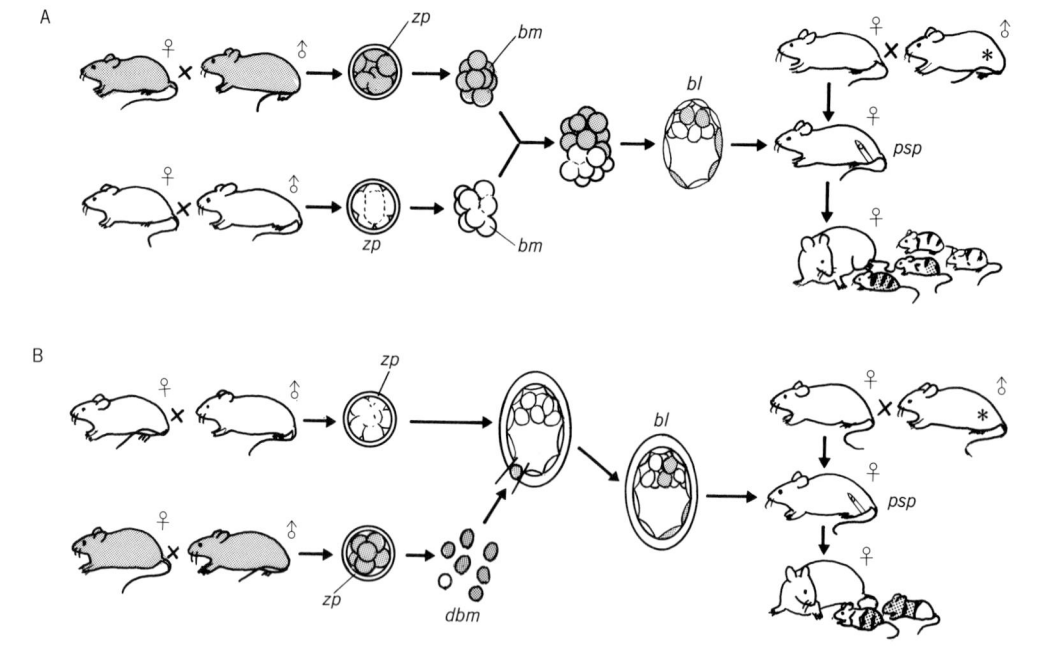

図3-15 2種類のキメラマウス作出法を示す模式図

(舘，1990)

A：凝集法，B：注入法，bl：胚盤胞，bm：割球，dbm：分離された割球，psp：偽妊娠雌マウス（仮親），zp：透明帯，＊：精管結紮をした雄マウス．

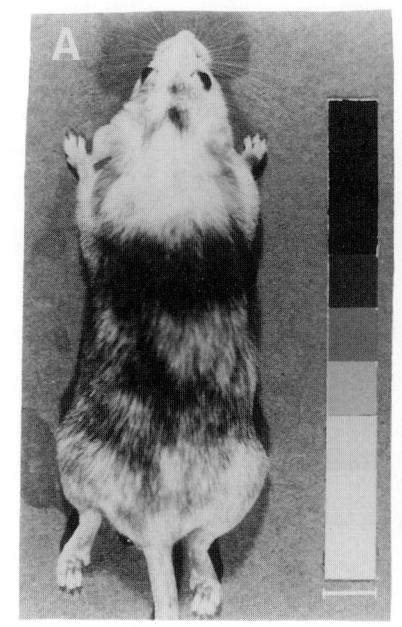

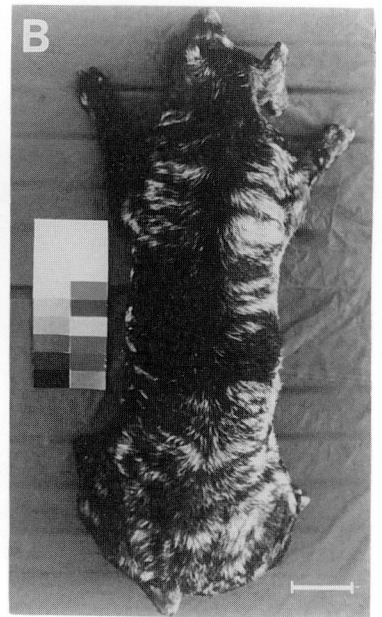

図 3-16 キメラマウスとキメラブタの被毛パターンの比較

(井上ら, 1996)

A：キメラマウス，B：キメラブタ．キメラブタには規則正しい縞状の模様が認められる．キメラマウスの被毛パターンは，白色の部分と黒色の部分が混合して，はっきりとした縞状のパターンを形成しない．体節の皮板のパターンがブタではより明確に残り，メラノサイトの移動も主に体軸の直角方向に起こるものと考えられる．

されたキメラマウスは注入キメラ（injection chimera）と呼ばれている．注入法で作出されたキメラは，ドナーとなった系統名を左にして右向きの矢印でＣ３Ｈ → BALB/c のように記述される．注入法では，胚盤胞の外側のトロフォブラスト（trophoblast：栄養膜，または栄養芽層と訳されているが，本稿ではトロフォブラストと呼ぶことにする）は，キメラを形成せず，したがって，着床や胎盤形成に問題が少なく，また卵割期の致死や異常も回避できるので，凝集法では作出不可能なキメラでも作出可能であることが期待され，研究者の注目を集めた．しかし，ガードナーが最初に用いた方法はきわめて手の込んだ高度の顕微操作技術を要したために直ちに普及せず，その後次第に簡便な方法が開発されて一般的な方法として用いられるようになった．図 3-15 は，凝集法と注入法によるキメラマウス作出法の概略を模式的に示したものである．

マウス以外の哺乳類では，ラット，ウサギ，ヒツジ，ウシ，ブタなどでキメラが作成されている．ブタのキメラは，注入法により，柏崎ら（1992）によって世界に先駆けてわが国で作出された．図 3-16 には，ブタのキメラの写真が掲げてある．

哺乳類以外の脊椎動物では，ニワトリで生体に至るキメラが作成され，生殖細胞の分化機構の解析など，実験発生学における重要な材料として，興味深い成果が上げられている．

2) キメラを用いた細胞系譜の解析

キメラマウスが発生学者達の強い注目を集めた1つの大きな理由は，適当な遺伝的マーカーを用いることによって，従来まったく不可能と考えられていた哺乳類の発生過程における細胞系譜 (cell lineage) の問題解明に新たな手がかりを得ることが期待されたからであった．事実，異なる遺伝的マーカーをもつ2系統のマウス胚を用いたキメラマウスの解析から，色素細胞分化の細胞系譜，体節形成の細胞系譜，胚葉分化パターンの解明などに優れた成果があげられた．被毛色は最も明白な遺伝的マーカーの1つであり，生まれた子供がキメラか否かを容易に判定できるので，多くの場合，他の遺伝的マーカーと組み合わせて用いられる．内臓諸器官のキメラ組成を定量的に解析するためには，glucose-phosphate-isomerase (Gpi) や β-glucuronidase のような遺伝的に分離可能なアイソザイムをもち，定色反応で容易に検出できる酵素や，マイクロサテライト DNA などが用いられている．また，外来遺伝子を導入されたトランスジェニックマウスを用いれば，DNA レベルの様々なマーカーを選択して用いることができる．ただし，トランスジーンをマーカーとする場合には，導入された遺伝子が発生過程にまったく影響を与えないという保証が困難な場合が多い．

成体のキメラマウスの被毛のパターンや，これらのマーカーを用いて得られた様々な組織のキメラ構成の定量的データから，胚葉の形成機構や胚葉分化のパターンを推論する試みも行われている．例えば，図3-16に示したキメラブタは非常に特徴的な縞模様を示す．この縞模様の定量的な解析結果から，体節がそれぞれ2個の幹細胞から生じること，また，色素細胞の幹細胞はおそらく各体節当たり1個ずつ存在することが推論されている．

3) 生殖系列キメラ

生殖巣の生殖細胞も他の組織と同様にキメラになり，交配により生殖巣の配偶子のキメラ状態を推定することができる．生殖細胞系列（生殖系列ともいわれる）がキメラになったキメラ個体は"生殖系列キメラ"(germline chimera) と呼ばれる．特に，後述する胚性幹細胞 (ES 細胞) を用いたキメラでは，遺伝子ターゲティングなどの目的で作出されることが一般的であるので，操作した遺伝子が子孫に遺伝する生殖系列キメラになるか否かがきわめて重要になる．

キメラマウスでは出生時の性比が雄に偏ることが，ターコウスキーの最初の報告以来よく知られている．キメラを作るための操作を行う初期胚の段階では，雌雄の区別はできないので，当然 XX 胚と XY 胚の組合せによるキメラも生じるはずである．実際，無作為な選択が行われた場合，XX/XX：XX/XY：XY/XY の期待される比は 1：2：1 で，生まれたキメラ個体の半数は半陰陽 (hermaphrodite) 個体になるはずであるが，実際には半陰陽個体数はきわめて少ないのが一般的である．性比が雄に傾く原因は現在も不明である．しかし，用いたマウス系統の組合せにより，雌雄の性比がほぼ 1：1 になる場合も報告されており，この現象に遺伝的背景が関与している可能性が示唆されている．

半陰陽個体が理論的な期待値よりもはるかに低いことは，XX/XY キメラの多くが雄ないしは雌として発生していることを意味する．そこで，核型の異なる生殖細胞からなるキメラ生殖巣における生殖細胞の分化について多くの研究が行われ，その結果，生殖巣が精巣に分化した場合は XX の生殖細胞が，また，卵巣に分化した場合は XY の生殖細胞が，それぞれ配偶子形成を行えず淘汰されることが結論されている．この問題は，性決定機構の観点から興味深い問題を含んでいるが，新しい研究は少ない．

4) キメラを用いた遺伝疾患の解析

発生の様々な段階で障害が生じて致死になる胚を，正常の胚とキメラにすることにより発生させたり，先天性疾患遺伝子をもつ胚を正常の胚とキメラにすることで症状を軽減したり，消滅させたりすることが可能なことが示されている．このような現象は，疾患形質の"救出"(rescue)と呼ばれ，遺伝疾患の治療の観点から注目されたこともあるが，その後，トランスジェニックマウスの作出が行われ，個体レベルのキメラが先天性疾患の治療手段の観点から考えられることはほとんどなくなった．しかし，様々な先天性疾患モデルマウスと正常マウスとの間でキメラマウスを作成することで，先天性疾患の病因を解析することが可能であり，その点でキメラマウスは多大な貢献をしたし，今後も貢献が期待される．その一例に，本書のVI章で記述されている御子柴らによる行動異常突然変異マウスの解析がある．

リーラー(reeler)と呼ばれるマウス系統は，体の後部の姿勢異常や，頻繁に横転する運動障害を示す突然変異マウスの系統であり，組織学的に大脳皮質，海馬，小脳の構築に高度の異常が認められる．リーラーマウスと正常マウスの間で，ニューロンの分裂時期や分裂細胞の数には有意な差がみられないことから，リーラーマウスでは分裂したニューロンが何らかの障害により細胞移動が阻害され，脳の構築異常を起こすものと推測されていた．御子柴ら (1982) は，リーラーマウスの障害がニューロンそのものに起因するのか，あるいは何らかの体液性因子や細胞環境因子によるのかを明らかにするために，リーラーマウスと野生型マウスとの間で凝集法を用いて人工キメラマウスを作成し，その解析を行った．その結果，被毛色や GPI アイソザイムのパターンから，ほぼ1：1の構成比をもつキメラマウスの行動は正常となり，また，大脳と小脳の構築異常も完全に正常化していることが見出された．驚くことに，脳でリーラーマウス成分が90％を占めるようなキメラマウスでも，行動と脳の組織構築の正常化が認められたという．この事実から，リーラーマウスのニューロンは正常であり，ニューロンの移動を支配する細胞マトリックス成分などに異常が存在することが示唆された．これらの知見を基礎にして，現在，その遺伝子機構の解析が進められている（第VI章を参照）．

初期胚の段階で致死になる遺伝的突然変異をもった胚を正常胚とキメラにすることで発生を継続させ，突然変異遺伝子の機能を解析する試みは，T/t，致死イエロー(A^y/A^y)，Rb-1などで行われ，いずれも興味深い結果が得られている．同様に，単為発生胚を正常胚とキメラにすることで，単為発生胚細胞を成体組織に分化させることが可能なことも報告されている．筋ジ

ストロフィーマウス胚（*mdx/mdx*）と正常マウス胚のキメラ，先天性白内障（*CAT*）マウス胚と正常マウス胚のキメラでは，正常細胞の存在が突然変異遺伝子をもつ細胞の異常発現を軽減することが示されている．

5) 異種胚キメラ

異種の動物間でキメラを作出する試みは，まず，マウスとラット間で行われた．1973年には，イギリスとオランダおよびアメリカの3つの異なる研究室から，卵割期胚の凝集法によるマウス↔ラットキメラ胚の作出成功が報じられたが，いずれも胚盤胞以上に発生することはなく，また，得られた"キメラ"胚が真のキメラである確証もなかった．その後1980年に，舘 澄江および舘 鄰によってマウス↔ラットキメラ胚の電子顕微鏡レベルの解析が行われ，ラットおよびマウスの割球細胞質内に含まれる物質の構造の特徴から，両者の割球が混合したキメラ胚盤胞が形成されていることが確認された．

また，マウス↔ヨーロッパヤチネズミ（*Clethrionomys glareolus*），マウス↔オキナワハツカネズミ（*Mus caroli*）の異種キメラ胚作出が試みられ，後者の場合は成体に至る個体が得られている．

家畜では，1984年にヒツジ↔ヤギの成体に至るキメラが作出されて話題を呼んだ．その後，ヒツジ↔ウシ，ウシ↔コブ牛（*Bos indicus*）が試みられ，1990年にはウシ↔コブ牛のキメラ個体の作出成功が報告されている．

このような異種キメラを作出する目的は，主として発生過程における異種胚細胞による形質発現の相互作用を解析することと，個体発生における細胞系譜の解析のための材料として用いることにあった．しかし，細胞系譜の解析の目的には適当なマーカーを備えたトランスジェニックマウスの利用が容易になったことで，異種胚キメラはほとんど用いられなくなった．

(2) 全能性／多能性細胞

1) テラトカルシノーマ細胞

テラトーマ（teratoma：奇形腫）は，3胚葉（内胚葉，中胚葉，外胚葉）に由来する様々な組織や器官が無秩序に混在する腫瘍の総称で，良性のものと悪性のものを含む．単にテラトーマと呼ばれる場合は一般に良性のものを指している場合が多い．また，3胚葉のうち，一部が退化して2胚葉性，1胚葉性になったものもテラトーマと呼ばれている．悪性のテラトーマの代表的なものが，テラトカルシノーマ（teratocarcinoma：悪性奇形種）で，分化の多能性（pluripotency）ないしは全能性（totipotency）を維持した増殖性の胚性癌腫細胞（embryonal carcinoma cell；EC細胞）と，EC細胞から分化した組織塊からなる悪性腫瘍である．

マウスで実験によく用いられるテラトーマには，精巣性テラトーマ，卵巣性テラトーマ，初期胚由来テラトカルシノーマなどがあるが，胚操作で用いられるのは，初期胚由来テラトカル

シノーマに含まれる EC 細胞である．初期胚由来テラトカルシノーマは，受精卵や単為発生卵を腎臓被膜内や精巣に移植することによって人為的に形成させることができる．この場合，用いるマウスの系統によってテラトカルシノーマ形成の難易があり，特に 129 系のマウスは EC 細胞が得やすいことで知られ，テラトーマの形成しやすさを支配している遺伝子座 *ter* が同定されている（p.77 参照）．

ミンツとイルメンゼー（K.Illmensee, 1975）は，129 系マウスから得たテラトカルシノーマ細胞株 OTT 6050 の胚葉体と呼ばれる構造から EC 細胞を分離し，C 57 系統のマウス胚盤胞の胚盤胞腔内に顕微注入することで，キメラマウスの作出に成功した．EC 細胞由来の細胞は，キメラ個体の各組織で正常に分化し，EC 細胞が高度の多能性をもつことを証明すると同時に，いったん悪性腫瘍化した多能性胚細胞でも，適当な分化環境を与えれば正常に分化を遂げて組織構築に参加することを示して，多くの研究者を驚かせた．

ミンツのグループのデウィー（M.J.Dewey）らはさらに，EC 細胞に *in vitro* で突然変異を起こさせ，突然変異遺伝子をもった EC 細胞を生殖系列キメラにすることで，マウスの突然変異系統を作出することを提唱し，突然変異原である 6-thioguanine を用いて，HPRT$^-$ の OTT 6050 細胞株を得，さらにこの突然変異 EC 細胞からキメラマウスの作出に成功した．しかし，OTT 6050 細胞は生殖系列に入りにくい欠点をもつことが多くの研究者によって指摘されるようになり，彼らの得たキメラマウスからも，目的とする生殖系列キメラは得られなかった．この提唱された方法は，突然変異を誘発した細胞が *in vitro* で有効に選択可能な場合がきわめて少なく特別な場合に限られること，EC 細胞が生殖系列に入りにくいなどの点から，その後の発展はみられなかった．後者については，後に生殖系列に入りやすいテラトカルシノーマ細胞株，METT-1 なども開発されたが，大勢は次第に次節で述べる ES 細胞へと移っていった．しかし，全能性／多能性をもった培養胚細胞を *in vitro* で操作した後，キメラを作出して人工的に遺伝子を操作した動物を得るという基本的な考え方は，ES 細胞を舞台として画期的な展開を遂げることになった．

2）胚性幹細胞

胚性幹細胞（embryonic stem cells；ES 細胞）は後期胚盤胞の内部細胞塊（inner cell mass；ICM）由来の細胞であり，その細胞株としての樹立は EC 細胞に関する研究の延長として試みられた．1981 年にイギリスのエバンズ（M.J.Evans）とカウフマン（M.H.Kaufman）は，着床遅延を起こさせた胚盤胞を培養し，形成された未分化細胞塊から分離した細胞をマウス培養細胞株 STO 細胞をフィーダー細胞として培養し，細胞分化の全能性ないしは多能性を備えた ES 細胞株を樹立することに成功した．一方，アメリカのマーチン（Martin）は，同年に免疫手術法により単離した胚盤胞の ICM のみを STO 細胞によるフィーダー細胞層上で培養し，形成された細胞群より ES 細胞株を樹立した．

初期発生の過程で ICM 中の未分化な胚細胞は，内在性のプログラムに従い秩序だって分化

していく中で，次第に分化能は限定され，胚内での位置的極在化が起こる．このような一連の変化は細胞間の相互作用に伴って進行していくと考えられる．すなわち，ICM 細胞群中のすべての細胞が未分化な ES 細胞になるわけではなく，ICM 内の環境から解放され，未分化な状態を維持したまま，in vitro の条件に適合した細胞が ES 細胞として出現し，増殖するのではないかと考えられている．

先に述べたように，ES 細胞の維持にはフィーダー細胞を用いるのが普通である．STO 細胞，もしくはマウス胎子線維芽細胞の初代培養細胞がフィーダー細胞として用いられることが多い．STO 細胞は人為的に形質転換させたマウス胎子線維芽細胞を株化したもので，取扱いが容易である．一方，マウス胎子線維芽細胞を用いる場合は，胎齢 13～15 日の胎子から得たものが用いられている．STO 細胞とは異なり，その増殖能には限度があるため，定期的に新しいものを採取し凍結保存しておく必要があるが，人為的な操作を加えていないため，ES 細胞の性質を維持する点においてはより優れているといえる．フィーダー細胞が分泌する物質の中で，とりわけ ES 細胞の維持に重要な役割を果たしているのが，サイトカインの一種，白血球増殖抑制因子 (leukemia inhibitory factor；LIF) であることが示されている．LIF は ES 細胞の分化抑制因子として機能しているらしい．

テラトーマの場合と同様，ES 細胞株の樹立も最初は 129 系統マウスを用いて試みられたが，現在では他の近交系マウス C 57 BL/6 N や近交系同士の F_1，あるいは突然変異マウス系統からも ES 細胞株が樹立されている．しかし，実際に遺伝子ターゲッティングに利用可能なことが実証されている ES 細胞株は少数であり，129 由来のものが大半であるのが現状である．ES 細胞株の樹立のしやすさに遺伝的背景が関与していることが示唆されるが，現在のところ，その実態についてはまったく不明である．

1984 年にブラッドレー (A. Bradley) らは，ES 細胞を胚盤胞に顕微注入することにより，ES 細胞が効率良くキメラマウスを形成し，生殖系列を含むすべての組織に寄与し得る高度な多分化能をもつことを示した．ES 細胞のこのような性質と相同組換えを利用した分子生物学的手法を組み合わせることにより，マウス個体のゲノム中に人為的に変異を導入する道が開かれた．

3) 胚性生殖細胞

哺乳類の始原生殖細胞は，発生過程でまず卵黄嚢において他の細胞と区別して認められるようになり，その後移動して生殖巣の原基である生殖隆起 (生殖堤ともいう) に達する．移動期ないしは生殖隆起に達して間もない時期の始原生殖細胞 (p.75 参照) を，幹細胞因子 (stem cell factor：同義語が多く，Steel 因子，マスト細胞増殖因子，Kit リガンドなどとも呼ばれる) を生産・分泌する細胞をフィーダー層として用いて培養し，LIF と bFGF (basic fibroblast growth factor) を添加すると，ES 細胞に類似した細胞のコロニーが生じることが知られている．実際に，これらの細胞を用いて ES 細胞の場合と同様に注入キメラが作出され，全能性ないしは高度の多能性を備えていることが示されている．このような細胞は，胚性生殖細胞 (embryonic germ cells；EG 細胞）と呼ばれ，ES 細胞よりも生殖系列に入りやすいことが期待されたが，必ずしもそのような傾向が認められるとは限らず，ES 細胞とあまり変わらないものが多い．家畜など，マウスで樹立された方法と同様の方法で ES 細胞株を得ることが難しい場合に，PGC から EG 細胞を得る方法がしばしば試みられている．

（3）遺伝子ターゲティング

　大腸菌や酵母では，人為的に細胞内に導入した DNA とゲノム DNA との間で相同組換えが起こることが 1970 年代に確かめられ，特定の変異遺伝子を正常の遺伝子と置換して，本来の遺伝子を破壊したり改変する遺伝子ターゲティングが実験手法として広く用いられた．その後，かなり遅れて，スマイジース（O.Smithies）らにより哺乳類の培養細胞でも相同組換えが起こり，遺伝子ターゲティングが可能なことが明確に示された．

　ES 細胞の樹立が報告されると，この細胞を用いて相同組換えによる遺伝子の破壊や改変を行い，生殖系列キメラを作成することで特定の遺伝子を欠損したり，機能を改変した個体を作出する可能性が研究者の注目を集めることになった．しかし，一般に動物細胞では，相同組換

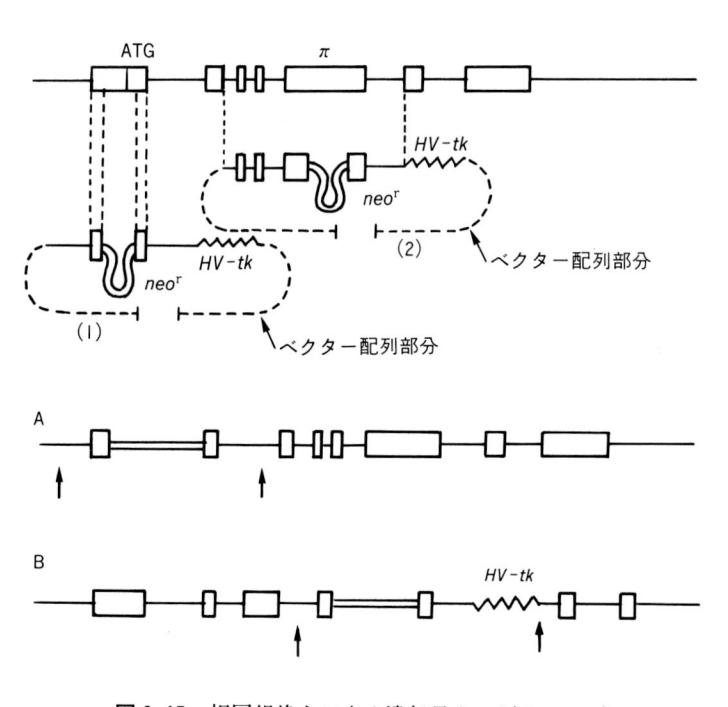

図 3-17　相同組換えによる遺伝子ターゲティング
(1) 仮想遺伝子 π の第 1 エクソンを標的としたベクター．(2) 同第 5 エクソンを標的としたベクター．より完全に遺伝子を破壊する目的で，第 1 エクソンを標的破壊することが望ましいとされる．また，イニシエーションコドン ATG をつぶすように設計する場合が多い．A：相同組換えの起こった場合, B：非相同組換えの起こった場合, neo^r：ネオマイシン耐性遺伝子, $HV\text{-}tk$：ヘルペスシンプレックスチミジンキナーゼ遺伝子．

えの起こる頻度は非相同組換えの頻度に比べ著しく低く，数少ない相同組換えの細胞のみをいかに選択的に集めるかが重要な課題となる．

この問題を解決するために，マンサー(S.L.Mansour)らは図3-17に示すような遺伝子コンストラクトを用いて，遺伝子ターゲティングを効率的に行う方法を提唱した．このコンストラクトの特徴は，標的遺伝子 (π) のエキソン部位の1つに，抗生物質であるG418に対する薬剤耐性を与える遺伝子 neo^r を挿入する．このことで，標的遺伝子が破壊されると同時に，組換えの起こった細胞をG418耐性株として選択することが可能となる．さらに，導入ベクターの3'末端に，ヒト・ヘルペスシンプレックス (herpes simplex) ウイルスのチミジンキナーゼ遺伝子を連結する．このベクターが細胞に導入された際に，もし相同組換えが起これば，図3-17 Aに示すように，正常な遺伝子のエキソンの1つが neo^r 遺伝子で分断され破壊される．一方，非相同的組換えが起こった場合には，図3-17 Bに示すように導入ベクターはランダムに染色体に取り込まれ，HSV-tk 遺伝子も同時に取り込まれる可能性が高い．したがって，ベクター導入後，まずG418により耐性細胞を選抜し，次いで抗ヘルペス剤GANC(Gancyclovir)を添加すれば，GANCは HSV-tk により特異的にリン酸化されて細胞毒性を示すので，HSV-tk 遺伝子を発現する組換え細胞は死滅する．このようにして，目的とする組換え細胞を得ることができるはずである．

実際に，マンサーらは HPRT 遺伝子と int-2（現在は Fgf3; fibroblast growth factor）と呼ばれる遺伝子について，この方法が有効であることを実験的に証明した．その後，この方法は標準的な遺伝子ターゲティングの方法として広く用いられるようになった．その結果，導入効率を上げ，また，遺伝子破壊を完全にする見地からベクターに関して様々な工夫が行われている．

(4) クローン動物

クローンとは，アミクシス生殖によって生じた同一の遺伝子構成をもつ個体群，ないしは単一の細胞から有糸分裂 (mitosis) または二分裂（原生動物）によって生じた細胞群を指す用語で，ギリシャ語で小枝ないしは挿し木を意味する"Klon"から20世紀の初頭に作られた．ミクシス生殖を行う動物でも，クオビアルマジロ属 (Dasypus; nine-banded armadillo) では，正常の妊娠過程で1個の受精卵から4～8個の胚が生じて出産に至ることが知られている．このように顕著な1卵性多胎はまれであるが，1卵性の双子はヒトでもかなりの頻度で起こる．また，他の哺乳類では，正確なデータはないがかなりの頻度で起こると推測されている．これらの1卵性多胎現象で生じた個体は，自然に生じたクローンである．

クローン動物を作出する試みは，まず発生過程において割球の分化の全能性がどの発生段階まで保たれているかを検証する目的で行われ，次いで応用生命科学分野では，優れた遺伝的特性をもった個体の"コピー"を大量に作成する技術の開発を目的として研究が進められた．方法としては，割球の分離によるものと核移植によるものとがある．

1) 卵割期胚割球の分離・分割

ターコウスキーは，2細胞期のマウス胚から分離した個々の割球が，完全な個体を形成することができることを確かめた．翌年には，ドイツの発生学者セイデル（F. Seidel）が，ウサギで同様の実験を行った．ウサギでは，8細胞期まで割球が全能性を保ち，単一の分離した割球から完全な個体が生じることが確かめられている．マウスでは，分離した割球を他の正常の卵割期胚とキメラすることで，8細胞期まで割球が全能性を保っていることが明らかにされている．

家畜では，1979年にイギリスのウイラドセン（S. M. Willadsen）が，ヒツジの2～8細胞期胚の割球を分離し，寒天で作った人工の"透明帯"に包んだ後，仮親の卵管に移植して発生させ，後期桑実胚から前期胚盤胞に達したものを仮親子宮内に再移植して産子を得ることに成功した．2～8細胞期胚のいずれの場合も，それぞれの単一の割球から産子が得られており，ヒツジにおいては8細胞期までの割球が全能性を有していることが証明された．その後，ヒツジやウシにおいて，4～8細胞期胚の割球の分離により，1卵性三つ子や五つ子が多くの研究グループにより作出された．

このように，8細胞期胚の割球は全能性を保持しているが，実験動物，家畜のいずれにおいても，これまでのところ16細胞期胚の単一の割球から完全な個体を得た記録はなく，8細胞期を境に全能性が失われる現象は哺乳類に共通したものと考えられる．

2) 桑実期胚および胚盤胞の分割

ウシの桑実胚や胚盤胞を顕微操作で分割して1卵性多胎を得る試みは，1981年にオジル（Ozil）らによって行われ，産子が得られている．また，その翌年，ウィリアムズ（T. J. Williams）らは，小型の剃刀の刃で後期桑実胚や初期胚盤胞を分割して1卵性双生児の作出に成功した．その後，この方法はウシでは実用化され，かなり普及して用いられた．マウスでは，長嶋ら（1984）によって桑実胚の2分割によって1卵性双生児の作出が可能なことが示された．

3) 核 移 植

1952年にブリッグス（T. J. Briggs）とキング（T. J. King）は，カエル（*Rana pipiens*）の初期胚細胞核を，核を除去した未受精卵内に微小ガラス管を用いて顕微操作で移植し，オタマジャクシに発生させることに成功している．1964年以降になると，ガードン（J. B. Gurdon）がこの技術を駆使してアフリカツメガエルの胚細胞や体細胞の発生能の研究を行い，体細胞であるオタマジャクシの腸管上皮細胞核を，紫外線で本来の核を不活化した未受精卵細胞の細胞質内に移植することで，カエルにまで発生させることが可能なことを報告して注目を集めた．その後，アフリカツメガエルでは，成体のカエルの皮膚や肺，腎臓などの細胞を用いて，正常のカエルを発生させることに成功している．

a．胚細胞核の移植

哺乳類では，1970年代から様々な試みが行われ，1981年にはイルメンゼーとホピー（P.C. Hoppe）がマウス胚盤胞の内部細胞の内胚葉細胞を分離し，その細胞核を雌雄前核を除去した受精卵に移植して産子を得たと報告したが，その後この報告が虚偽であったとされ，多くの調査の結果，イルメンゼーは大学を追われることになった．この事件は，マウスの核移植を目指していた世界中の研究者にとって大きな痛手であった．しかし，1983年にはアメリカでマックグロース（J.McGrath）とソルター（D.Solter）がマウスにおいて再現性の高い核移植法を開発し，マウスの桑実胚や胚盤胞の細胞から得た核を除核した前核期受精卵細胞質に移植することで産子を得ることに成功した．

胚細胞からの核移植は，その後，家畜のクローニングを目的として活発な研究が進められ，ヒツジでウイラドセン（1986）が，ウシでファースト（N.L.First）のグループが1987年に産子が得られている．クローニングの目的では，卵割期胚の割球を発生させることで得られる個体数は限度があるのに対して，核移植の場合には，生成した胚の細胞核を再度移植することで，理論的には無限に生産を繰り返すことが可能である．

家畜での研究が進む一方で，マウスでは先の事件の影響もあって，クローン個体を作出する試みは遅れていたが，角田ら（1987）は，8細胞期の細胞を除核した2細胞期の細胞と融合させることでクローンの作出に成功した．さらに，河野ら（1996）は，マウスの4細胞期胚から6匹

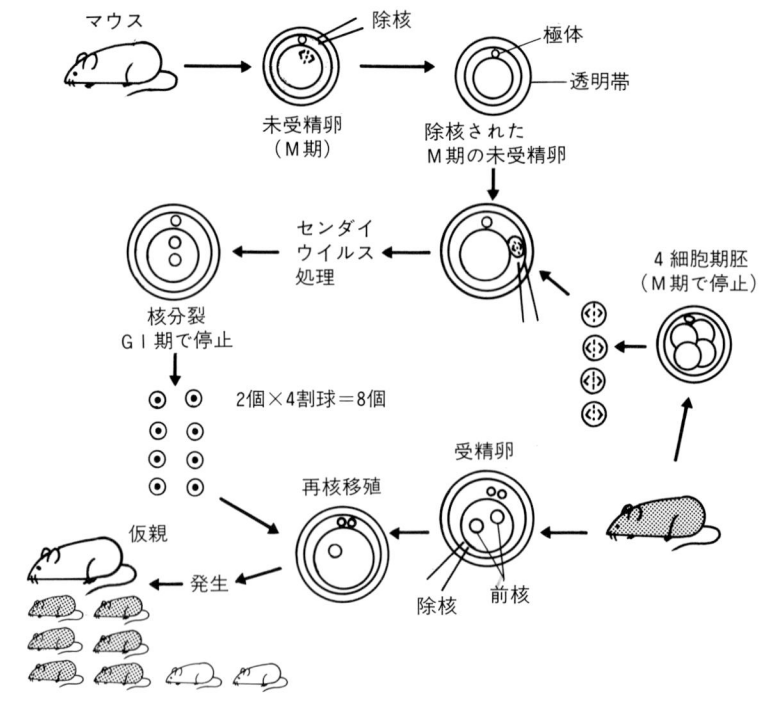

図3-18 4細胞期胚の割球の核移植によるマウスのクローニングの実験過程を示す模式図
（河野, 1996）

のクローンマウスを得ることに成功した(図 3-18). 河野らの方法では，排卵された卵母細胞を除核したものを4個作り，それぞれに4細胞期胚の割球から顕微操作で取り出した細胞周期のM期にある染色体を移植する．移植後に，適当な刺激を与えて発生を開始させると同時に，細胞分裂阻害剤を加えて細胞分裂の完成を抑制すると2倍体の核を2個もった卵細胞を作ることができる．すなわち，8個の遺伝的に同一な核が得られることになる．これらの核のそれぞれを，除核した受精卵細胞質内に移植して，6匹(理論的には8匹)のクローン個体が得られたのである．

b．体細胞核移植

胚細胞を用いたクローン作出は，実用の観点からは表現型が確認できないままクローニングを行わなければならない欠点がある．もしも成体の体細胞からクローニングが可能であれば，表現型を確認した個体のクローニングが可能である．

一方，哺乳類の終末分化を遂げた成体の体細胞に分化能を回復させることが可能か否かという基礎発生学的な疑問があった．しかし，1997年に英国のウイルマット(I. Wilmut)らによりヒツジで，また，1998年には米国の柳町のグループの若山らによってマウスで，体細胞核移植による成体個体の作出成功が報告された．

ヒツジでは，乳腺上皮細胞と胎子線維芽細胞の核を血清を入れない培養液(血清飢餓培養)でG1期停止の状態にし，細胞を除核した未受精卵の囲卵腔に入れて，電気融合法で核を導入している(図 3-19). 一方，マウスの場合は，培養細胞からガラス微小管で核を取り出し，これを除核した未受精卵内にガラス微小管で導入を行っている．その他，導入法や導入後の処理に様々

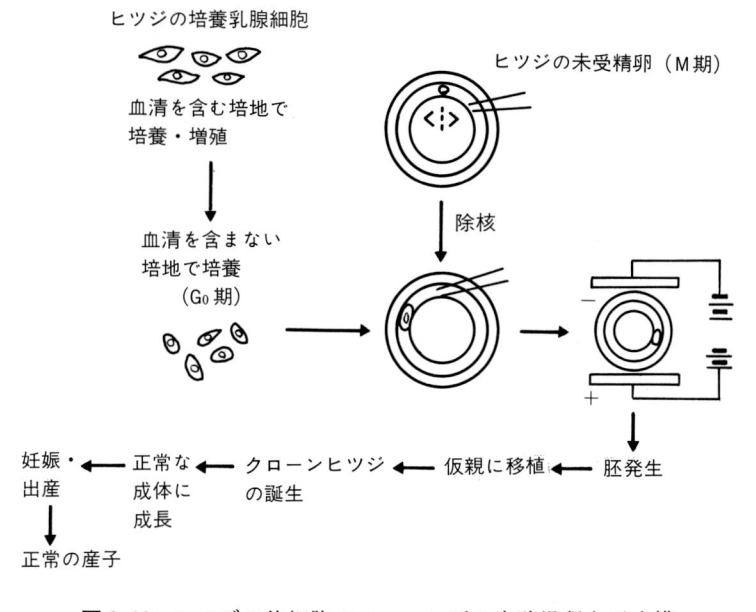

図 3-19 ヒツジの体細胞クローニングの実験過程を示す模式図 (Wilmut et al., 1997)

な工夫が凝らされている（図3-20）.

　ヒツジの成功を受けて，同様の方法で1998年以降多数の再構築胚が作られ，わが国だけでも1999年の半ばまでに30頭以上の体細胞起源のウシ成体が生存している．1999年には，ヤギの体細胞クローン個体作出の成功も報じられた.

　ヒツジおよびマウスのいずれの場合も，体細胞核移植で得られた個体は正常で，生殖能力もあることが確認されているが，ヒツジについては染色体のテロメアが短くなっていることが見出されており，その生物学的意味については今後の解析をまたねばならない.

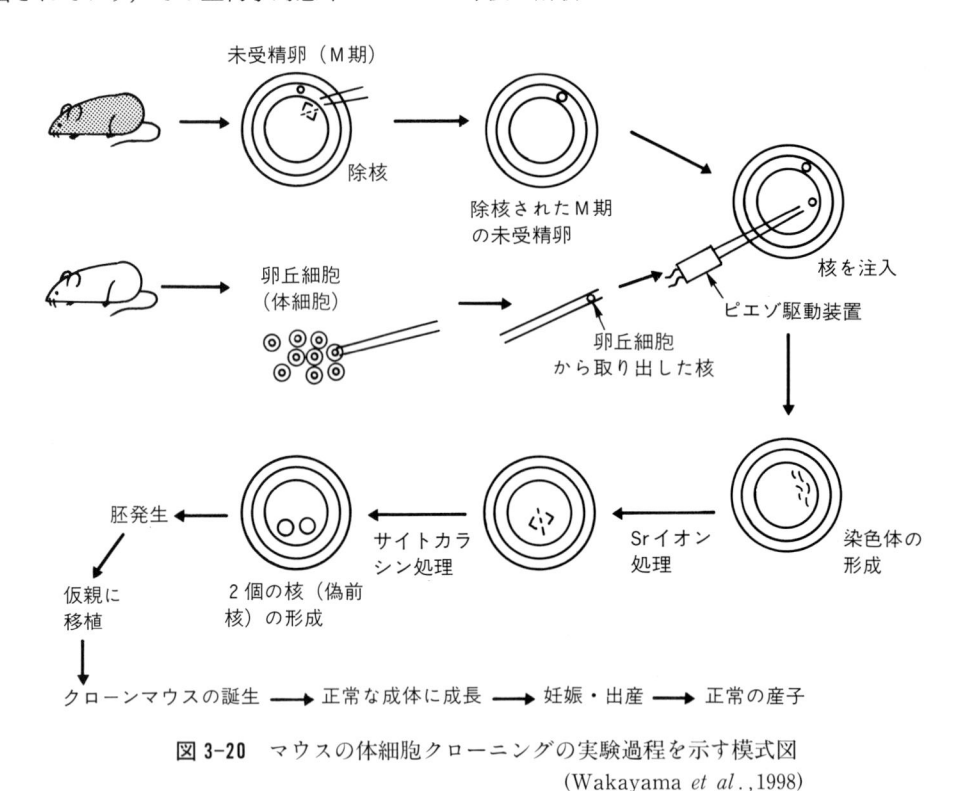

図3-20 マウスの体細胞クローニングの実験過程を示す模式図
(Wakayama *et al*., 1998)

（5）単 為 発 生 胚

　ヒトを含む哺乳類の単為発生胚 (parthenote，または parthenogenone) が出生し，完全な個体となったという記録はかなりの数，特に古い文献中に見出されるが，いずれも信憑性に欠ける．最も新しいものでは，単為発生による遺伝的に完全ホモ接合型マウスの作出に成功したというホピーとイルメンゼー（1977）による報告が生物学者達を驚かせた．すべての遺伝子をホモ接合型にもつ動物は，遺伝子の機能解析や育種の上できわめて有用なことが期待されるので，その作出成功は基礎遺伝学のみならず，実験動物学や畜産学分野で重要な意味をもつのである．しかし，彼らの報告は，その後きわめて多数の研究室で追試されたが成功せず，結局マウスでは雌核単為発生胚は妊娠10日までに致死となり，それ以後の発生は不可能であることが証明さ

れた．雌核単為発生胚が致死になる主要な原因の1つは，胎盤形成が正常に進まないことにあることが示されている．彼らが，なぜ雌核単為発生胚作出成功の報告をしたのか，未だにその理由は不明である．

　雌核単為発生胚が原理的に発生不可能であることが分子レベルで解明されるようになったのは比較的最近のことであり，ゲノムのインプリンティング（遺伝子刷り込み）と呼ばれる，DNAの特異的なメチレーションパターンの雌雄差に起因するらしいことが示されている．雌雄ゲノムのインプリンティングによる機能差が配偶子形成過程で確立することは，核移植技術を用いた実験で証明された．河野らのグループ（1996）は，成熟した雌個体に由来する卵細胞と新生子に由来する卵細胞のそれぞれの核を一緒にして2倍体雌核発生胚を作出すると，この胚は通常の雌核単為発生胚の発生限度である妊娠10日を超えて，妊娠14日まで発生を継続し得ることを見出した．この延長された4日間の間に，胚の器官形成はほぼ完成しているのである．この事実は，新生子の卵細胞由来のゲノムは，精子ゲノムと類似したゲノムのインプリンティングのパターンをもっていることを示唆している．ゲノムのインプリンティング機構によって制御される初期胚の遺伝子は，卵細胞核に由来した場合のみ発現する雌性発現遺伝子と，精子核に由来した場合のみ発現する雄性発現遺伝子とに分類され，雌核単為発生胚では雄性発現遺伝子の発現は起こらず，雌性発現遺伝子発現が過剰になっている．しかし，上述の2倍体雌核発生胚では，多くの雄性発現遺伝子が活性化され，さらに本来発現すべき雌性発現遺伝子が不活性化されていることが明らかにされた．まだ，雌核のみで完全な個体を得るには至っていないが，今後，インプリンティングの機構が解明されれば，生物学者の長年の懸案である哺乳類の単為発生個体の作出が可能になるかもしれない．

　ダーウィンの進化論，メンデルの遺伝学，ワイスマン（A. Weismann）の生殖質説などで明けた20世紀は，体細胞クローン動物作出で終わろうとしている．20世紀の生命科学の最も顕著な功績の1つが，DNAの構造と遺伝子機能の解明であることに異論はないであろうが，いわゆる発生工学を可能にした哺乳類の初期胚に関する実験発生学の進歩も，今世紀を特徴づける生命科学研究の大きな流れであろう．

　様々なゲノム計画の進行に伴って，発生工学の展開も多様かついっそう挑戦的なものになることが予想される．21世紀の終わりの動物遺伝学の内容はどのようになっているであろうか．

5．遺伝子導入動物（トランスジェニック動物）

　哺乳動物のゲノムには，機能している遺伝子が約10万個存在していると推定されているが，現在，ヒトやマウスの遺伝子が急速な勢いでクローニング（単離）されている．DNA組換え技術の利用により，異なった遺伝子DNAの様々な領域を組換えて，新しい構造の再構築遺伝子を作り出すことが可能になった．さらに，それらの遺伝子を大腸菌や培養細胞だけでなく動物個体に導入し，導入遺伝子を個体レベルで機能させる技術も開発された．このような遺伝子導入

技術によって作出されたトランスジェニック動物（ほとんどがマウス）の利用により，遺伝子の構造と機能との関連，特にそれまで培養細胞に遺伝子を導入する手段では解析が困難であった遺伝子の組織特異的発現や個体発生に伴う時期特異的発現を調節しているDNA領域の解析が著しく進展した．今日，トランスジェニック動物は，哺乳類生物学ならびに医学領域における発生・分化，免疫，癌，遺伝病，老化などの課題を遺伝子レベルで解明するための重要なモデルとして広く利用されている．一方，遺伝子導入技術を家畜に応用すれば，家畜の遺伝的改良の新たな手段となり，また，家畜の生産物（乳，肉，卵，毛）組成の遺伝的改変，さらにはヒトの微量生理活性物質などを家畜を宿主として大量に生産させたり，ヒトの移植用臓器として利用するなどの医療用家畜の開発も試みられている（図3-21）．本章では，主としてマウスおよび家畜を対象としたトランスジェニック動物の作出法，トランスジェニック動物の特性，導入遺伝子の発現ならびにそれらの利用について概説する．

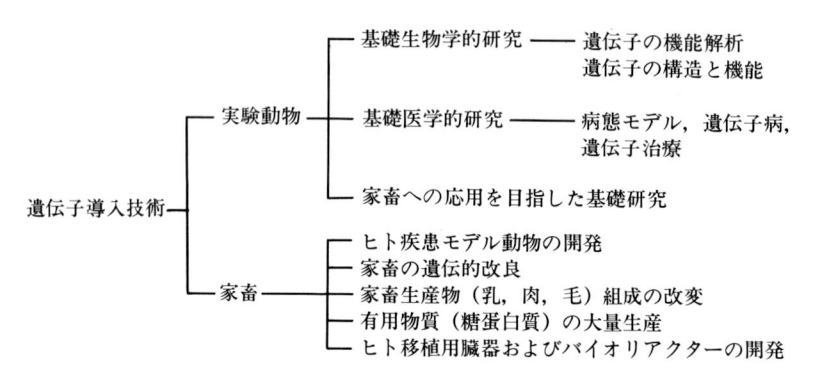

図3-21 遺伝子導入技術の利用

（1）外来遺伝子の導入法

外来遺伝子を個体に導入する手段として，以下の方法が用いられている（図3-22）．

1）DNA顕微注入法

ゴードン（J.W.Gordon）ら（1980）が開発した遺伝子DNAを受精卵の前核内に直接顕微注入する方法（図3-23）であり，これまで報告されているほとんどのトランスジェニックマウスやトランスジェニック家畜は，この方法により作出されている．前核に注入されたDNAがどのような機構によって宿主DNA内に組み込まれるのかはわかっていない．受精後，雌雄前核が形成され，両前核での複製が始まる前の細糸期の状態にあるDNAの配列に，通常，任意に一個所程度の切断・再結合が起こるらしく，注入操作によりその頻度がさらに促進され，DNAの再結合の機会に，外来DNAが挿入されると推測されている．通常，1〜数十コピーのDNAが連結された状態で1ないし数カ所に挿入される．なお，DNA顕微注入法では，外来DNAが効率良く宿主DNAに組み込まれる種々の条件が示されている．

III. 発生の遺伝子機構

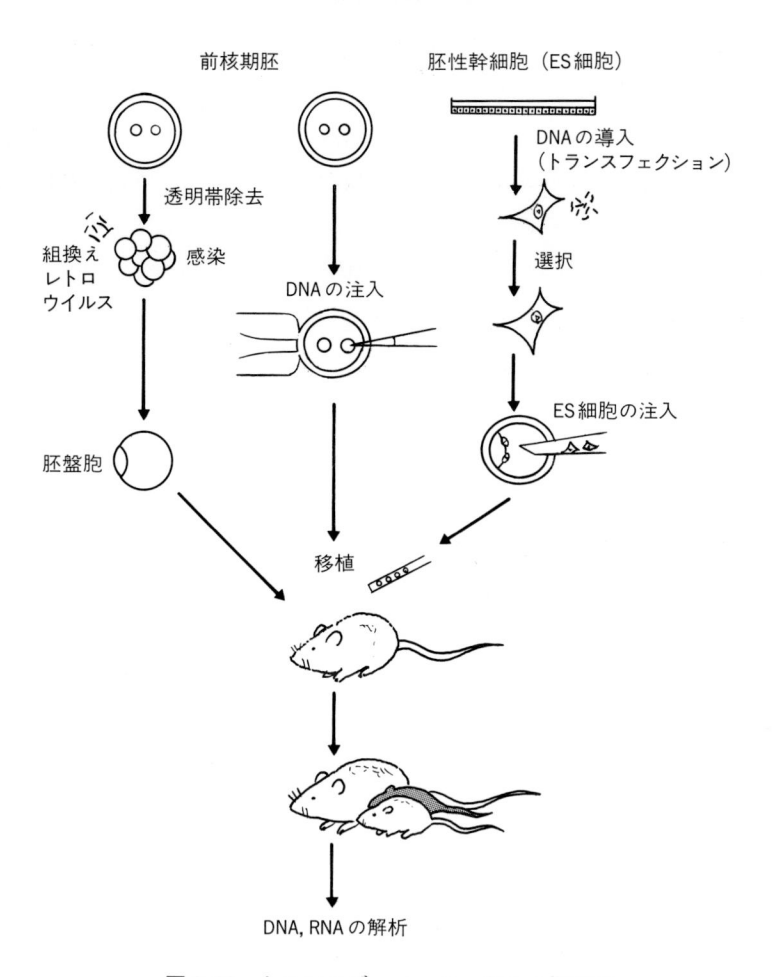

図 3-22 トランスジェニックマウスの作成法

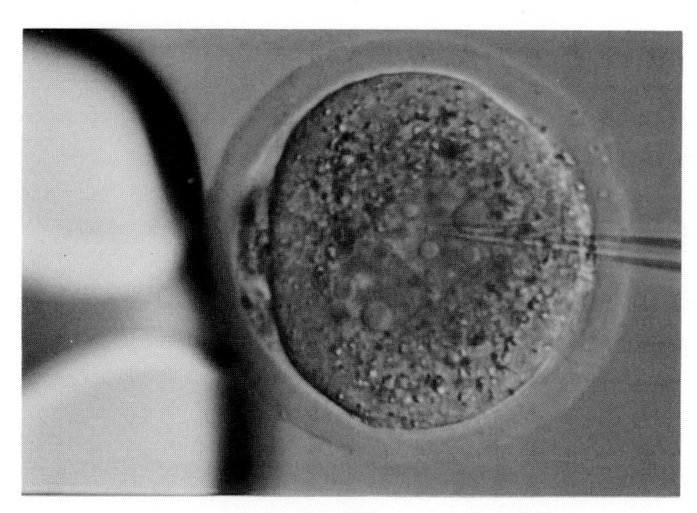

図 3-23 マウス受精前核への DNA の注入
受精卵の直径は約 80 μm.

最近，トランスジェニック動物において導入遺伝子を組織特異的ならびに時期特異的に十分発現させるには，長大な3'側および5'側非転写領域が必要であることが明らかにされつつあり，酵母人工染色体（yeast artificial chromosome；YAC）や細菌人工染色体（bacteria artificial chromosome；BAC）ベクターに組み込まれた数百kbものゲノムDNAが顕微注入法により導入されている．

ところで，家畜の前核期胚はマウス胚に比べ細胞質内に脂肪滴が多く，前核を鮮明に観察できない．そのため，胚を15,000 rpm，3分間遠心し，脂肪滴を胚の一方に寄せて前核が見える状態にし，顕微注入する方法が用いられている．その他にも，家畜への遺伝子導入には技術的な問題が多く，そのためトランスジェニック家畜の作出効率はトランスジェニックマウスに比べ著しく低いことが大きな障壁になっている．

2）胚性幹細胞を利用する方法

カペッキ（M.R.Cappechi, 1989）が開発した胚性幹細胞（embryonic stem cell；ES細胞）への遺伝子導入技術（p.103参照）と，細胞注入あるいは細胞融合法によるキメラ動物の作製技術とを組み合わせた方法である．この方法は，通常の遺伝子を導入する手段としてよりも，むしろ前述した巨大DNAの導入やDNA相同組換え現象を利用した遺伝子欠損マウスを作製する方法（gene targeting）として利用されている．なお，この方法を利用するためには，同種のES細胞が樹立されていることが必須であるが，マウス以外の動物では，キメラ形成能は有するものの，キメラ個体内で生殖細胞へ分化する真のES細胞は樹立されていない．DNA顕微注入法では困難な巨大DNAの導入に，リポフェクチンなどで処理したDNAをES細胞にトランスフェクションしたり，YACスフェロプラストを細胞融合によりES細胞に導入し，キメラマウスを作出する方法が用いられている．この方法によれば，600 kb以上の巨大DNAの導入が可能である．

3）レトロウイルスを利用する方法

イエニッシュ（R.Jaenisch, 1978）が考案した，レトロウイルスのプロウイルスに目的の遺伝子を組み込み，ウイルスの細胞への感染力を利用した方法である．この方法は，ウイルスの胚への感染が分裂中の胚でないと成立しにくいために，得られるトランスジェニック動物が必然的に遺伝子モザイクとなり，外来遺伝子の生殖系細胞への導入が成立しないなどの欠点がある．また，ウイルスに組み込める遺伝子の大きさ（約11 kb）に限界があること，さらにはウイルスのプロモーターも宿主染色体に組み込まれるので，導入遺伝子の発現や結果の解析が複雑になるなど，難点が多い．

4）その他の方法

マウスの卵管膨大部から採取した精子を体外で成熟させ，遺伝子DNAを含む培養液で培養

し体外受精させたり，精巣内に直接DNAを注入するなどの方法により，精子や精子形成細胞を外来遺伝子の運搬体として利用する方法が試みられている．しかし，種々の問題があり一般的な方法としては用いられていない．

(2) トランスジェニック動物の一般的特徴

　DNA顕微注入法で作出されたトランスジェニック動物は，一般的に次のような特徴をもつ．外来DNAが前核期の段階で宿主DNAに組み込まれるので，個体を構成するすべての細胞がヘテロ接合体で外来遺伝子を保有する．したがって，次世代からは外来遺伝子は宿主遺伝子と同様に，生殖細胞を介してメンデルの遺伝様式に従って子孫に伝達される．しかし，DNA顕微注入の時期が遅れるなどの原因で前核でのDNA複製後に外来DNAが組み込まれた場合には，外来DNAを保有する細胞と保有しない細胞とから構成されるモザイク個体が得られ，保有した細胞が生殖細胞に分化しなかった場合には，外来遺伝子は次世代に伝達されない．また，導入遺伝子の発現によって，個体の生理状態に変化が観察されることがある（図3-24）．さらに，導入された遺伝子の種類や構造に従って，組織特異的に発現したり，発生時期特異的に発現する．しかし，組み込まれた染色体の部位によっては発現されないことがあり，発現してもその程度に変異があり，また，概して遺伝子の挿入コピー数と発現量との間には相関がみられない．その他には，遺伝子が染色体上の任意の部位に挿入されるため，その部位によっては宿主遺伝子の機能に影響し，得られたトランスジェニック動物をホモ化した場合に発生異常や形態異常

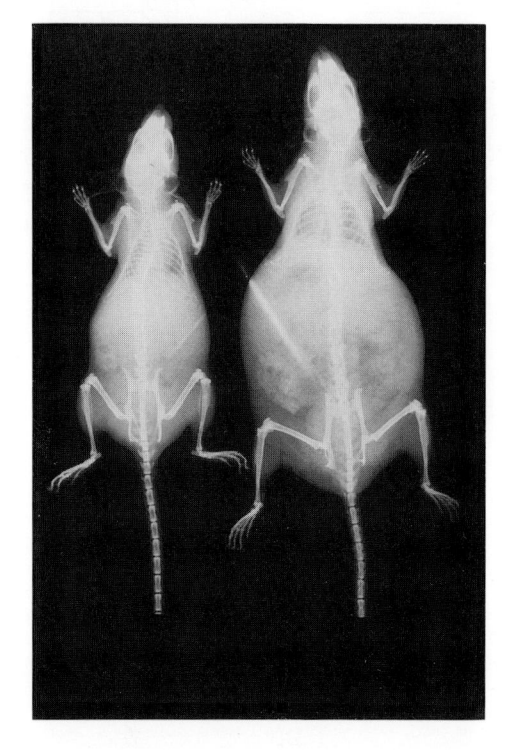

図3-24　ヒト成長ホルモン遺伝子を発現するトランスジェニックマウス（5カ月齢）のX線写真
（東篠ら）

右がトランスジェニック雌マウス(体重58g)，左が同腹の正常雌マウス(体重34g)．導入遺伝子はマウス乳清酸性タンパク質プロモーター／ヒト成長ホルモン(wap/hGH)融合遺伝子であったが，血液中にも高濃度のhGHが検出され，雌は不妊であった．骨格には異常はみられない．

などの表現形質に異常が生じることがあり，挿入突然変異（insertional mutation）と呼ばれている．この挿入突然変異を利用して新規の遺伝子を同定する遺伝子トラップ法も開発されている．これまでに，挿入突然変異トランスジェニックマウスから，コラーゲン遺伝子や老化に関連する遺伝子などが同定・単離されている．

（3）導入遺伝子の構造と発現

1）導入遺伝子の構築

いろいろな融合遺伝子が導入された多数のトランスジェニックマウスの解析から，遺伝子の組織特異的発現を制御している必須のDNA領域は，通常，CATボックスやTATAボックスなどのプロモーター領域を含む5'側領域であることが明らかにされている（図3-25）．したがって，導入遺伝子の構造が，タンパク質をコードする構造遺伝子とある程度の長さの5'側および3'側非転写領域を保有するゲノムDNAであれば，ほぼ組織特異的に発現することが確認されている（表3-2）．したがって，ある特定遺伝子の5'側領域を他の遺伝子の構造遺伝子に連結して導入すると，構造遺伝子の種類に関係なく，おおむね5'側領域のシスの制御を受けて，プロ

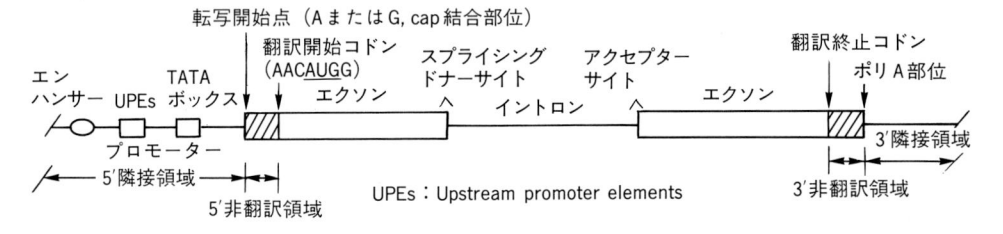

図3-25 哺乳類遺伝子の一般構造
ごく基本的な構造を示している．

表3-2 各種融合遺伝子のトランスジェニックマウスでの発現

導入遺伝子*	主な発現組織	研究者（年）
マウスアルブミン／ラット成長ホルモン	〃	Palmiter ら (1982)
マウスメタロチオネイン／ヒト成長ホルモン	肝臓	Palmiter ら (1983)
マウスメタロチオネイン／ヒト成長ホルモン放出因子	〃	Hanahan (1985)
ラットエステラーゼ／ヒト成長ホルモン	膵臓	Orinitz ら (1985)
ネズミ αA-クリスタリン／細菌CAT	〃	Overbeak ら (1987)
マウス乳清酸性タンパク質／ヒトTPA	乳腺	Gordon ら (1987)
ネズミ αA-クリスタリン／細菌 β-ガラクトシダーゼ	水晶体	Brietman ら (1989)
マウス乳清酸性タンパク質／活性 c-Ha-ras**	乳腺（乳腺腫瘍）	Bailleul ら (1990)
マウス乳清酸性タンパク質／ヒト成長ホルモン	乳腺	Tojo ら (1993)

＊：プロモーター／構造遺伝子
＊＊：癌遺伝子
CAT：クロラムフェニコールアセチルトランスフェラーゼ
TPA：組織プラスミノーゲン活性化因子

モーターに特異的な組織で発現することが判明している．

ところで，トランスジェニック動物では動物培養細胞へ遺伝子を導入した場合と異なり，cDNAを導入した場合には高い発現が得られないことが多い．そのため，導入遺伝子内にスプライシング配列を組み込む必要がある．また，ウイルスのプロモーターを使用すると高い発現が得られないことがあり，これは，宿主染色体に組み込まれたウイルスプロモーターのDNA配列中のシトシン残基が個体発生の過程でメチル化されやすいためと考えられている．また，トランスジェニックマウスにおける導入遺伝子は，目的の遺伝子をクローニング用ベクター-DNA領域から切り出して導入しなければ，ほとんど高い発現が得られない．動物個体で導入遺伝子を全身性に発現させるのに有効なプロモーターとして，β-アクチン，メタロチオネイン-I (phosphoenolpyruvate carboxykinase, PEPCK)，ヒストンH4遺伝子などのプロモーターが利用されている．また，トランスジェニックマウスやその由来細胞に対して薬剤などの投与や加温処理などを行うと，導入遺伝子の発現を誘導できるようなプロモーターも利用されている．例えば，ZnやCdの投与により導入遺伝子の発現が誘導されるメタロチオネイン遺伝子のプロモーターや加温処理により誘導される熱ショックタンパク質68 (heat shock protein 68, Hsp 68) 遺伝子のプロモーターが利用されている．また，遺伝子間の転写単位を区分する機能をもつ領域として同定されたMARs (matrix-attachment regions) を連結した遺伝子が，染色体の挿入部位に関係なく内在遺伝子と同程度の発現を示したことが認められている．

さらに，YACベクターにクローニングされた巨大なゲノム遺伝子をDNA顕微注入法やES細胞へのトランスフェクションを利用して導入したトランスジェニックマウスでは，導入遺伝子の染色体に組み込まれた部位に関係なく，安定して組織特異的に高い発現が得られている．これらの事実は，時期特異および組織特異的発現を示す遺伝子の機能単位が，これまでに考えられた以上に広範にわたることを示している．今後，動物遺伝子の制御領域の解明や家畜を宿主とする有用物質の大量生産に，YACベクターを利用した遺伝子の導入が期待される．

2) 導入遺伝子の発現

a．組織特異的発現

これまでに，肺臓，肝臓，小腸，脳，脳下垂体，筋肉，精巣，皮膚，乳腺，赤血球，リンパ組織，水晶体，神経系などで組織特異的に発現する遺伝子が同定されており，それらの遺伝子のプロモーターが目的の遺伝子を組織特異的に発現させるために利用されている．一方，遺伝子の発現量を制御しているエンハンサーについては，プロモーターと異なりその存在に特定場所はなく，例えばアルブミン遺伝子では構造遺伝子の10 kb上流に存在する．また，ヒトグロビン遺伝子では，5'側や3'側の非翻訳領域，さらに第3エキソン内にそれぞれ存在することが確認されている．また，赤血球に存在し，酸素の運搬に重要な役割を担っているヒトグロビンタンパク質をコードするβ鎖遺伝子群（ε, A_γ, G_γ, β遺伝子）に関しては，トランスジェニックマウスで組織特異的に十分に発現させるためには，各々のβ鎖遺伝子のプロモーター領域だけ

では不十分であり，5'側 ε 遺伝子の 21 kb 上流に 6.2 kb の領域にわたり存在する位置制御領域（LCR）の連結が必要である．この LCR には 5 カ所の DNase I 高感受性部位が同定されている．一方，トランスジェニックマウスを利用した遺伝子の機能に関する解析が進むにつれ，それまで高い組織特異的発現を示すと考えられていた遺伝子が，他の組織でも発現している例が観察され，それらの生理学的意義についての研究が行われている．

b．時期特異的発現

遺伝子の個体発生に伴う時期特異的発現を制御している領域の解析は，組織特異的発現に関与する領域に比べ著しく遅れている．そのうちヒトグロビン鎖遺伝子群の時期特異的発現を制御している領域の解析が，トランスジェニックマウスを用いた実験系により精力的に進められている．

前述した LCR がヒト β 鎖グロビン遺伝子群全体の時期特異的発現を制御している領域として同定されている．また，YAC ベクターに組み込んだ巨大 DNA を導入したトランスジェニックマウスの解析から，時期特異的発現を制御している領域が，予想外にコード領域からはるか遠位に存在することがわかってきた．その他にも，マウスメタロチオネイン-I（MT-I）や α-胎児性タンパク質（α-feto protein）遺伝子の発現が妊娠後期に特異的に発現し，また，マウスアルブミン遺伝子の発現が妊娠 18～20 日に上昇することが確認されている．さらに，泌乳期に乳腺で発現が著しく上昇するカゼインや乳清酸性タンパク質（WAP）遺伝子に関して，時期特異的発現をシスに制御している領域がほぼ明らかにされている．

（4）トランスジェニック動物の利用

基礎生物学領域では，トランスジェニックマウスは新規に単離された哺乳類遺伝子の機能（最終的には遺伝子産物の機能）の解析，遺伝子発現を調節・制御している領域（プロモーターやエンハンサーなどの非転写領域）の解析，さらには遺伝子導入により宿主を形質転換させたり，目的のタンパクを宿主で大量に生産させてその効果を解析する研究材料として利用されている．例えば，標的遺伝子を導入し，その遺伝子を過剰に発現するトランスジェニックマウスあるいは遺伝子ターゲティングにより標的遺伝子の機能を欠損させたトランスジェニックマウスを作出し，それらにおける生理的および組織学的な変化を正常なものと比較することにより，標的遺伝子の機能を探ろうとするものである．また，既知の遺伝子欠損突然変異マウスに標的の正常遺伝子を導入し，遺伝子導入の効果を解析することにより，その機能を確認することも行われている．さらには，遺伝子の組織特異的な発現や時期特異的な発現を制御している領域を探る研究に，遺伝子の発現を制御しているいろいろな領域を連結した融合遺伝子を導入したトランスジェニックマウスが利用されている．一方，基礎医学領域では，ヒトの病因遺伝子を導入したトランスジェニックマウスや遺伝子ターゲティングによる遺伝子欠損マウス（ノックアウトマウス）は，ヒトの優性遺伝病や劣性遺伝病の発症機構を遺伝子レベルで解明するためのモデルや，それらの予防ならびに治療法の研究に利用されている．また，ウイルス病の原因遺

伝子や癌遺伝子を導入したトランスジェニックマウスは，それらの疾患の病態モデルとして利用されている．さらに，トランスジェニックマウスは有用なトランスジェニック家畜を開発するための基礎研究用のパイロット動物としても有用である．

1) モデル動物

a．遺伝疾患モデル

突然変異遺伝子の産物が発病の原因となるようなヒト優性遺伝病には，家族性アミロイドポリニュロパチー(FAP)，家族性アルツハイマー病(FAD)，さらには第21番染色体のトリソミー(三染色体性)によってもたらさせるダウン症などが知られている．それらに共通した病理学的所見としては，臓器や脳，末梢神経などの細胞外に不溶性アミロイドタンパク質が沈着し，著しい知能や神経障害を呈するのが観察される．近年，これらの疾患に関与すると考えられる遺伝子の解析が進み，関連遺伝子がマウスに導入されたが，導入遺伝子の発現が認められているものの，脳組織にアミロイドの沈着を示すトランスジェニックマウスの作出が困難である．そのため，導入遺伝子の構造や病因遺伝子と疾患との因果関係を再検討する動きがある．

一方，遺伝子ターゲティングを利用すれば，遺伝子の機能の欠損が原因となっている劣性遺伝疾患のモデルマウスを作出することができる(p.103参照)．これは，ES細胞におけるDNA相同組換え(homologous recombination)と細胞注入法によるキメラマウスの作成技術とを組み合わせた方法である．例えば，X染色体に存在する *HGPRT*(ヒポンキサンチングアニンホスホリボシル転移酵素)遺伝子を遺伝的に欠損した男子あるいは女子の一部は，高度の尿酸産生過多を生じ，脳麻痺や自咬症などを特徴とするレッシュ・ナイハン(Lesch-Nyhan)症候群を発症する．この遺伝病に関する予防法や治療法は現在まったく確立されていないが，そのモデルとして，遺伝子ターゲティングにより *HGPRT* 遺伝子を欠失したトランスジェニックマ

表 3-3 遺伝性疾患(ミュータント)マウスに正常遺伝子を導入したトランスジェニックマウス

疾患マウス (遺伝子型)	導入遺伝子*	効 果	研究者(年)
矮小症 (lit/lit)	マウスメタロチオネイン／ラット成長ホルモン	矮小症の回避 巨人症の出現	Hammer ら(1984)
性腺不全 (hyg/hyg)	マウス性腺刺激ホルモン放出因子	各種性腺ホルモン濃度の正常化，不妊の回避	Manson ら(1986)
貧血症 (Hbb^{th-1}/Hbb^{th-1})	マウス β-グロビン	貧血の回避	Costantini ら(1986)
I型糖尿病 (NOD)**	マウスMHCクラスII($E^d\alpha$)	自己免疫性ラ氏島炎の発生の回避	Miyazaki ら(1987)
震せん (shi/shi)	マウス塩基性ミエリンタンパク質	震せん発現の回避	Readhead ら(1987)

*：プロモーター／構造遺伝子またはゲノム遺伝子
**：Non-obese diabetes(非肥満型糖尿病)

ウスが作出されている．しかし，ヒトの場合と大きく異なり，*HGPRT* ノックアウトマウスでは，生後 22～23 カ月齢（マウスの寿命は 1～2 年）という高齢に達しないと類似の症状を示さないことが観察されている．ヒトでも，*HGPRT* 遺伝子の欠損があっても必ずしも発症しない例もあり，今後，トランスジェニックマウスを利用した研究により，レッシュ・ナイハン症候群の発症機構を遺伝子レベルで解明されることが期待されている．

その他には，白色人種に多く出現し，慢性閉塞性肺疾患や膵酵素分泌不全などを発症する嚢胞性繊維症の病因遺伝子と考えられている細胞膜電位調節因子遺伝子や高脂タンパク血症に関連したアポリポタンパク E 遺伝子などの病因遺伝子をノックアウトしたマウスが作出されている．今後，遺伝子欠損によって引き起こされる遺伝病に関連した遺伝子が逐次同定されてくれば，遺伝子ターゲティングによる遺伝子ノックアウトマウスが，それらの病態の解明ならびに予防や治療法の開発にも有用なモデルとして利用できる．なお，遺伝性疾患（ミュータント）マウスに正常遺伝子を導入したトランスジェニックマウスの解析から，外来遺伝子の導入により遺伝性の疾患を回避できることが明らかになり，今日のヒト遺伝子治療の開発の基盤となった（表 3-3）．

b．発癌モデル

これまでに，多数の癌遺伝子（オンコジーン，oncogene）が単離されているが，それらの多くは正常細胞の増殖・分化に関与する遺伝子，すなわち癌原遺伝子（プロトオンコジーン，proto-oncogene）の突然変異によるものであることが明らかになってきている．一方，ある遺伝子が機能しなくなることによって癌が誘発される事実が明らかになり，発癌に対して抑制的に機能する癌抑制遺伝子（anti-oncogene，tumor suppressor gene）が同定・単離されている．多くの癌関連遺伝子が導入されたトランスジェニックマウスの研究から，癌遺伝子の多くは，単一遺伝子の導入だけではトランスジェニックマウスにおいて必ずしも癌が誘発されないことが明らかになった．また，癌遺伝子が導入された初代トランスジェニックマウスでは癌が発生しな

表 3-4　各種癌遺伝子を導入したトランスジェニックマウス

導入遺伝子 （エンハンサー，プロモーター／癌遺伝子）*	発生した腫瘍	研究者（年）
ネズミ乳腺腫瘍ウイルス／*c-myc*	乳腺癌	Stewart ら（1984）
マウスメタロチオネイン I／SV 40** 初期領域	肝癌，膵癌	Messing ら（1985）
マウスインスリン／SV 40 初期領域	膵臓 β 細胞腫	Hanahan（1985）
マウス免疫グロブリン（μ, κ）／*c-myc*	B 細胞腫	Adams ら（1985）
マウスエラスターゼ I／*c-Ha-ras*	膵臓腺房細胞腫	Oriniz ら（1985）
マウス αA-クリスタリン／SV 40 初期領域	水晶体腫瘍	Mahon ら（1987）
マウス心房 Na 排出因子／SV 40 初期領域	右心房の過形成	Field（1988）
マウス乳清酸性タンパク／活性化 *c-Ha-ras*	乳腺癌	Bailleul ら（1990）

*：構造遺伝子
**：Simian virus 40

いにも関わらず，次世代で発癌する場合もある．また，癌遺伝子の導入に加えて二次的な刺激が加わって初めて癌が発生する例も報告されている．例えば，ras遺伝子にケラチン遺伝子のプロモーター領域を連結した融合遺伝子が導入されたトランスジェニックマウスでは，マウスがケージに体を擦りつけるなどの刺激が皮膚に加わると乳頭腫が誘発される．現在，発癌は複数の内在遺伝子の突然変異が蓄積して起こると考えられている．ところで，癌遺伝子の種類によっては，プロモーター領域を組織特異的に発現する遺伝子のプロモーターに置き換えて導入すれば，特定の組織で癌を高率に誘発させることができる（表3-4）．このようなトランスジェニックマウス（オンコマウス，oncomouse）は，通常の動物に比べ発癌物質に対する感受性が高い．オンコマウスは，現在の発癌試験で供試動物に投与される被験物質の量がヒトが日常暴露される量をはるかに上回るという欠点を軽減するのに役立つ．

c．ウイルス性疾患モデル

ヒトの重大なウイルス性疾患であるB型およびC型肝炎や後天性免疫不全症（AIDS）などの病因ウイルスは，ヒト以外では一部の霊長類（チンパンジー，ゴリラ，ヒヒ）にしか感染が成立しないため，動物実験による研究がきわめて困難である．このようなウイルス感染の種特異性は，ウイルスに対する宿主側の細胞表面に存在するレセプターによって決定されている．ところが，ウイルス遺伝子をマウスに導入すれば，本来ヒトや一部の霊長類にしか感染しないウイルス性疾患の研究に取扱いの容易なマウスを用いることができる（表3-5）．しかし，ウイルスゲノムを導入しただけでは，ヒトと同じ症状を再現することが困難であることがわかった．その後，各種ウイルスのレセプター遺伝子が単離されたことから，ウイルスのレセプター遺伝子をマウスに導入し，霊長類にしか感染が成立しないウイルスをマウスに自然感染させることができるようになった．脳性小児麻痺の原因ウイルスであるポリオウイルスのレセプター遺伝子が導入されたトランスジェニックマウスが作出されているが，脳性小児麻痺の発症機構を解明するためのモデルだけでなく，カニクイザルに代わる経口生ワクチンの検定用動物としての利

表3-5 各種ウイルス遺伝子を導入したトランスジェニックマウス

導入遺伝子	症　状	研究者(年)
マウスメタロチオネインⅠ／SV 40-T[a]	脳(脈絡叢)腫瘍，胸腺過形成	Palmiterら(1985)
ヒトインスリン／SV 40-T[a]	膵臓β細胞の腫瘍	Hanahan(1985)
ウシパピローマウイルス[b]	皮膚繊維細胞腫	Lacyら(1986)
マウス乳癌ウイルスLTR／v-Ha-ras[a]	乳癌，唾液腺癌，ハーダー腺癌	Sinnら(1987)
ヒトエイズウイルス[b]	脾臓発育不良，膵臓肥大，皮膚肥厚	Leonardら(1988)
ヒトエイズウイルスLTR／tat-3[a]	カポシ肉腫様腫瘍	Vogelら(1988)
マウスエラスターゼ／SV 40-T[a]	膵臓腺房細胞の腫瘍	Orinitzら(1985)
B型肝炎ウイルス[b]	ウイルスの複製，肝，心，腎臓で発現，一部のマウスで肝炎発生	Arakiら(1989)

a：エンハンサー，プロモーター／構造遺伝子
b：ウイルスゲノム遺伝子
SV 40-T：SV 40-large T

用にも大きな期待が寄せられている．また，後天性免疫不全症（AIDS）の病因ウイルスであるHIVのレセプター遺伝子を導入したトランスジェニックマウスも作出されている．今後，各種ウイルスのレセプター遺伝子の単離が進めば，それらを導入したトランスジェニックマウスの利用により，より安全でしかも容易にウイルスの感染実験が可能になるであろう．

d．その他のモデル

糖尿病との関与が推察されているMHCクラスI関連遺伝子，高血圧症に関連したレニンやアンギオテンシノーゲン遺伝子などを導入したトランスジェニックマウスが作出されている．今後，各種成人病に関連する遺伝子が特定され，遺伝子が単離されてくれば，トランスジェニックマウスの利用により，それらの発症機構を遺伝子レベルで解明する研究の進展が期待される．

(5) トランスジェニック家畜の利用

遺伝子導入技術を家畜に応用すれば，家畜の成長性，繁殖性，飼料効率，抗病性などの経済形質の遺伝的向上，家畜生産物（乳，肉，卵，毛など）の成分組成を遺伝的に改変し，これまでよりも加工や利用しやすい生産物を生産する家畜を作り出す手段として利用できることが期待される．また，大腸菌や培養細胞などの体外培養系では大量生産することが困難なヒトの生理活性物質を，家畜を宿主として大量に生産させることができる．さらには，ヒト移植用の臓器に利用するためのトランスジェニックブタの開発も試みられている．

1985年頃から各種の融合遺伝子が家畜に導入された（表3-6）．例えば，家畜の成長促進を期待して，成長ホルモン（GH），成長ホルモン放出因子（GRF），インスリン様成長因子-I（IGF-I）などの成長関連遺伝子の構造遺伝子がメタロチオネイン（MT-I）遺伝子のプロモーターに連結して家畜に導入された．GHを導入したトランスジェニックブタやトランスジェニックヒツジでは，外来遺伝子の高い発現が得られ，脂肪蓄積の減少や脂肪分解の向上が確認されている．しかし，これらのトランスジェニック家畜では，成長促進効果はほとんどみられず，かえって，胃潰瘍，心嚢炎などの症状を伴う虚弱な体質を示し，不妊でしかも短命であった．さらに，MT-I/GRFやMT-I/IGF-I融合遺伝子を導入したトランスジェニックブタやヒツジでも成長促進効果は得られず，遺伝子の導入により家畜の経済形質を改良することの難しさが明らかになった．

一方，トランスジェニック技術を応用して医療用動物を作出し利用することが考えられている．現在，タンパク質をコードする遺伝子DNAを大腸菌に導入し，$in\ vitro$系で大量生産させるシステムが利用されているが，生理活性物質の多くは糖鎖構造や高次構造を有していることから，大腸菌では生産された外来タンパクの翻訳後修飾が正常に起こらないために，十分に活性をもつ物質を大腸菌で生産させることはできない．また，動物培養細胞に遺伝子を導入し細胞培養系を利用した生産は，細胞当たりの導入遺伝子の発現量が低いことや細胞培養に多くの経費を要するなどの種々の問題があり，現在のところ実用化に至っていない．このような課題を解決する手段として考えられたのは，乳腺で特異的に発現しているカゼインやβ-ラクトグロ

表 3-6　各種遺伝子を導入して作出されたトランスジェニック家畜

導入遺伝子の種類(プロモーター／構造遺伝子)	家畜の種類	研究者(年)
成長関連遺伝子		
マウスアルブミン／ヒト GRF	ブタ	Pursel ら(1989)
サイトメガロウイルス(LTR)／ブタ成長ホルモン	ブタ	Ebert ら(1990)
マウス乳腺腫瘍ウイルス(LTR)／ウシ成長ホルモン	ウシ	Roshlau ら(1989)
マウスメタロチオネイン／ヒト成長ホルモン	ブタ	Brem ら(1985)
マウスメタロチオネイン／ヒト成長ホルモン	ブタ,ウサギ,ヒツジ	Hammer ら(1985)
マウスメタロチオネイン／ウシ成長ホルモン	ブタ	Pursel ら(1987)
ヒツジメタロチオネイン／ヒツジ成長ホルモン	ヒツジ	Rexroad ら(1989)
ヒトメタロチオネイン／ブタ成長ホルモン	ヒツジ	Murray ら(1989)
マウスメタロチオネイン／ヒト GRF	ブタ	Vize ら(1988)
マウスメタロチオネイン／ヒト GRF	ブタ	Brem ら(1985)
マウスメタロチオネイン／ヒト GRF	ヒツジ	Rexroad ら(1989)
マウスメタロチオネイン／ヒト IGF-I	ブタ	Pursel ら(1989)
モロニ白血病ウイルス(LTR)／ラット成長ホルモン	ブタ	Ebert ら(1988)
モロニ白血病ウイルス(LTR)／ブタ成長ホルモン	ブタ	Ebert ら(1990)
マウス肉腫ウイルス(LTR)／ニワトリ Ski	ブタ	Pursel ら(1992)
ラット PEPCK／ウシ成長ホルモン	ブタ	Wieghrt ら(1990)
ウシプロラクチン／ウシ成長ホルモン	ブタ	Polge ら(1989)
ニワトリ骨格筋アクチン／ヒトエストロゲン受容体	ウシ	Massey ら(1990)
ニワトリ骨格筋アクチン／ヒト IGF-I	ウシ	Hill ら(1992)
マウストランスフェリン／ウシ成長ホルモン	ウシ	Bondioli と Hammer(1992)
マウストランスフェリン／ウシ成長ホルモン	ブタ	Pursel ら(1992)
マウストランスフェリン／ウシ成長ホルモン	ヒツジ	Rexroad ら(1991)
マウストランスフェリン／ヒト成長ホルモン	ブタ	Pursel ら(1992)
免疫および疾病関連遺伝子		
免疫グロブリン重鎖／c-myc	ウサギ	Knight ら(1988)
ヒツジビスナウイルス LTR＋外套タンパク	ヒツジ	Roxroad ら(1992)
ヒトメタロチオネイン／インフルエンザ抵抗性 Mx1	ブタ	Brem ら(1993)
マウスインフルエンザ抵抗性 Mx1 *	ブタ	Brem ら(1993)
マウス肉腫ウイルス(LTR)／Mx1	ブタ	Brem ら(1993)
マウス免疫グロブリン A(α および κ)	ブタ,ヒツジ	Lo ら(1991)
マウス免疫グロブリン B(γ および κ)	ブタ,ウサギ	Weidle ら(1991)
乳腺特異発現遺伝子		
ウシ α-S1カゼイン／ラクトフェリン	ウシ	Krimpenfort ら(1991)
ウシ β-カゼイン／ヒト TPA	ヤギ	Ebert ら(1991)
ウシ β-ラクトグロブリン／ヒト血液凝固第IX因子	ヒツジ	Clark ら(1989)
β-ラクトグロブリン／ヒト α1-アンチトリプシン	ヒツジ	Simons ら(1988)
マウス乳腺腫瘍ウイルス(LTR)／ヒト IGF-I	ウシ	Hill ら(1992)
マウス乳清酸性タンパク質*	ブタ	Wall ら(1991)
マウス乳清酸性タンパク質／ヒト TPA	ヤギ	Ebert ら(1991)
代謝系関連遺伝子		
マウス肉腫ウイルス(LTR)／cysE&cysK	ヒツジ	Rogers ら(1990)
ヒツジメタロチオネイン／cysE&cysK	ヒツジ	Ward と Nancarrow(1991)
血球特異発現遺伝子		
ヒト α- および β-グロビン	ブタ	Swanson ら(1992)

J.Anim.Sci.,71(Suppl.,3),, p13, 1993 から抜粋
*：ゲノム遺伝子
GRF：成長ホルモン放出因子, IGF-I：インスリン様成長因子-I, TPA：組織プラスミノーゲン活性化因子, cys：serine transacetylase and o-acetylserine sulfhydrylase.

ブリン遺伝子のプロモーターに有用物質遺伝子を連結して家畜に導入し，それらの物質を乳汁に分泌するトランスジェニック家畜を作出することであった．これまでに，いくつかのヒト有用物質がトランスジェニック家畜の乳汁で生産されている（表3-7）．このトランスジェニック家畜を利用した有用物質の大量生産システムは，現在一部の物質に関しては実用化の段階に入りつつある．

表3-7 トランスジェニック家畜の乳汁へ分泌された各種ヒト生理活性物質

物質名 （構造遺伝子）	プロモーター	家畜種	乳汁中の 最高濃度	研究者(年)
血液凝固第IX因子	bBLG	ヒツジ	25 ng/ml	Clark ら(1989)
α 1-アンチトリプシン	bBLG	ヒツジ	35 mg/ml	Wright ら(1991)
組織プラスミノーゲン活性化因子	mWAP	ヤギ	6 μg/ml	Ebert ら(1991)
プロテインC	mWAP	ブタ	1 mg/ml	Wall ら(1991)
インターロイキン-2	β-カゼイン	ウサギ	439 ng/ml	Buhler ら(1990)

mWAP：マウス乳清酸性タンパク質遺伝子，bBLG：ウシ β-ラクトグロブリン遺伝子

近年，シクロスポリンAなどの強力な免疫抑制剤が開発されたことから，ヒトの臓器移植の成績は飛躍的に向上し，臓器移植はほぼ医療として確立されている．しかし，臓器移植を希望する患者の数が世界的に年々増加しているのに対して，臓器提供者（ドナー）の数が頭打ちの状態にあり，移植用臓器の不足がますます深刻な状況に至っている．移植用臓器不足の対策の一つとして，動物の臓器を利用する異種移植が試みられ，1992年ピッツバーグ大学で，ヒヒの肝臓を移植された男性が70日間生存した例がある．しかし，異種動物の臓器移植では，移植後数分以内に移植臓器の血管が詰まる超急性拒絶反応が起こる．超急性拒絶反応には，補体カスケードの活性化が関与し，古典的経路(classical pathway)と代替経路(alternative pathway)の2つの経路がある．このpathwayの途中でヒトの補体制御膜遺伝子を発現させれば，補体カスケードの活性化を中断できると考えられている．すなわち，ヒト補体制御膜遺伝子である *DAF*, *HRP* 20, *CD* 50, *MCP* などの遺伝子を家畜（ブタ）に導入することである．すでに，ヒト *DAF* 遺伝子が導入されたトランスジェニックブタがイギリスや日本で作出されている．第二は，超急性拒絶反応の原因となる糖鎖抗原に対する免疫応答を抑制することである．動物で発現する種々の抗原のうち，特にヒトに対して強い抗原性を示す α ガラクトース抗原の産生を制御することが重要である．これらの抗原の発現を抑制する有効な手段は，マウスで確立されているドナー動物における遺伝子ノックアウトである．そのためには，ブタのES細胞の樹立が不可欠となるが，現在のところ，マウス以外の動物では真のES細胞は樹立されていない．

最近のクローンヒツジの誕生は，体細胞の核移植によるクローン個体の生産の可能性を示した．その後，我が国においても体細胞核移植により相当数のクローンウシの受胎あるいは分娩が報告された．これらの成果は，ES細胞に代わり体細胞核移植の技術を利用すれば，家畜における遺伝子ノックアウトが可能であることを示唆しており，事実，トランスジェニックヤギの

体細胞核移植によりクライントランスジェニックヤギが作出されている．

　哺乳類遺伝子の機能を解析する手段は，マウスの遺伝子ターゲティングが主流になりつつあり，現在，これらの手法を用いて各種遺伝子の機能が急速な勢いで明らかにされている．しかし，遺伝子の発現をシスに制御している領域の解析には，遺伝子導入によるトランスジェニックマウスを利用した実験系が有用である．特に遺伝子の高次制御領域の解析に，巨大ゲノムDNAの導入によるトランスジェニックマウスの利用が期待されている．一方，トランスジェニック家畜の利用は今後とも大きな可能性を秘めており，そのためにはトランスジェニック家畜の作出に関連した種々の技術的改良や開発が必要である．遺伝子導入技術の最大の利点は，特定の遺伝子のみを動物の生殖系へ導入できることであり，しかも，生物種を越えて遺伝子が利用できることにある．

　最後に，遺伝子導入技術は，将来，予想外な事態をもたらす可能性もあり，その利用には慎重な姿勢が必要であることを強調しておきたい．

IV. 免疫の遺伝子機構

1. 血　液　型

(1) 一　般　概　念

　血液型（blood group）は医学の分野では輸血はもとより法医学上欠くことのできない遺伝的標識形質である．動物の場合，特定の血液型と家畜の量的形質との相関，人工授精や胚移植技術の普及による個体識別，親子鑑定への応用や登録の信頼性向上に重要である．そのほか，動物集団の遺伝的均一性，血統の追究，ウシのフリーマーチンの判定，卵性鑑定，血液型不適合による新生子の溶血性黄疸の予防，治療など，応用面は広い．

　動物の血液標識遺伝子の開発・研究はエールリッヒとモルガンロース（P.Ehrlich&T.Morgenroth, 1900）が同種免疫の手法によりヤギの赤血球に多数の個体差を，また，ランドシュタイナー（K.Landsteiner, 1900）が人類のABO式血液型を発見したことに起源している．当初，血液型の概念は赤血球表面抗原によるいわゆる血液型に限っていたが，分子生物学的ならびに酵素化学的技術の導入により急速な進歩を遂げ，白血球型，血小板型，赤血球酵素型，血清タンパク質型などを包含した広義の血液型（血清学的体質型）へと進展した．

　細胞抗原は免疫学的ならびに遺伝学的に解析される．したがって，生物学のこの分野は免疫遺伝学と呼ばれる．また，タンパク質分子の個々の変異は生化学的手法により解析されるところから，この分野を生化学的遺伝学とも呼ぶ．近年，各種動物のDNAレベルでの多型も見出され，個体識別をはじめ各方面への応用が期待されている．

1) 血液型抗原

　赤血球表面には多くの異質の型的抗原がモザイク状に存在し，遺伝学的にすべての抗原がいずれかの血液型システムに属している．これら型的抗原は赤血球のみならず，白血球，血小板，あるいはその他の細胞表面に存在し，また，血漿をはじめ乳汁，唾液，消化管粘液，その他の分泌液にも可溶性抗原として存在するものもある．

　血液型抗原は適当な動物に非経口的に導入されれば，抗体産生の契機となり，産生された抗体と特異的に反応する．大部分の血液型抗原は糖タンパク質あるいは糖脂質であるが，抗原特異性はその糖鎖に存在する．

2) 血清学的反応

　In vivo あるいは *in vitro* における抗原と抗体の反応（血清学的反応）の結果は，一般的に赤

血球の凝集塊を生ずる（凝集反応）か，赤血球膜が壊され，ヘモグロビンが細胞外へ漏出する（溶血反応）かである．凝集反応に係る抗体を凝集素，溶血反応に係る抗体を溶血素と呼ぶ．しかし，$in\ vitro$ における溶血反応には抗原と抗体以外に補体と呼ばれる成分の添加が必要である．補体としてはモルモットの血清（10倍希釈で可）かウサギの血清が用いられる．凝集素は生理的食塩水中でもこれと対応する型の赤血球を凝集させる能力がある．このような抗体は二価抗体，食塩水抗体あるいは完全抗体と呼ばれている．一方，ヒトのRh式血液型の抗体などは生理的食塩水中でそれと対応する赤血球表面の抗原と反応するが，肉眼的に見える凝集塊を作ることはできない．ところがアルブミンを添加すると赤血球は凝集し，肉眼的にも陽性の抗原抗体反応を見ることができる．このような抗体は一価抗体，アルブミン抗体あるいは不完全抗体と呼ばれている．

3）特異抗体の作製

a．正常抗体

血液型分析のための特異抗体のあるものは動物の正常血清中に存在する正常抗体である．ウシの抗J抗体，ヒツジの抗R抗体，ブタの抗A抗体はそれぞれの動物種の特定の個体の正常血清中に見出される抗体（同種正常抗体）である．しかし，一般的には型的抗原に対する抗体は動物の正常血清中には存在しないか，存在していても力価が弱い場合が多い．（① 同種正常抗体，② 異種正常抗体）．

b．免疫抗体

血液型の研究には特定の動物の赤血球を同種または異種の動物に免疫（注射）して意図的に産生された免疫抗体を利用する場合が多い（① 同種免疫抗体，② 異種免疫抗体）．

同種免疫による血液型判定用試薬の産生とその分離精製法（図4-1）をヒツジの例について説明すれば，次の通りである．

① 血液型抗原A，B，Cを有する供与ヒツジの赤血球を抗原Aのみを有する受容ヒツジに頻回注射する．② 受容ヒツジは抗原Aをもっているので，抗B，抗C抗体を産生し，抗A抗体は産生しない．③ 免疫抗体の力価の高いことを確認した後，受容ヒツジから採血，血清（抗血清）を分離する．④ 抗血清は抗B，抗C抗体を含んでいるので，抗C抗体を除去するために抗原Cをもち，抗原Bをもたない赤血球で吸着する．具体的には抗血清に吸着用赤血球（抗原Cプラス個体赤血球）を混合，反応後遠沈し，上清を得る．⑤ 遠沈した上清（吸着完了血清）を抗Bのみを含む型特異抗体，B型試薬という．

c．その他の抗体

単クローン抗体や植物性凝集素などがある．

1975年ケーラーとミルスタイン（G. Köhler & C. Milstein）によるハイブリドーマ法が報告され，多くの単クローン抗体が作製されている．ヒトの血液型判定用単クローン抗体には抗A，抗B，抗H，抗M，抗N，抗Le^a，抗Le^bなどがある．ウシやウマの血液型判定用単クローン抗

IV. 免疫の遺伝子機構

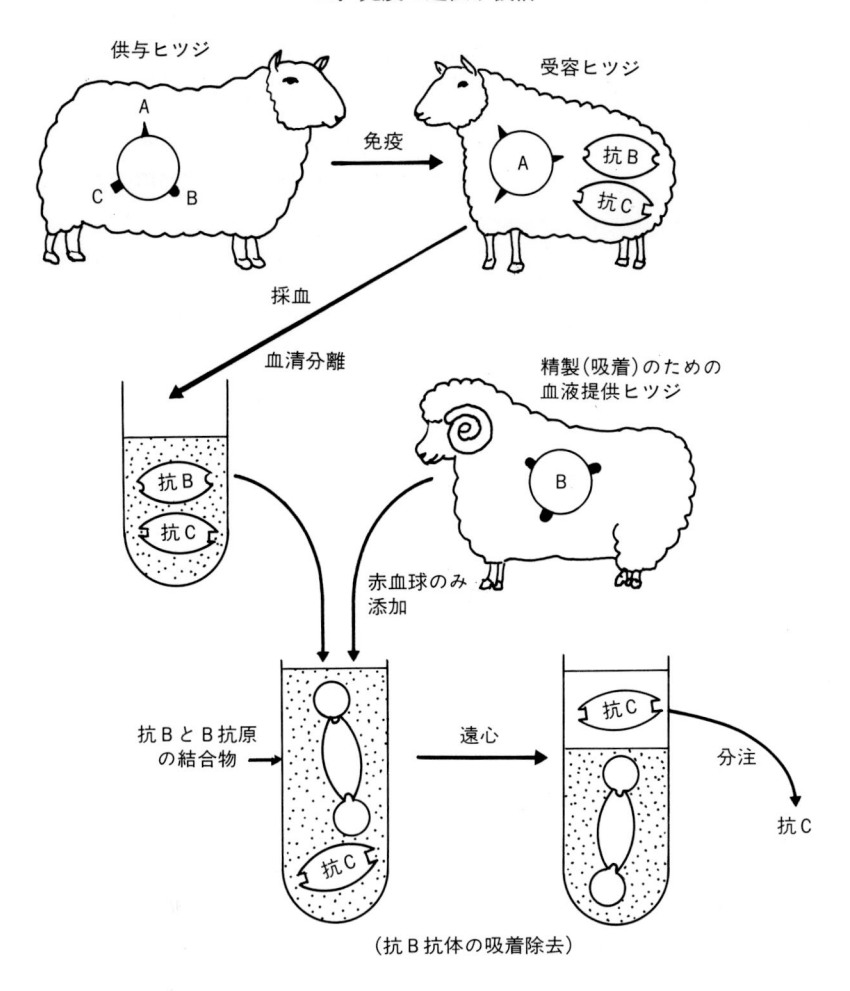

図 4-1 同種血球免疫による血液型判定用試薬の産生と精製

も作製されている．

　1889年にスティルマーク（H.Stillmark）がヒマ（caster bean：*Ricinus*）種子中に赤血球凝集素が含まれていることを発見した．その後レンコネン（K.O.Renkonen, 1948），ボイド（W.C.Boyd）ら，(1949) によって血液型特異性が明らかにされて以来，血液型判定用に供されるようになった．この凝集素はレクチン，植物性凝集素（plant agglutinin, phythaemoagglutinin；PHA）などと呼ばれている（表4-1）．

(2) 血液型の遺伝

　血液型の遺伝子はメンデル遺伝に則っており，対応する染色体上の遺伝子の作用によりDNAがタンパク質（つまり酵素）を作り，その二次産物として型的抗原物質（糖鎖）が作られる．したがって，子のもつ赤血球抗原は少なくとも両親の一方，あるいは両方の親の赤血球に必ず存在している．このことが親子鑑定に利用しうる形質である．

表 4-1 動物の血液型特異植物性凝集素

動物名	凝集原	植物種名
ヒト	抗 A	*Phaseolus limensis*, *Vicia cracca*, *Vicia villosa*, *Vicia pergrina*, *Grotalaria aegyptica*, *Grotalaria falcata*, *Hyptis suaveolens*, *Clitocybe nebularis*, *Dolichos biflorus*
	抗 B	*Bandeiraea simplicifolia*, *Marasmius oreades*, *Evonymus sieboldianus*
	抗 H	*Cytisus sessilifolius*, *Laburnum alpinum*, *Lotus tetragonolobus*, *Ononis spinosa*, *Xylaria polymorpha*, *Pleurotus ostreatus*, *Pleurotus spodoleucus*, *Ulex europaeus*
	抗 M	*Iberis amara*
	抗 N	*Vicia graminea*, *Bauhinia purpurea*
ウマ	抗 So	*Solanam tuberosum*
ウシ	抗 F	*Fejao chumbinho*
ヒツジ	抗 Y	*Vicia nipponica*
	抗 Hel	*Helix pomatia**
ヤギ	抗 V	*Vicia unijuga*
	抗 T	*Tulipa Gesneriana*
ニワトリ	抗 ph	*pisum sativum*
ウズラ	抗 Sb	*Glycine max*
ハト	抗 Ph	*Pisum sativum*

*：シュミッド（D.O.Schmid, 1972），シュミッドとヴェンブラフ（D.O. Schmid&Vhlenbruck, 1972） （池本・水谷，1980）

動物の体細胞の染色体は父親と母親からそれぞれ受け継いだものであり，そのうち，哺乳動物ではXとY，鳥類ではZとWと呼ばれる染色体をもち，その他に常染色体をもっている．染色体数は倍数体（2n）でヒト46，ウマ64，ウシ60，ブタ38，ヒツジ54，ヤギ60，イヌ78，ネコ38，ニワトリ78，ウズラ78，アヒル80である．

1) 1対の対立遺伝子系

赤血球抗原Aと抗原Bとが対立遺伝子で，AもBもともに優性（共優性）である場合と，抗原Aプラスと抗原Aマイナス（a）の型質が対立形質で，Aがaに対して優性である場合とがある．

2つの抗原が共優性で閉鎖系を形成しているものとして，ヒトのMN式，ウシのF-V式血液型（表4-2）がある．

この場合，表現型は即遺伝子型を表している．すなわち表現型F型の遺伝子型はF/Fであり，V型のそれは

表 4-2 ウシの F-V 式血液型の遺伝様式

表現型の組合せ	遺伝子型	表現される子の型（%）		
		F(F/F)	FV(F/F)	V(V/V)
F×F	$F/F×F/F$	100	0	0
F×FV	$F/F×F/V$	50	50	0
F×V	$F/F×V/V$	0	100	0
FV×FV	$F/V×F/V$	25	50	25
V×FV	$V/V×F/V$	0	50	50
V×V	$V/V×V/V$	0	0	100

V/V, FV 型は F/V である．また F 型赤血球は抗 F 抗体に対してのみ陽性反応，V 型赤血球は抗 V 抗体に対してのみ陽性，FV 型赤血球は抗 F と抗 V 抗体の両方に陽性に反応する．

表 4-3　1対の対立遺伝子 A, a による遺伝子型の組合せと子の分離

表現型の組合せ	遺伝子型	表現される子の型 (%)		
		A		a
		AA	Aa	aa
A×A	$AA \times AA$	100	0	0
	$AA \times Aa$	50	50	0
	$Aa \times Aa$	25	50	25
A×a	$AA \times aa$	0	100	0
	$Aa \times aa$	0	50	50
a×a	$aa \times aa$	0	0	100

A が a に対して優性である場合（表 4-3）は，同じ表現型を示してもその遺伝子型は2通りある．すなわち表現型 A 型は A/A と A/a の遺伝子型がある．したがって，両親のいずれかがヘテロ接合体の場合，あるいは両親ともにヘテロ接合体の場合の子の表現型はいくつかの型に分離する．

2) 複対立遺伝子系

血液型の遺伝は複対立遺伝子系をとる場合が多い．1対の対立遺伝子系の場合，その遺伝子は，例えば A と a の2つであり，その遺伝子型は A/A, A/a, a/a の3種である．しかし，複対立遺伝子系では1つの遺伝子座に2つ異常の遺伝子が位置する．例えば，マウスのアルビノ (c) と着色 (C) の遺伝子座には，C と c との中間に C^{ch}, C^h, C^l が存在し，遺伝子型として C/C, C/C^{ch}, C/C^h, C/C^l, C/c, C^{ch}/C^{ch}, C^{ch}/C^h, C^{ch}/C^l, C^{ch}/c, C^h/C^h, C^h/C^l, C^h/c, C^l/C^l, C^l/c, c/c の15種がある．血液型の複対立遺伝子系の場合も毛色の分類と同様である．しかも，例えばウシのBシステム（システムとは，遺伝子座と同じ意味）をみると，49種の抗血清によって B_1, G_1, G_2, G_3, D', E', E'_2…というように49種の血液型因子に分けられ，その因子が1つずつの遺伝子として対応するのではなく，いくつかの因子，例えば，$G_1V_2E'_2$ とか $B_1G_1K_1O_1$ などのようにグループ（このグループをフェノグループという）をなして遺伝子の単位を作っている．したがって，ウシのBシステムの遺伝子型には $BO_1YD'/QOJ'K'O'$, $BGKO \times V_2A'O'/O \times V_2D'E'_1O'$ などがある．このような関係はヒトの Rh 式血液型をはじめニワトリのBシステムなどにも認められる．

3) 血液型システム

血液型システムを決定するためには，その形質の遺伝様式を決めることになる．2つの抗血清によって決定される抗原，Ch_1 と Ch_2 を調べると，動物は一般的に Ch_1 (A型と略記する)，Ch_2 (B型)，Ch_1Ch_2 (AB型) および O 型の4型に分けられる．ヒトの ABO 式血液型なども同様に A 型，B 型，AB 型，O 型の4型である．この場合，A と a, B と b の2対の独立した遺伝子（連鎖のない遺伝子座）によるか，3つの複対立遺伝子をもつ1つの遺伝子座によるかを検討することがきわめて重要な問題である．

この場合，AB 型と O 型の交配結果が決定要因となる．複対立遺伝子の場合，O 型の遺伝子型は I^o/I^o であり，AB 型は I^A/I^B である．したがって AB 型と O 型の交配から生まれる子は

$I^A/I^B \times I^O/I^O \to I^A/I^O$(A型)：$I^B/I^O$(B型)＝1：1であり，その他の型の子は生まれない．これに反し2対の対立遺伝子系の場合，O型の遺伝子型は$a/a：b/b$で1種類であるが，AB型の遺伝子型には$A/A：B/B$，$A/A：B/b$，$A/a：B/B$，$A/a：B/b$の4型が存在し得る．したがって，AB型とO型の交配とその子の現れ方には4つの型があり，次のようになる．

$A/A；B/B \times a/a；b/b \to A/a；B/b$（AB型）1種類

$A/A；B/b \times a/a；b/b \to A/a；B/b$（AB型）：$A/a；b/b$（A型）＝1：1

$A/a；B/B \times a/a；b/b \to A/a；B/b$（AB型）：$a/a；B/b$（B型）＝1：1

$A/a；B/b \times a/a；b/b \to A/a；B/b$（AB型）：$A/a；b/b$（A型）：$a/a；B/b$（B型）：$a/a；b/b$（O型）＝1：1：1：1

で，A型，B型以外にAB型とO型を生ずる．この相違点によって，複対立遺伝子系か，2対の対立遺伝子系かを明らかにできる．

Aとa，Bとbの2対の対立遺伝子によるとき，Aの遺伝子頻度をp(A)，a遺伝子頻度q(a)（p(A)＋q(a)＝1），またB遺伝子頻度をp(B)，b遺伝子頻度をq(b)（p(B)＋q(b)＝1）とする．ここで，p(A)，q(a)，p(B)，q(b)を算出する場合，Aとa，Bとbが対立であると仮定するので，A型を考える場合はB型を無視し，B型とO型はともにO型，AB型はA型と同じとする．したがってq(a)はO型＋B型の頻度から算出する．

$$q(a) = \sqrt{\overline{O}+\overline{B}}$$
$$p(A) = 1 - q(a) = 1 - \sqrt{\overline{O}+\overline{B}}$$

同様にして，

$$q(b) = \sqrt{\overline{O}+\overline{A}}$$
$$p(B) = 1 - q(b) = 1 - \sqrt{\overline{O}+\overline{A}}$$

となる（$\overline{O}$，$\overline{A}$および$\overline{B}$はO型，A型，B型のそれぞれの頻度を示す）．

2つの遺伝子座が互いに連鎖していないので，各交配型の頻度はそれぞれについて$(p+Q)^2$と考えられるので，AとBを同時に分析すると，

$(p(A)+q(a))^2$ $(p(B)+q(b))^2$を展開した

$(p(A)^2+2p(A)q(a)+q(a)^2)(p(B)^2+2p(B)q(b)+q(b)^2)=$

$p(A)^2 \cdot p(B)^2 + 2p(A)^2 \cdot p(B)q(b) + p(A)^2 \cdot p(b)^2 + 2p(A)q(a) \cdot p(B)^2 + 4p(A)q(a) \cdot p(B)q(b) + 2p(A)q(a) \cdot q(b)^2 + q(a)^2 + p(B)^2 + 2q(a)^2 \cdot p(B)q(b) + q(a)^2 \cdot q(b)^2$

が子の遺伝子型の頻度となり，表現型に対応させると，

AB型：$p(A)^2 \cdot p(B)^2 + 2p(A)^2 \cdot p(B)q(b) + 2p(A)q(a) \cdot p(B)^2 + 4p(A)q(a) \cdot p(B)q(b)$

A型：$p(A)^2 \cdot q(b)^2 + 2p(A)q(a) \cdot q(b)^2$

B型：$q(a)^2 \cdot p(B)^2 + 2q(a)^2 \cdot p(B)q(b)$

O型：$q(a)^2 \cdot q(b)^2$

となる．

複対立遺伝子 I^A, I^B および I^C によると仮定した場合，それぞれの遺伝子頻度を p, q, r として表せば，同一遺伝子座であるので p+q+r=1 である．ここで，p, q, r は次の通り算出する．
r=$\sqrt{O}$ となり，p=1−$\sqrt{O+B}$，q=1−$\sqrt{O+A}$ または q=1−p−r．

次に遺伝子型の頻度は，
$(p+q+r)^2=p^2+q^2+r^2+2pq+2pr+2qr$ と考えられ，それぞれを各表現型に対応させると，

　AB 型：2pq
　A 型：p^2+2pr
　B 型：q^2+2qr
　O 型：r^2

となる．

ある集団の血液型の出現頻度と2つの仮説に従って算出された各型の頻度とを比較して，2対の対立遺伝子によるか，3つの複対立遺伝子によるのかを判断する．

(3) ヒトの血液型

1901年，ランドシュタイナー (K.Landsteiner) が数人のヒトの血液を血球と血清に分け，各種組合せの混合によって血球が凝集する場合とそうでない場合とを見出したことが，ABO式血液型発見の端緒となった．その後，フォン ダンゲルンとヒルツフェルト (Von Dungern & Hirszfeld, 1901)，バーンスタイン (F.Bernstein, 1924) や古畑ら (1927) の研究によって ABO式血液型が確立された．次いで，ランドシュタイナーとレビン (K.Landstiner & P.Levine (1927) はヒトの血球をウサギに免疫して ABO式とは異なる抗原を見出し，MN式血液型が，また同様にして P式血液型が発見された．

1932年にはシイフとササキ (F.Schiff & H.Sasaki) は A, B, O (H) 型物質が唾液などの分泌液中に分泌されているか否かによって分類される Se式血液型を発見した．

1) ABO式血液型

1901年，ランドシュタイナー (K.Landsteiner) によって発見された．自己の赤血球がもつ血液型抗原に対応する抗体はそのヒトの血清中には存在しない．また，自己の赤血球にない抗原に対応する抗体（自然抗体）がそのヒトの血液中に存在する（ランドシュタイナーの法則，

表 4-4　ABO式血液型

表現型	遺伝子型	赤血球の型特異性抗原	血清の抗体
O	O/O	AもBもない	抗A(α), 抗B(β)
A	A/A, A/O	A	抗B(β)
B	B/B, B/O	B	抗A(α)
AB	A/B	A, B	抗A(α)も抗B(β)もない

Landsteiner's rule)(表 4-4)．

　表現型に A, B, O および AB 型があり，A, B, O の3対立遺伝子に支配されている．A, B は O に対して優性で，メンデルの法則 (Mendel's rule) に従って遺伝する．各型の出現頻度は民族によって著しく異なる．

　亜型または変異型：赤血球の非凝集活性が弱いものがある．例えば，抗 A 抗体により強く凝集される通常の A 型を A_1 と呼ぶ．A 型血球でも個体により被凝集活性の弱い A 型を A_2, A_3, A_x, A_m, A_{int}, A_{end}, A_{frinn}, A_{el}, A_{bantu} などと各亜型に分けている．

　B 型の変異型には B_2, B_3, B_m, B_x などがある．

　AB 型の中には cisAB 型（シス AB 型）と呼ばれるものがあり，被凝集性から A_2B, A_2B_2, A_2B_3, A_1B_3 などに分類されている．cisAB 型の遺伝は通常の ABO 式血液型の遺伝様式とは異なり，O 型と cisAB 型の両親から O 型または cisAB の子が生じうる．cisAB 型の発現機序としては，A および B 遺伝子のいずれかに変異を生じ，A および B 抗原の両方を産生する変異酵素が生じたことによるとも考えられている．

　ボンベイ型（Oh 型）と呼ばれ，赤血球は抗 A，抗 B，抗 H(O) 抗体のいずれにも反応せず，その個体の血清中にはこれら3つの抗体が含まれている型がある．

2) MNSs 式血液型

　ランドシュタイナーとレビン (1927) によって MN 式血液型が確立され，M 型，N 型および MN 型の3型に分類された．ワルシュとモンゴメリー (R.J.Walsh & C.Montogomery, 1947) は母親血清中に抗 S を，また Levine (1951) は抗 S 抗体を発見し，2つの抗体によって SS 型，Ss 型および ss 型の3型に分類し，Ss 式血液型とした．その後，Mn 式血液型と Ss 式血液型との間には密接な遺伝的連関のあることが明らかになり，MNSs 式血液型と呼ばれるようになった．

　MNSs 式血液型は優劣関係のない4つの対立遺伝子 MS, Ms, NS および Ns によって支配されている．したがって遺伝子型は10種で，表現型 MNSs 型の遺伝子型 (MS/NS, Ms/NS) を除けば，その他は表現型から遺伝子型を知ることができる（表 4-5）．

表 4-5　MNSs 式血液型

抗血清				表現型	遺伝子型
抗M	抗N	抗S	抗s		
+	−	+	−	MS	MS/MS
+	−	+	+	MSs	MS/Ms
+	−	−	+	Ms	Ms/Ms
+	+	+	−	MNS	MS/NS
+	+	+	+	MNSs	MS/Ns
					Ms/NS
+	+	−	+	MNs	Ms/NS
−	+	+	−	NS	NS/NS
−	+	+	+	NSs	NS/Ns
−	+	−	+	Ns	Ns/Ns

3) Rh-Hr 式血液型

　ランドシュタイナーとウィナー (K.Landsteiner & A.S.Wiener, 1940) はアカゲザル

(*Macacus rhesus*)の赤血球でウサギを免疫して得た抗体で，それまで発見されていた ABO 式，MN 式，P 式血液型とは異なる型を発見し，サルの学名にちなみ Rh 式血液型と名付けた．Rh 式血液型には現在 5 種類の抗原 C, c, D, E および e があり，血液型不適合妊娠，輸血の副作用など臨床上重要であり，また，型が多いので法医学上の利用価値が高い．

Rh 式血液型の遺伝様式にはウィナー（1944）による複対立遺伝子説（multiple allele theory）とフィッシャーとレイス（R.A.Fisher & R.R.Race, 1944）の連鎖説（linked gene theory）とがある（表 4-6）．

表 4-6 Rh 遺伝子

Fisher-Race の説		Wiener の説		
			血球の抗原	
遺伝子	血球の抗原	遺伝子	凝集原	抗原因子
cDe	D, c, e	R^0	Rh_0	Rho, hr', hr''
CDe	D, C, e	R^1	Rh_1	Rho, rh', hr''
cDE	D, c, E	R^2	Rh_2	Rho, hr', rh''
CDE	D, C, E	R^z	Rh_z	Rho, rh', rh''
cde	c, e	r	rh	hr', hr''
Cde	C, e	r'	rh'	rh', hr''
cdE	c, E	r''	rh''	rh'', hr'
CdE	C, E	r^y	rhy	rh', rh''

4) その他の血液型

P 式，Se 式，ルイス（Lewis）式，ダフィー（Duffy）式，キッド（Kidd）式，ディエゴ（Diego）式，Xg 式，ケル（Kell）式，I 式血液型などがある．

(4) 家畜の血液型

1) ウマの血液型

ウマの血液型の研究は 1902 年にクレイン（K.Klein）によって報告されたことに始まる．1940 年以降，山口（1941），野村（1941），杉本ら（1941, '42, '43, '49, '50），細田ら（1942, 1953），パドリアコフとハッセルホルト（L.Podliachouk & M.Heselholt, 1962），ストルモントら（C. Stormont *et al.*, 1964）などによって確立され，現在，7 システム，34 因子が国際的に公認されている．

A システム　A システムは山口，細田，パドリアコフ，ストルモントらその他によって確立された．現在，Aa, Ab, Ac, Ad, Ae, Af, Ag の 7 つの因子が公認されており，A(adf), A(adg), A(abdg), A(bc), A(bce), A(cd), A(ce) など 12 のフェノグループが報告されている．ただし，Aa と Ab とが同一のフェノグループに含まれることはない．A システムはウマの

主要組織適合性複合体 (major histocompatibility complex ; MHC) である ELA の A 座位と連鎖している.

C システム　C システムは細田, ストルモントらによって開発された血液型である. Ca 抗原は細田らにより pf_3 として報告されたもので, これにより Ca+型と Ca-型とに分けられる.

D システム　D システムの各因子は細田, ポドリアフォック (L.Podoliachouk), ストルモント, サンドベルグ (K.Sandberg), 横浜らによって発見されたもので, 現在 17 の因子, Da, Db, Dc, Dd, De, Df, Dg, Dh, Di, Dk, Dl, Dm, Dn, Do, Dp, Dq, Dr を含み, 25 のフェノグループの存在が認められている.

その他, 国際的に公認された K システム, P システム, Q システム, U システム, 公認されていない T システムなどがある.

2) ウシの血液型

ウシの血液型はトッドとホワイト (C.Todd&R.G.White, 1910) が溶血反応によって個体差を見出し, その後ファーガソン (L.C.Ferguson, 1941) が同種免疫溶血素により A, B〜I の 9 つの因子を, さらに 1942 年に J, K〜Y, Z, A', B'〜H' の 23 の因子を追加した. その後, ストルモント, レンデル (J.Rendel), ミラー (W.J.Miller), 佐々木, 熊崎らによって報告がなされ, 現在, A, B, C, F, J, L, M, S, Z, R', T' の 11 システム, 93 因子が国際的に公認されている. M システムはウシの MHC (BoLA) と強く連鎖している. ここでは B システムと J システムについて説明する.

B システム　ウシの血液型の中で最も複雑に分類されており, 現在 49 種の抗体によりこれに対応する因子が検出されている. これらの因子により約 600 種のフェノグループに分類されている. ドーラ (1968) はポーランドで飼育されている赤白斑種 (Red and White 種) における B システムのフェノグループ 90 種を報告している (表 4-7).

J システム　J 型物質は元来, 赤血球膜表面に存在するものではなく, 液性抗原として血清中に存在し, 一定以上の濃度になると赤血球表面にこれが吸着して, J 抗原を獲得するものである. このシステムはストルモント (1949) およびストーンとアーウィン (W.H.Stone&R.Irwin, 1954) により J^{cs} 型, J^s 型および J^a 型の 3 型に分類された. その後 Sprague (1958) は抗ヒツジ血清により Oc 抗原を見出し, J 抗原との関連から JOc, J, Oc, — の 4 型に分類し, 対応する遺伝子を J^{JOC}, J^{OC}, J^J および i とした.

3) ブタの血液型

ブタの血液型の研究は 1907 年, ライスリング (J.Rissling) によって始められた. その後サイソン (R.Saison, 1958), アンダーセン (E.Andresen, 1962) によって飛躍的に発展させられ, 現在 15 種のシステム, A, B, C, D, E, F, G, H, I, J, K, L, M, N, O について 78 種の抗血清により分類されている. このうち H システムはハロセン感受性遺伝子座 (*Hal*) と

IV. 免疫の遺伝子機構

表 4-7 ウシ血液型 B システムの出現頻度

(品種：ポーランド赤白斑種)

対立遺伝子	遺伝子頻度	対立遺伝子	遺伝子頻度	対立遺伝子	遺伝子頻度
B	0.0020	$G_2I_2O_1$	0.0025	O_xA'	0.0006
BO_1	0.0277	$G_2O_1Y_2$	0.0031	O_xO	0.0013
BO_x	0.0006	G_2Y_2E'	0.1743	$O_xY_2E'D'Kr\ 20'$	0.0094
BQ_1	0.0051	$G_2Y\ 2\ D'E'O'$	0.0019	$O_xE'D'G'Kr\ 20'$	0.0006
BO_1D'	0.0026	$G_2Y_2E'I'$	0.0013	P	0.0014
BO_1Y_2D'	0.0343	$G_2E'(Kr\ 2)$	0.0090	PY_2	0.0006
$BO_1Y_2D'G'$	0.0006	$G_2O_1T_1Y_2E'$	0.0006	PI'	0.0087
$BO_1Q_1E'O'$	0.0013	G_2O'	0.0013	Q_1	0.0021
BG_2O_1	0.0043	$G_2A'E'Kr\ 2\ K'Kr\ 3$	0.0006	Q_1E'	0.0064
BG_2Y_2OxO'	0.0128	I_1	0.0027	Q_1Y_2D'	0.0006
BG_2K	0.0013	$I_1E'Kr\ 2(A)$	0.0011	$Kr\ 2$	0.0651
$BG_2KO_xE'O'$	0.0044	$I_1G'Kr\ 2$	0.0013	$Kr\ 20'$	0.0020
$BG_2KO_1Y_2O'$	0.0006	$I_1Q_1E'K'$	0.0032	T_1B'	0.0006
$BG_2KY_2G'Kr\ 2\ Kr\ 3$	0.0019	$I_1J'K'O'$	0.0025	Y_2	0.0077
$BG_2KY_2G'Kr\ 20'$	0.0044	I_2	0.0076	Y_2D'	0.0007
$BG_2KAG'Kr\ 20'K'Y'$	0.0013	$I_2E'Kr\ 2$	0.0006	$Y_2G'I'$	0.0013
$BG_2KO_xY_2A'E'G'Kr\ 21'$	0.0006	$I_2Y_2J'K'O'$	0.0025	$Y_2G'Kr\ 2$	0.0117
$BG_2KO_xA'O'Y'$	0.0006	$I_2O_1T_1B'K'$	0.0006	$Y_2G'Kr\ 2\ Y'$	0.0261
$BO_xQ_1A'Kr\ 3$	0.0013	$I_2J'K'O'$	0.0019	$Y_2G'E'Kr\ 2\ Y'$	0.0050
$BO_xG'Kr\ 2\ Kr\ 3$	0.0006	O_1	0.0678	$Y_2D'E'O'$	0.0198
$BO_xY_2G'Kr\ 2\ Kr\ 3$	0.0101	$O_1T_1B'E'Kr\ 2$	0.0013	$Y_2D'E'G'Kr\ 20'$	0.0220
BI_1	0.0006	O_1A'	0.0057	Y_2O'	0.0013
BI_1Q_1	0.0139	$O_1E'(Kr\ 2)$	0.0013	Y_2Y'	0.0019
$BO_xI_1T_1Kr\ 3$	0.0006	$O_1E'Kr\ 2$	0.0013	O'	0.0755
BY_2	0.0007	O_1D'	0.0026	$E'Kr\ 2$	0.0331
$BY_2G'I'Kr\ 2\ Kr\ 3$	0.0013	$O_1D'Y'$	0.0006	I'	0.0342
$BY_2G'Kr\ 20'$	0.0025	O_1O'	0.0025	b	0.1803
G_1	0.0033	O_1Q_1	0.0295	$Y_2D'E'G'$	0.0082
G_1O_1	0.0157	O_x	0.0032	PQ_1E'	0.0006
G_2O_1	0.0034	$O_xKr\ 2$	0.0026	$G'Kr\ 2$	0.0034

(ドーラ (L.Dola), 1968)

連鎖し，またCおよびJシステムはMHC（SLA）と連鎖している．

4) ヒツジの血液型

ヒツジの血液型はラスムセン（B.A.Rasmusen）ら（1958，1960）によって確立された．その後1973年に国際的に整理，統一され，現在A，B，C，D，M(M-L)，R(R-O)，X(X-Z)の7システムが公認されている．

R(R-O)システム 同種正常凝集素によって凝集されるR型と凝集されないO型に分類された．その後ストルモント（1951）がウシ正常血清中にヒツジのO(r)抗原と反応する抗O(r)

抗体を見出し，さらにレンデル（1954）が抗Rと抗O(r)血清の両方に反応を示さないi型を見出し，3型に分類した．R-Oシステムの遺伝様式についてレンデル（1957）は常染色体上に独立した2対の遺伝子座を仮定し，R座位以外にR・O物質の分泌調節を支配するI座位を想定し，2つの遺伝子座の相互作用によるとした．すなわちそれぞれ優劣関係にあるRとr^0，IとiによってRとO物質の発現が決定される（表4-8および図4-2）．

表 4-8 ヒツジR-Oシステムにおける型物質の存在状況と遺伝子型

表現型	赤血球および血清中の型物質		唾液中の型物質		血清中抗R抗体	遺伝子型
	R物質	O物質	R物質	O物質		
R	+	−	+	+	−	$RRII$　$RRIi$ Rr^0II　Rr^0Ii
O	−	+	−	+	+	r^0r^0II　r^0r^0Ii
i	−	−	−	−	−	$RRii$　Rr^0ii
					+	r^0r^0ii*

＊：i型物質のうち血清中に抗R抗体を持つ個体の遺伝子型

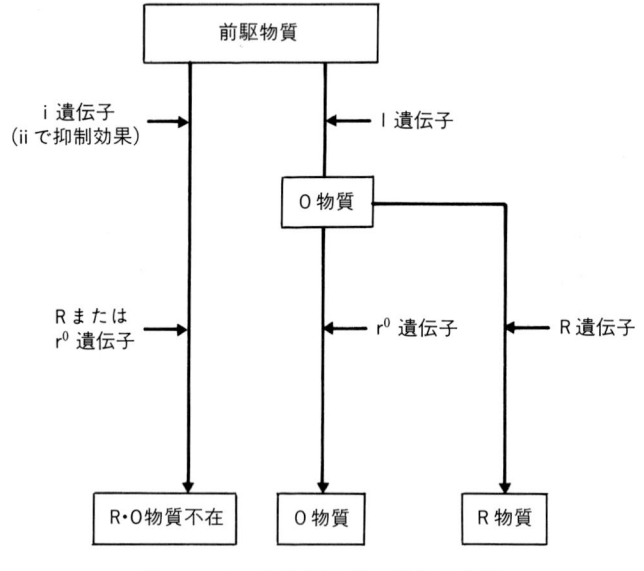

図 4-2 R・O物質発現の遺伝子支配

5) ニワトリの血液型

ニワトリの血液型に関する研究は1920年代より始められている．ブライレス（W.E.Briles）ら（1950年以降）は同種免疫凝集素によって11のシステムを見出し，後にAとE，AとJ，CとP，DとHはそれぞれ連鎖していることを報告した．我が国では佐々木（1923），林田（1942），鈴木と渡邊（1958, 1959），岡田（I.Okada）ら（1962），磯貝ら（1965），光本（1969），藤尾（Y. Fujio, 1969）らが報告している．近年，岡田らによる研究が盛んである．それらの結果，A，B

(G), C(NXF), D, E, H, I, J, K, L, P, R, Hi(Ph), Th(Vp)などのシステムが確立され，多くのフェノグループと遺伝子が明らかにされている．また，BシステムはニワトリのMHCである．

(5) 血液型キメラ

同一個体に遺伝的に異なる血液型の細胞を2つ以上もつものを血液型キメラ（血液型モザイク）という．

1) ウシのフリーマーチンと血液型キメラ

ウシにおけるフリーマーチンは異性双子の雌に現れる内分泌学的間性である．双子が着床した場合，両胎子胎盤間の血管吻合（blood vessel anastomosis）が生ずる．双子が異性であると雄胎子の原始生殖細胞から分泌される雄性ホルモンが雌胎子の第二次性徴の発現機構を障害する結果，雌個体が繁殖不能牛となる（ライリー（F.R.Lillie），1916）．

発生初期胎子の造血原基細胞は血中を浮遊しているので，両胎子の胎盤の血管吻合により，双子の相手方の肝臓，脾臓，骨髄などの造血臓器に，他方の造血原基細胞が自然移植の形で沈着し，成長後2種類の造血原基が同時に赤血球を作るようになり，2種類の赤血球をもつ結果，血液型キメラになる．この場合，移植された血液原基に対する免疫拒否反応は発現しない．この現象を免疫寛容という．

ウシの受精卵移植などによらない自然妊娠の場合の双子出産の頻度はおおむね1.8％（ハンコック（Hancock）ら）で，そのうち二卵性双子は80～90％と推定される．二卵性双子の性の組合せの割合は♂♂，♂♀，♀♀が理論的に1：2：1であり，双子の約半分は異性双子と推定される．

血液型の異なる2種類の赤血球をもっているヒトの場合では，二卵性双児の1人であれば，血液型キメラと呼ばれており，胎生初期に他子の造血原基が移行して定着したものと考えられている．二卵性双児でない場合などには血液型モザイクと呼び，血液型抗原多糖鎖の生合成過程の異常と考えられている．

(6) 新生子の溶血性疾患

母子の血液型の不適合によりウマおよびブタの新生子にみられる新生子溶血性黄疸について説明する．母子間の血液型不適合による本症は新生子が母畜の初乳を哺乳し，初乳中に含まれる血液型抗体が多量に新生子の血液中に移行するために子畜の赤血球が溶血し，ヘモグロビンが溶出し，黄疸症を呈するものである．

わが国においてウマの本症の発生に関与する血液型遺伝子として Aシステムの A^a, A^c, Dシステムの D^a, D^c, Pシステムの P^a, Qシステムの Q^a, Uシステムの U^a などが明らかにされている．

2．免疫応答と抗体産生

(1) 免 疫 応 答

　一般に，動物は細菌やウイルスなどの病原体やその他の抗原（antigen）などが体内に侵入してくると，まずマクロファージ（macrophage）による食作用または炎症反応などによって一般的な防御活動を行う．その後，さらに免疫応答（immune response）による防御，すなわち抗原と特異的に反応する抗体（antibody）を産生して防衛する．生体に侵入してきた抗原はまずマクロファージによってとらえられ，ある処理を受けたのちリンパ球へ渡される．リンパ球はその機能の上からT細胞（T cell）とB細胞（B cell）の2つに大別される．図4-3に示すように，これらのリンパ球は胎児期では肝臓，生体では骨髄に存在する造血幹細胞に由来したものである．これらの幹細胞の子孫の一部は，この造血組織から血流を経て胸腺に移動し，T細胞に分化する．また一部は骨髄（哺乳類）またはファブリシウス嚢（鳥類）において分化し，B細胞となる．

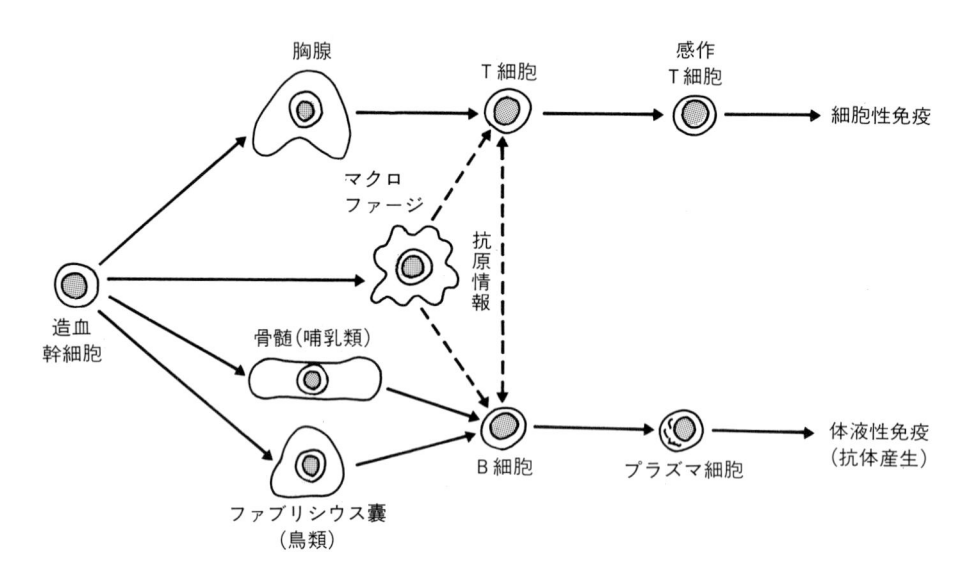

図4-3 TおよびB細胞の分化

　T細胞は機能的にいくつかの種類に分かれ，それぞれ異なった免疫学的機能をもっている．たとえば，キラーT細胞（killer T cell，細胞傷害性T細胞）は異種の細胞や癌細胞に対して細胞破壊を行う．ヘルパーT細胞（helper T cell）は体液性免疫でのB細胞や細胞性免疫でのT細胞のはたらきを助け，サプレッサーT細胞（suppressor T cell）は逆にそれを抑える．

　B細胞はマクロファージやヘルパーT細胞を介して抗原によって活性化され，抗体を産生するようになる．すなわち，B細胞の表面には抗原受容体が存在しており，それに抗原が結合すると，B細胞が刺激され，抗原は取り込まれてペプチドへと処理される．これにヘルパーT細

IV. 免疫の遺伝子機構

胞が結合し，T細胞の放出するサイトカインによってB細胞は抗体産生細胞（プラズマ細胞）へと分化する．このようにして抗原受容体と同じ分子構造をもった抗体が産生されることになる．

抗原刺激によって産生される抗体は物質的には免疫グロブリン（immunoglobulin；Ig）と呼ばれるタンパク質である．抗体は抗原分子全体と反応するのではなく，抗原決定基と呼ばれる抗原分子の一部分と抗体の抗原結合部位が結合することによって反応する．このような抗原抗体反応は生体内のみでなく試験管内でも容易に起こり得る．

免疫応答に関与する遺伝子を大別すると，
① 免疫グロブリンの構造を決定する遺伝子群
② 免疫応答の調節に関与する遺伝子群

の2つに分けることができる．後者には抗体産生に関与する狭義の免疫応答遺伝子（immune response gene；*Ir*）のほかに，移植組織の生着・拒絶や遅延型過敏症反応などの細胞性免疫に関与する遺伝子も含まれる．

(2) 免疫グロブリンの構造と遺伝

1) 免疫グロブリンの構造

免疫グロブリンはその物理化学的性質により IgG, IgM, IgA, IgD, および IgE の5つのクラスに分けられる．しかし，IgD の産生が認められているのはヒトとマウスのみである．

免疫グロブリンの基本構造は，図4-4に示すように4本のポリペプチド鎖がジスルフィド結

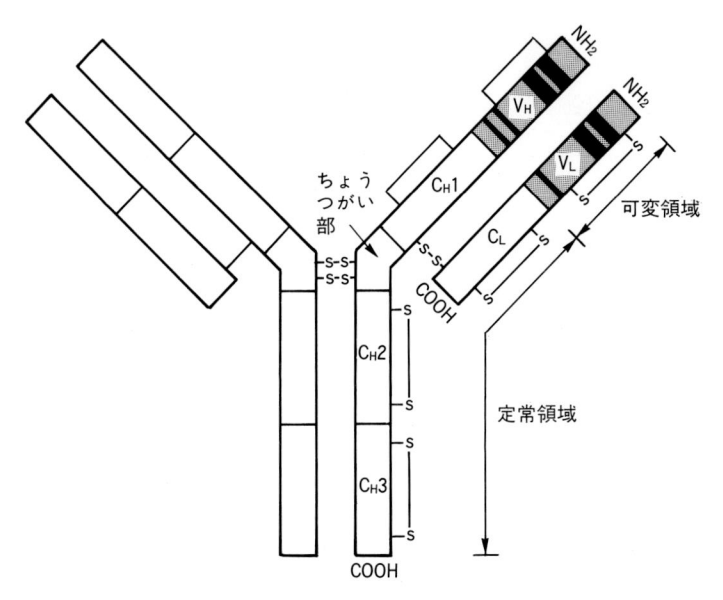

図 4-4 免疫グロブリン (IgG) の基本構造
H鎖は V_H, C_H1, C_H2 および C_H3 の4つのドメインからなり，L鎖は V_L と C_L の2つのドメインからなる．可変領域の黒色部は超可変部を示す．

合したもので，2本の長いポリペプチド鎖をH鎖，短い2本をL鎖と呼ぶ．分子量はH鎖が約4.5万，L鎖が約2.3万で，IgGの分子量は約15万である．IgMはIgG類似の構造をもつ単位が5個ジスルフィド結合で重合したものと考えられ，約95万の分子量を示す．

H鎖およびL鎖は構造と機能の上から2つの領域に分かれている．カルボキシ末端側のL鎖の半分とH鎖の3/4は一定したアミノ酸配列を示し，定常領域（constant region）と呼ばれる．これに対し，アミノ末端側のL鎖の半分とH鎖の1/4はアミノ酸配列に変異がみられ，可変領域（variable region）と呼ばれる．可変領域のなかでも特にアミノ酸配列の変異に富む部分を超可変領域（hyper-variable region）という．この領域は抗原と直接結合する部位で，抗原決定基と相補的な構造をしていると考えられ，相補性決定領域（complementary determining region）と呼ばれる．それ以外の領域は抗原と結合するための骨格となるので，枠組領域（framework region）とも呼ばれる．

免疫グロブリンは前述したようにIgG，IgMなどのクラスに分けられるが，表4-9に示すようにそれはH鎖の違いによっている．L鎖にはκ鎖とλ鎖の2種が知られているが，両鎖とも各クラスに共通に存在し，クラスによる差はない．

表4-9 ヒト免疫グロブリンの各クラスの性状

性 状	免疫グロブリンのクラス				
	IgG	IgM	IgA	IgD	IgE
H 鎖	γ	μ	α	δ	ε
L 鎖	κまたはλ	κまたはλ	κまたはλ	κまたはλ	κまたはλ
分子の構成	$\kappa_2\gamma_2$または$\lambda_2\gamma_2$	$(\kappa_2\mu_2)_5$または$(\lambda_2\mu_2)_5$	$(\kappa_2\alpha_2)_n$または$(\lambda_2\alpha_2)_n$	$\kappa_2\delta_2$または$\lambda_2\delta_2$	$\kappa_2\varepsilon_2$または$\lambda_2\varepsilon_2$
分子量(万)	15〜17	92〜100	16〜18	18	19
全免疫グロブリン量に対する相対量	70〜80	3〜10	10〜20	<1	<1

ところで，同一クラスの免疫グロブリン間でも微細な違いの存在が認められる場合があり，これらはサブクラスと呼ばれている．たとえば，ヒトのIgGは4つのサブクラスに分けられている．また，マウスでも4つに分れている．ウシではIgGはIgG1とIgG3の3つに分かれ，一方，ブタではIgG1〜IgG4の4つのサブクラスが認められている．

これらのクラスおよびサブクラスは同一種内のすべての個体に共通して見出されるので，アイソタイプ（isotype）と呼ばれる．一方，免疫グロブリン分子の定常領域には個体変異も見出されている．これはアロタイプ（allotype）と呼ばれ，主としてH鎖またはL鎖の定常領域の変異に由来している（p.140参照）．なお，同一個体の個々の免疫グロブリン分子に固有な抗原性の変異はイディオタイプ（idiotype）と呼ばれるが，これは可変領域の変異に由来する．

2) 免疫グロブリン遺伝子

a．免疫グロブリン遺伝子の構成

1個体の作り出す抗体の種類は10^6〜10^8にも及ぶと言われているが，抗体の特異性のこのような多様性がどのようにして獲得されるのかということは古くから論議されてきたところであった．歴史的にはエールリッヒ（P.Ehrlich）の側鎖説に始まり，その後ポーリング（L.Pauling）の指令説，バーネット（F.M.Burnet）のクローン選択説と発展してきたが，最近のDNA組換え技術の発展により免疫グロブリン遺伝子の構造が解明され，この問題に対する解答の輪郭が得られた．

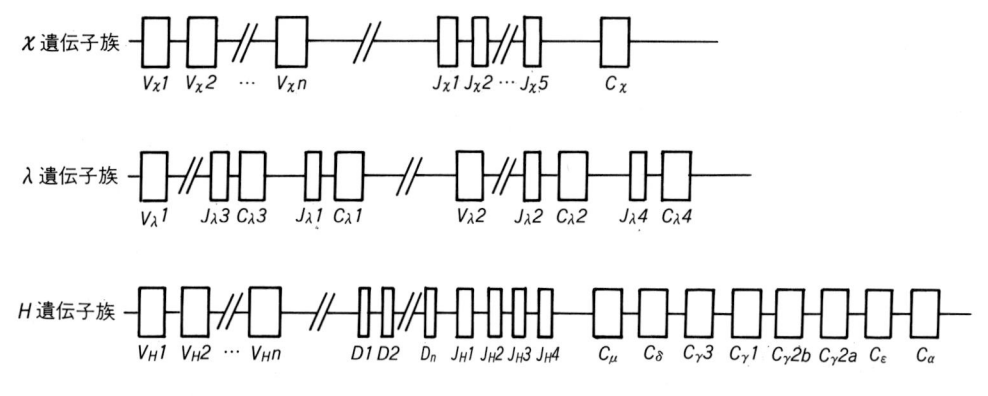

図 4-5　マウスの免疫グロブリン遺伝子

$\varkappa$遺伝子の$V_\varkappa$の数は約300であるが，そのうち30〜40％は偽遺伝子である．また5つの$J_\varkappa$のうち1つとλ遺伝子のJ_4，C_4も偽遺伝子と考えられている．H遺伝子ではV_Hの数は数百になると推定されているが，やはりかなりの数の偽遺伝子が存在する．D分節の数は12個程度である．

免疫グロブリン遺伝子の構造は図4-5に示す通りで，3つの特徴をもつ．その1つは$\varkappa$鎖，λ鎖およびH鎖の遺伝子はそれぞれ別の染色体に存在することである．マウスでは$\varkappa$鎖遺伝子は第6染色体，λ鎖は第16，H鎖の遺伝子は第12染色体に存在する．第2の特徴は機能的に異なる可変領域と定常領域に相当する部分が別々に離れた位置に存在していることである．第3は可変領域がL鎖でV (variable) とJ (joining) の2つ，H鎖でV，D (diversity) およびJの3つの分節に分かれて，それぞれがかたまって存在していることである．V分節の数はマウスでは$\varkappa$鎖で約300，λ鎖で2個，H鎖では200〜300存在する．J分節は$\varkappa$鎖で5，λ鎖で4，H鎖では4個存在し，またH鎖にのみ存在するD分節は12個と推定されている．H鎖の定常領域（C領域）に対応する遺伝子領域には，μ鎖，γ鎖，α鎖などを支配する遺伝子がそれぞれ一列に配列されている．マウスではC_μ-C_δ-C_{γ_3}-C_{γ_1}-$C_{\gamma_{2b}}$-$C_{\gamma_{2a}}$-C_ε-C_αの順に並んでいることが知られている．

b．免疫グロブリン遺伝子の再構成

前述のように，1本のポリペプチド鎖に対応する遺伝子は一般にいくつかのエキソン（exon）

に分かれ，不連続な構造を示す．しかし，リンパ球が成熟する過程で介在配列の欠失による DNA の再構成 (rearrangement) によって，特定の V 遺伝子と C 遺伝子とが結合し，完全な抗体遺伝子が作られる．図 4-6 はその再構成の過程を H 鎖遺伝子を例にとり，模式的に示したものである．

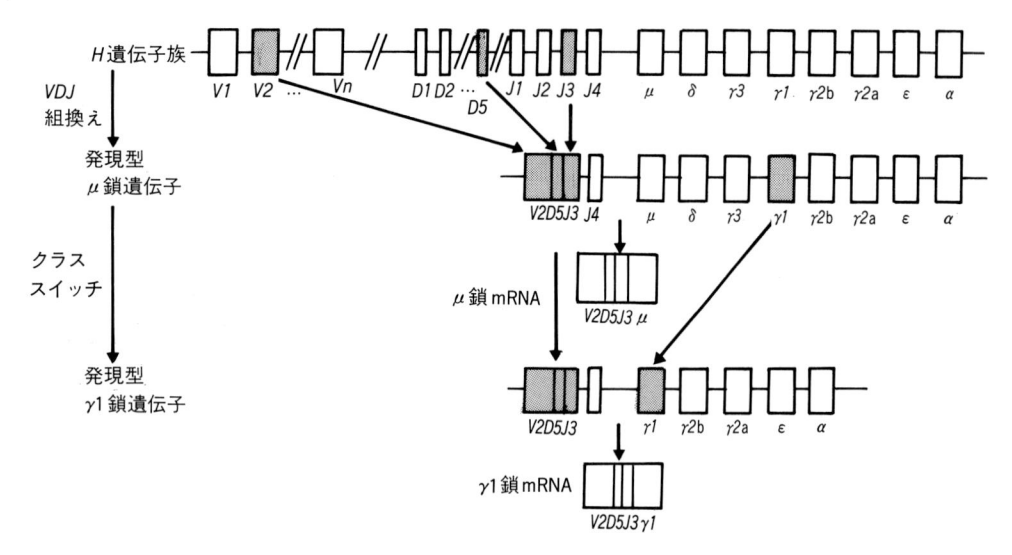

図 4-6 免疫グロブリン遺伝子の再構成

この例では V2 と D5 との間および D5 と J3 の間に含まれる部分は VDJ 組換えの際に欠失する．また，クラススイッチにより μ, δ, γ_3 の C_H 領域の欠失が起こっている．

まず，V 分節と D 分節がその間に介在する DNA を欠失させることによって結合し，次いで D と J が同様に結合する．このようにして可変領域をコードする遺伝子が再構成されるが，その組合せによって非常に多様な遺伝子を作り出すことが可能になる．この V-D-J 組換えによってできた完全な μ 鎖遺伝子を鋳型にして，mRNA が転写される．その際，ペプチド鎖に翻訳されないイントロン (intron) の部分も転写されるが，イントロン部分は転写後 RNA スプライシング (splicing) により切り取られて，完全な μ 鎖 mRNA ができる．

ところで，個々の B 細胞のレベルでは，L 鎖は κ 鎖と λ 鎖のうちどちらか 1 種類，H 鎖も 1 種類のみが合成される．すなわち，1 つの細胞では 1 つの V-D-J 組合せのみが機能しているが，多数の V，D，J 各分節の組合せにおいて，どの組合せになるかは偶然にまかされていると考えられる．ここで，L 鎖における V と J の組合せ，H 鎖における V-D-J の組合せ，ならびに H 鎖と L 鎖の組合せの総数を単純に計算すると 10^8 程度になる．したがって，個体のもつ抗体の種類のかなりの部分はこれで説明できる．すなわち，それぞれの B 細胞は異なる遺伝子を表現し，それぞれ異なった特異性をもつ免疫グロブリンを合成する．

このような遺伝子の再構成は免疫グロブリン遺伝子のほかでは，T 細胞抗原受容体遺伝子でも起こることが知られている．

免疫応答の過程において，産生される抗体にクラス変換の起こることはよく知られている．すなわち，免疫後最初に出現してくる抗体はIgMであるが，少し遅れてIgGが出現し，徐々にIgGに置き換わっていく．抗原の種類や抗原投与の方法によってはIgAやIgEも作られる．

このような免疫グロブリンのクラス変換はH鎖C遺伝子の組換えによって行われる．各C遺伝子間には組換えのシグナルとなる特定の領域（スイッチ領域）があり，この領域にヘルパーT細胞からのサイトカインがはたらくことによってクラス変換が誘導される．たとえば，マウスではインターロイキン-4 (IL-4) と呼ばれるサイトカインがIgG1およびIgEへの変換を誘導し，一方，TGF-βはIgG2bおよびIgAへの変換を誘導する．図4-6にμ遺伝子から$\gamma1$遺伝子への組換え過程を示す．図に示すように，クラス変換はB細胞に発現されるV_H遺伝子と特定のC_H遺伝子との間に存在するC_H遺伝子を欠失させることによってもたらされる．すなわち，図の例では$C\mu \sim C\gamma_3$遺伝子が欠失することにより$\gamma1$鎖をコードする完全な遺伝子ができることになる．

前述のように，遺伝子の再構成過程におけるV, D, J組換えとL鎖とH鎖のランダムな組合せにより抗体の多様性のかなりの部分を説明することができる．さらに，再構成された遺伝子の可変領域内では体細胞突然変異が頻繁に起こることが観察されている．したがって，抗体の多様性は免疫グロブリン遺伝子の再構成機構と体細胞突然変異の両者によってもたらされるものと考えられる．

c．ニワトリにおける抗体の多様化機構

前項で述べたことは主としてマウスなどで得られた結果であるが，家畜（哺乳類）でも同様であると考えられる．しかし，ニワトリでは哺乳類とはいくぶん異なることが見出されている．

ニワトリの免疫グロブリンのL鎖はλ鎖のみで，κ鎖は見出されていない．λ鎖の遺伝子領域には$V\lambda, J\lambda$および$C\lambda$がそれぞれ1個ずつ存在するが，$V\lambda$の上流に約25個の偽V遺伝子が見出される．H鎖の遺伝子もほぼ同様で，V_H, J_Hおよび$C\mu$がそれぞれ1個ずつ存在し，V_HとJ_Hの間に約15個のD分節が見出される．また，V_Hの上流には80～100の偽V_H遺伝子が存在している．

ニワトリでは，遺伝子再構成は胎生の初期に一度起こるのみである．しかも，機能しているV遺伝子はH, L鎖ともそれぞれ1つずつであるので，遺伝子再構成が抗体の多様化の原因とは考えられない．抗体遺伝子の多様化は再構成を終えたV遺伝子が，ファブリシウス嚢内でB細胞が成熟する間に，偽V遺伝子と置換を繰り返すことによってもたらされると考えられている．

図4-7は再構成を終えた$V\lambda1$遺伝子がファブリシウス嚢内でB細胞に成熟していく過程で行われた偽V遺伝子との遺伝子置換を示したものである．偽遺伝子の配列を利用した置換は必ずしもランダムではなく，ある偽遺伝子は他の偽遺伝子より頻繁に利用されている傾向がみられる．

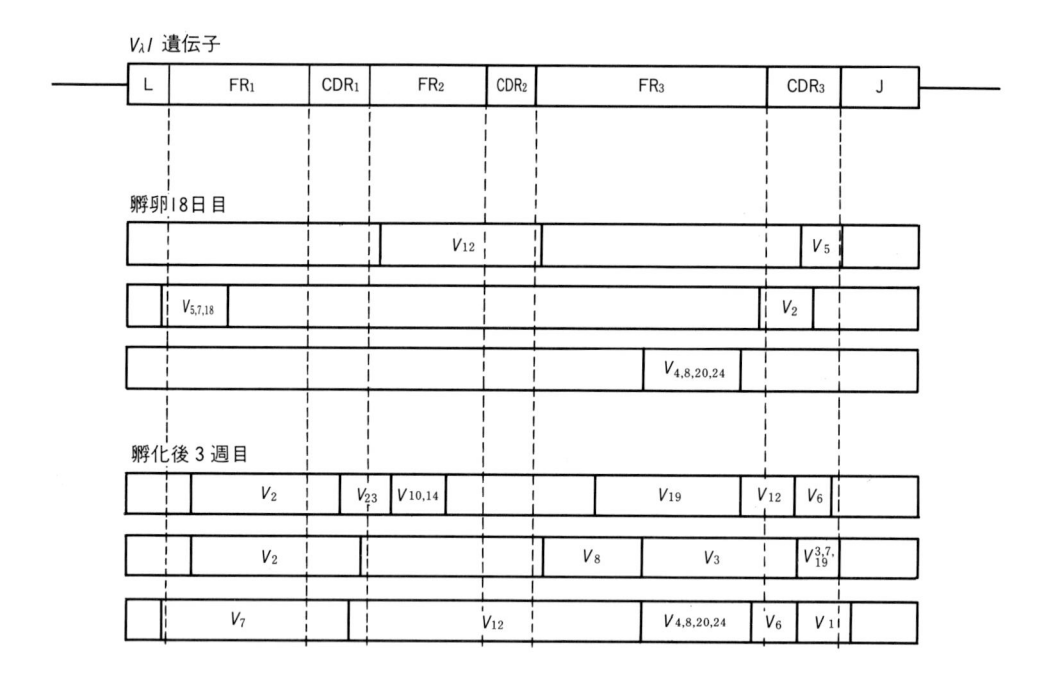

図4-7 遺伝子置換によるニワトリ $V\lambda$ 遺伝子の多様化
(Reynaud ら, 1989 より著者および Academic Press の許可を得て転載)
VJ 組換え後, $V\lambda 1$ 遺伝子はファブリシウス嚢中で偽遺伝子と遺伝子置換を引き起こしてモザイク状になる. V_i は偽遺伝子と置換を起こした部位を示す. なお, CDR は相補性決定領域, FR は枠組領域を示す.

3) アロタイプの遺伝

a. アロタイプの発現

　アロタイプとは免疫学的手法により検出される血清タンパク質の個体変異型を意味する. しかし, これまでに見出されたアロタイプの多くは免疫グロブリンの変異として検出されており, また最初に見出されたアロタイプが家兎の抗体のアロタイプであったことなどから, 単にアロタイプと言えば免疫グロブリンのアロタイプを意味する場合が多い.

　前述したように, 免疫グロブリンの定常領域は, 同一個体では変異が見出されない領域であるが, 個体間で変異が検出されることがある. この変異がアロタイプと呼ばれるものである.

　ところで, 免疫グロブリンは各2本のH鎖とL鎖よりなるが (図4-4参照), アロタイプの遺伝子型がヘテロの場合でも, 同一分子のH鎖またはL鎖のアロタイプ型は2本とも同一である. すなわち, 1つのB細胞から形成された免疫グロブリンは, H鎖, L鎖ともにどちらか片方の遺伝子が発現したものである. この現象は対立遺伝子の対側排除 (allelic exclusion) と呼ばれている. すでに述べたように, B細胞が免疫グロブリンを産生するためには, V-D-J-C または V-J-C の遺伝子再構成が完了していることが必要である. その際, 遺伝子再構成を最初に完了した側の遺伝子のみが機能するので, 結果として対側排除が起こるものと考えられて

いる．

b．各動物の免疫グロブリンのアロタイプ

マウス　マウスのアロタイプについてはかなり詳しく調べられている．免疫グロブリンのH鎖のアロタイプを支配する座位としては Igh-1～Igh-8 の8座位が検出されており，これらはそれぞれ $\gamma 2a$, α, $\gamma 2b$, $\gamma 1$, δ, μ, ε, および $\gamma 3$ の各H鎖の変異を支配している．Igh-1 座位には多くの対立遺伝子が見出されており，系統が異なると Igh-1 座位の遺伝子も異なっている場合が多い．L鎖では λ 鎖の変異のみが知られている．

家畜・家禽　ウシでは IgG 1, IgG 2, IgM, および IgA のH鎖にそれぞれアロタイプ特異性が検出されている．L鎖でも2つのアロタイプ特異性が見出されたが，κ 鎖と λ 鎖のどちらに存在しているのかは不明である．ブタおよびヒツジでもそれぞれ IgG のアロタイプが報告されている．

ニワトリでは多くの研究者により，種々のアロタイプ特異性が報告されていたが，1979年各研究者間で記号の統一がなされた．その結果，IgG のH鎖のアロタイプを支配する座位は G-1, IgM のH鎖のアロタイプを支配する座位は M-1 と名付けられた．G-1 座位では13のアロタイプ特異性が9つの複対立遺伝子によって，M-1 座位では5つの特異性が4つの遺伝子によって支配されていることが知られている．

(3) 免疫応答の遺伝

1) 免疫応答遺伝子

外来抗原に対する抗体産生能に遺伝的な差のみられることは古くから観察されていた．たとえば，チェイス（M.W.Chase, 1941）はモルモットでジニトロクロロベンゼンに対する遅延型アレルギーに強いものと弱いものがあることに注目し，交配試験によりこの形質が遺伝支配を受けていることを示した．また，スターン（C.Stern）ら（1956）はマウスのヒツジ赤血球に対する自然抗体を分析し，抗体価の差は明らかに遺伝支配を受けており，抗体価の低い方が高い方に対し不完全優性であることを示した．

このように，免疫応答が遺伝支配を受けていることはかなり早くより知られていたが，特定の遺伝子の同定までには至らなかった．免疫応答に関与する遺伝子座は1963年レビン（B.B. Levine）らによってモルモットで初めて同定された．彼らはそれまで免疫応答の遺伝分析が成功しなかったのは複雑な構造をもつ抗原を免疫原として用いたためであろうと考え，比較的単純な構造をもつ物質を免疫原として用いた．すなわち，ハプテン（hapten）である2,4-ジニトロフェノール（DNP）をポリ-L-リジン（PLL）に結合させたものを抗原として，モルモットを免疫した．その結果，この抗原に対する抗体産生能は明らかに常染色体上の1つの優性遺伝子によって支配されていることが示された．

その後この方面の研究は急速に進展し，マウス，モルモット，ラットなどの実験動物を用い

た研究により，種々の抗原に対する免疫応答能は特定の遺伝子の支配を受けていることが次々に明らかにされた．

図4-8はチロシン，グルタミン酸，アラニンおよびリジンからなる合成ポリペプチド(Tyr, Glu)-Ala--Lysを免疫原として，マウスを免疫した例である．この抗原に対し高応答を示すC57と低応答のCBAの交雑により得られたF_1はC57より抗体価はいくぶん低いが高応答を示した．F_1にC57を戻し交配すると，その後代はすべて高応答を示すが，CBAに戻し交配すると高応答と低応答がほぼ1：1の比に分離した．これらの結果は(Tyr, Glu)-Ala--Lysに対する免疫応答能が1対の遺伝子により支配され，高応答が低応答に対し優性であることを示している．

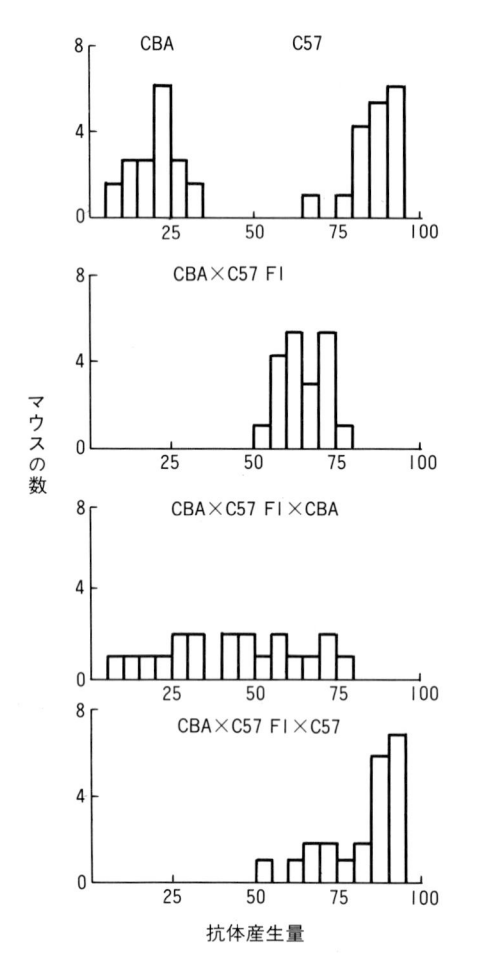

図4-8 (Tyr, Glu)-Ala--Lysで免疫されたマウスにおける免疫応答
(H.O.McDevittら，1965．著者およびRockefeller Univ. Pressの許可を得て転載)
(Tyr, Glu)-Ala--Lysを10μgずつ2回免疫した後の抗体産生量を示す．

このような免疫応答を支配する遺伝子は免疫応答遺伝子と呼ばれている．なお，免疫応答遺伝子を検出するために一般に用いられている方法としては，
① できるだけ単純な構造をもつ物質を抗原として用いる．
② 天然のタンパク質の場合には，免疫に用いる動物の構成タンパク質と類似したものを用い

る．

③抗原性の強いものをごく少量免疫する．

などの方法がある．たとえば，DNP をウシ血清アルブミンに結合させたものを抗原としてモルモットを免疫すると，抗原量 $1\mu g$ では高応答と低応答を明瞭に区別できるが，$100\mu g$ ではその差がほとんど検出されなくなる．

ところで，表4-9 に示したように免疫グロブリンはいくつかのクラスおよびサブクラスに分けられるが，免疫応答の遺伝子支配は免疫グロブリンのクラスごとに違いがみられる．たとえば，マウスのヒツジ赤血球に対する免疫応答では B 10 系統は BALB/c 系統に比べると，IgM では高応答，IgG 1 と IgG 2 a では低応答を示すが，遺伝的には IgM と IgG 2 a では低応答が，IgG 1 では高応答がそれぞれ優性である（セマン（M.Seman）ら，1978）．

2) 主要組織適合性座位との連鎖

免疫応答遺伝子についての研究が進むにつれて，多くの動物で免疫応答遺伝子が主要組織適合性複合体（major histocompatibility complex；MHC, p 147 参照））と密接に連鎖していることが見出された．免疫応答遺伝子は 1 つのみではないので，MHC と連鎖していない免疫応答遺伝子もあるが，どの動物でも少なくとも 1 つは MHC と連鎖していることが明らかになってきた．

表4-10 抗原(His, Glu)-Ala--Lys に対する免疫応答を統御する Ir 遺伝子(Ir-1, Ir-(His, Glu)-Ala--Lys)によって定義される I 領域

マウス	H-2ハプロタイプ	組換え地図	抗(H, G)-A--L 抗体産生
A	H-2^a	K^a S^a_s D^a	高応答性
C 3 H.SW	H-2^b	K^b S^b_s D^b	低応答性
DBA/1	H-2^q	K^q S^q_s D^q	低応答性
B10.A(4 R)	H-2^{b4}	K^a S^b_s D^b	高応答性
AQR	H-2^{y1}	K^q S^b_s D^a	高応答性

（矢野明彦，1984 より著者および岩波書店の許可を得て転載）

表4-10 はマウスの MHC である H-2 座位内で組換えを起こしたマウスを用いて分析した例である．H-2^a 遺伝子をもつ A 系は (His, Glu)-Ala--Lys に対し高応答，H-2^b をもつ C 3 H.SW と H-2^q をもつ DBA/1 は低応答であるが，A 系統と C 3 H.SW または DBA/1 との交雑により H-2 内で組換えを起こした遺伝子をもつ B 10.A（4 R）および AQR は，表 4-10 に示すようにともに高応答で，免疫応答を支配する領域は K と S の間に存在することが推定された．この領域は I 領域と名付けられ，その後さらに I-A, I-E などの亜領域に細分されている．

家畜および家禽においても，免疫応答遺伝子と MHC の連鎖は同様に認められている．たと

えば、ウシではヒト血清アルブミンおよび (Tyr, Glu)-Ala--Lys に対する免疫応答がウシの MHC である BoLA 型と関連していることが報告されている。ブタでも、卵白リゾチームや (Tyr, Glu)-Ala--Lys に対する抗体産生能が MHC である SLA に支配されていることが見出されている。ニワトリの MHC は血液型座位でもある B 座位であり（前節参照）、B 座位による免疫応答支配の例は数多く報告されている。その1例を示すと図 4-9 の通りである。DNP に対するニワトリの抗体産生能は B 遺伝子によって明らかに差があり、$B^{11} > B^9$ の関係がみられる。

なお、これらの遺伝子の免疫応答能は抗原特異的であり、抗原を変えると同じ遺伝子型でも免疫応答能に違いがみられる。たとえば図 4-9 において、DNP に対する免疫応答能は $B^{11} > B^9$ であったが、ウサギ血清アルブミンに対しては $B^9 > B^{11}$ の傾向が観察されている。マウスなどで報告された抗原特異的免疫応答の2, 3 の例を示せば表 4-11 の通りである。

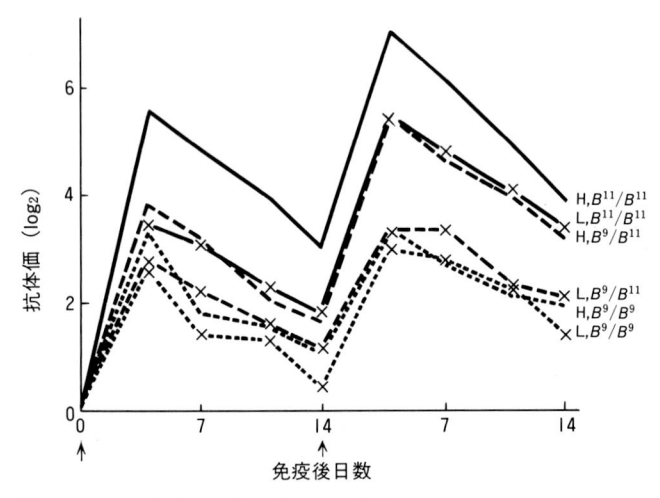

図 4-9　ニワトリ γ-グロブリンに結合させた DNP で免疫した2系統（H および L）のニワトリにおける抗 DNP 抗体価の推移
（柳本・岡田，1980 より引用）

矢印は免疫日を示す。

表 4-11　MHC の各ハプロタイプの抗原特異的免疫応答

動物種	抗原	各ハプロタイプの応答		参照
		高応答	低応答	
マウス	(His, Glu)-Ala--Lys	$H-2^a, H-2^k$	$H-2^b, H-2^q$	Shreffer & David (1975)
	(Try, Glu)-Ala--Lys	$H-2^b$	$H-2^a, H-2^k, H-2^q$	
	卵白アルブミン	$H-2^b, H-2^q$	$H-2^a, H-2^k$	
	ウシ γ グロブリン	$H-2^a, H-2^k$	$H-2^b, H-2^q$	
モルモット	ヒト血清アルブミン	2	13	Benacerraf (1973)
	G-T ポリマー	13	2	
ニワトリ	ヒト血清アルブミン	B^{11}	B^9	岡林・岡田 (1989)
	イヌ血清アルブミン	B^{11}	B^9	
	ウサギ血清アルブミン	B^9	B^{11}	

3) その他の免疫応答遺伝子

後述するように，ある特定の抗原に対して産生される抗体量は，多くの場合，かなりの変異を示し，複数の遺伝子の支配を受けていることが推測される．MHC 以外の免疫応答遺伝子についてはまだあまり分析されていないが，マウスではいくつかの座位が報告されている．

ガッサー（D.L.Gasser, 1969）は同種赤血球を抗原としてマウスを免疫し，血液型 Ea-1 抗原に対する免疫応答能が劣性に遺伝することを見出した．MHC である *H-2* 内の免疫応答座位が先に *Ir-1* と名付けられていたので，この座位は *Ir-2* と名付けられた．*Ir-2* 座位は *agouti* 座位と連鎖しているので，第2染色体上に存在するものと考えられる．同種抗原に対する免疫応答では，このほかに胸腺細胞の Thy-1.1 抗原に対する免疫応答が *H-2* 内の *Ir-1* 座位とこれと 19% の乗換え価で連鎖する *Ir-5* 座位の両者の支配を受けていることが示された．

異種の自然抗原に対する免疫応答では α-1,3-デキストランに対する免疫応答能は免疫グロブリンの H 鎖を支配する *Igh-1* 座位と連鎖しており，III型肺炎双球菌の多糖体に対する IgM の応答は X 染色体上の遺伝子によって支配されていることが見出されている．

このほか，合成ポリペプチド (Tyr,Glu)-Pro-Lys に対する免疫応答能は *Ir-3* と名付けられた座位によって支配されている．

家畜や家禽では，MHC 以外の免疫応答遺伝子の分析はあまり行われていないが，ニワトリではいくつかの報告がみられる．柳本・岡田（1980）は移植片対宿主反応能について高・低二方向に選抜した系統を用いて分析し，ニワトリの MHC である *B* 遺伝子型が同じであっても，DNP に対する免疫応答能に系統差が観察されることから（図 4-9），*B* 座位とは関係のない遺伝子によっても支配されていることを指摘した．同じ *B* 遺伝子型をもつ系統間での免疫応答能の差は，これ以外にもいくつか報告されている．

4) 2つの免疫応答遺伝子の相補作用

前項で述べたように，T 細胞の抗原 Thy-1.1 に対する免疫応答性は，*H-2* 内の *Ir-1* 座位とこれと連鎖している *Ir-5* 座位との両者によって支配されている．Thy-1.1 に対しともに低応答である C 57 BL/6 と DBA/2 の交雑から生まれた F_1 が高応答を示すことが見出され，2つの免疫応答遺伝子間の相補作用が考えられた．このような相補作用は合成ポリペプチド抗原 (Tyr,Glu)-Ala--Lys や GLL などに対する応答でも見出された．GLL に低応答の B 10.S マウスは *I-E* 亜領域の α 遺伝子に欠陥があり，B 10.BR は *I-A* 亜領域の β 遺伝子に欠陥が存在する．この両者の F_1 はその両亜領域についてヘテロの状態で正常な遺伝子をももつことになるので，抗原 GLL に対して高応答を示すようになるのである．このように独立して存在する α 遺伝子と β 遺伝子による相補作用を α-β 遺伝子相補作用と呼んでいる．

5) 量的形質としての免疫応答能

a. 免疫応答能の遺伝率

前述のように，比較的単純な構造をもつ抗原をごく少量免疫した場合には，特定の免疫応答遺伝子を同定することが可能であるが，自然抗原の場合にはその抗原がもつ多くの抗原構造部位に対して抗体が産生されるので，その分析は困難になる．さらに，前にも述べたように免疫応答に関与する座位自体がかなり多く存在するので，特定の遺伝子の同定は一層困難になる．したがって，家畜のようにヘテロ性の高い動物では抗体価は一般に正規分布に近い分布を示すので，量的形質として取り扱う方が便利な場合が多い．

量的形質の遺伝は一般に遺伝率で示される．これまで，各動物で報告された種々の抗原に対する抗体価の遺伝率を示せば表4-12の通りである．一般に，0.2～0.4程度の値が多く報告されている．

表4-12 種々の抗原に対する各動物の抗体産生能の遺伝率

動物名	抗原	遺伝率[1]	参照
ヒツジ	卵白アルブミン	0.25～0.40	Berggren-Thomas et al.(1987)
	ニワトリ赤血球	0.75	Nguyen(1984)
ブタ	ウシ血清アルブミン	0.40	Huang(1977)
	B. bronchiseptica	0.10～0.50	Rothschild et al.(1984)
	疑似狂犬病ワクチン	0.20	Heeker et al.(1987)
	E. coli	0.30～0.45	Edfors-Lilja(1985)
	(T,G)-A--L	0.25～0.45	Mallard et al.(1989)
マウス	ヒツジ赤血球	0.30～0.45	Claringbold(1957), 他
	ウシ血清アルブミン	0.20～0.25[2]	Biozzi et al.(1979), 他
ニワトリ	ヒツジ赤血球	0.25	Martin et al.(1990), 他
	ニューカッスル病ワクチン	0.15～0.40	Gyles et al.(1986), 他
	S. pullorum	0.05～0.30	Pevzner et al.(1981), 他
	Leucocytozoon caulleryi	0.15[2]	岡田ら(1988)

[1] 遺伝率は0.05単位で示した．
[2] 実現遺伝率．

b. 免疫応答能に対する選抜

免疫応答能に対する選抜はいくつかの動物で行われており，いずれもかなり顕著な選抜効果が得られている．マウスにおいては，ビオッジ（G.Biozzi）とその共同研究者による一連の選抜実験が報告されている．彼らはヒツジ赤血球，ハト赤血球，サルモネラ菌，ウシ血清アルブミンなど種々の抗原を用いてマウスを免疫し，その抗体価により高・低二方向に選抜した．選抜は効果的で，いずれの選抜においても0.2前後の実現遺伝率が観察されている．しかし，いずれの系統においても選抜を十数世代続けるとほぼプラトーの状態に達し，免疫応答に関与する遺伝子座の数は5～15程度と推測された．

ブタではクロイスリッヒ（H.Kräusslich）ら（1983）がウシ血清アルブミンに結合させたDNPを抗原として，抗体価の高い方向へ選抜している．4世代の選抜で抗体価は64%上昇したが，細胞性免疫には変化はみられなかったと報告した．ニワトリでは，ヒツジ赤血球やウサギ血清アルブミンなど種々の抗原に対する抗体産生能について選抜が行われているが，そのほかに移植片対宿主反応能（岡田・三上，1974）や遅延型過敏症反応（アフラズ（F.Afraz）ら，1994）など細胞性免疫に対する選抜も行われている．図4-10は遅延型過敏症反応に対する二方向選抜の例を示したものである．明瞭な選抜効果が観察されている．

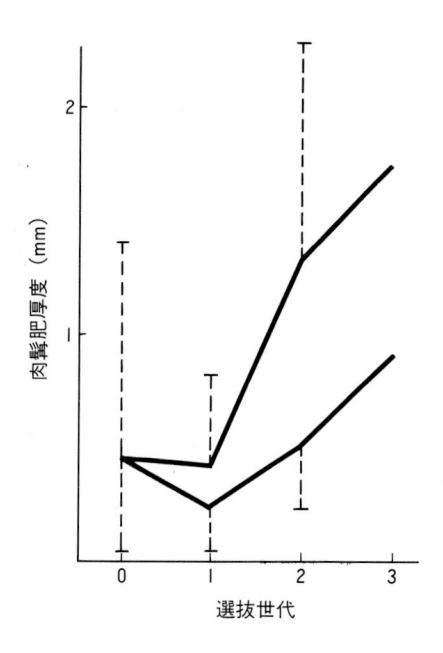

図4-10 ニワトリの遅延型過敏症反応能に対する高・低二方向選抜
BCGで肉髯を感作し，その肥厚度で選抜した．縦の破線は選抜差を示す．

3．組織適合性の遺伝

1902年，ウイーンの外科医ウルマン（E.Ullmann）は，イヌの腎臓を同じイヌの頸部に移植し，尿が排泄されることを観察した．この時期にはすでに血管・尿管の吻合が可能であり，技術的には腎臓移植は可能となっていた．

そして1906年にはフランスのリヨンで，ジャボウレイ（M.Jaboulay）により最初のヒトに対する腎臓移植が実施された．このときは異種動物であるブタおよびヤギの腎臓がヒトに移植されている．ヒトにおける最初の同種移植（他人の腎臓を用いる）は，1933年にウクライナの外科医ボロノイ（Y.Y.Voronoy）により行われた．しかし，自己の臓器は移植後生着したが，自己以外の臓器はほとんどすべて拒絶されたことが報告されている．

ヒトにおける腎臓移植の成功第1例は，1954年12月23日にボストンでマレイ（J.Murray）らによって行われた一卵性双生児の間での移植である．

では，何が自己と非自己を分けているのであろうか．自己の臓器および一卵性双生児からの臓器を用いた場合には移植が成功するので，遺伝子が同一であれば拒絶反応は起こらないと推論された．そこで，次の疑問は遺伝子の違いは一様に拒絶反応を誘導するのか，あるいは，特に拒絶反応にとって重要な遺伝子が存在するのかということである．

この疑問に応えるために，ゴーラー（P.Gorer）やスネル（G.Snell）らによって，主にマウスを用いて同種間での腫瘍移植や皮膚移植の免疫遺伝学的解析が行われ，同種移植において際立って強い抗原性を示す主要組織適合性抗原（major histocompatibility antigens）の存在が明らかにされた．この主要組織適合性抗原の遺伝子群はヒトでは第6染色体に，マウスでは第

17染色体上に存在することが判明した．

そして，この主要組織適合性複合体 (major histocompatibility complex；MHC) の本体が，チンカーナーゲル (R.Zinkernagel) とドハティー (P.Doherty) らの研究で，タンパク抗原由来のペプチド断片をT細胞に対して提示する抗原提示分子であることが解明された．つまり，主要組織適合性複合体はT細胞の活性化にとって必要不可欠のものであったのである．

(1) 主要組織適合性複合体

主要組織適合性複合体遺伝子群 (MHC) は，一連の細胞膜結合型糖タンパク質をコードする遺伝子の複合体であり，軟骨魚類以上の動物に認められ，ヒトでは第6染色体短腕に位置し，ほぼ大腸菌の遺伝子に相当する大きさ（4000 kb）をもっている（図4-11）．MHCは多数の対立遺伝子を有し，MHC分子は多型性であり，母親と父親から受け継いだMHC分子をともに発現している．MHC領域内の遺伝子は通常，クラスIとクラスIIの2つに分類される．基本的に

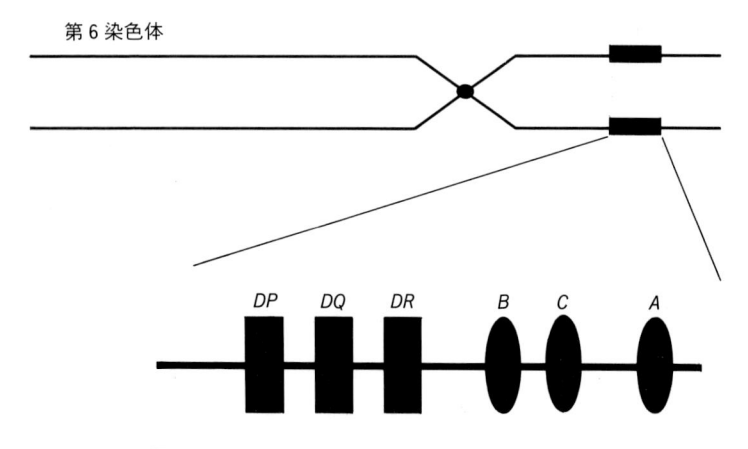

図4-11 ヒトのMHC（HLA）遺伝子の位置

表4-13 古典的主要組織適合性複合体遺伝子群(MHC)の特徴

1. MHCは1つの染色体上の遺伝子群である．
   （ヒトでは第6染色体，マウスでは第17染色体）
2. すべての脊椎動物に存在する．
3. MHCは多数の対立遺伝子を有する．
4. 母親と父親からのMHCを受け継ぎ，その遺伝子産物を発現している．
5. 3つのグループに分類できる．

MHCクラスI分子	ほぼすべての細胞上に発現されている糖タンパク質．基本的に細胞内抗原をCD8陽性T細胞に提示する．
MHCクラスII分子	一部の限られた細胞上に発現されている糖タンパク質．基本的に細胞外抗原をCD4陽性T細胞に提示する．
MHCクラスIII分子	その他

MHC クラス I 分子は，細胞質内のタンパク質に由来するペプチドを CD 8 陽性 T 細胞に提示し活性化する．多くの CD 8 陽性 T 細胞は細胞傷害性 T 細胞（cytotoxic T lymphocyte）で，ウイルスや細菌に感染した細胞や腫瘍細胞を殺す役割をもつ．一方，MHC クラス II 分子は，細胞外タンパク質に由来するペプチドを CD 4 陽性細胞に提示し活性化する．多くの CD 4 陽性細胞はヘルパー T 細胞（helper T cell）として，免疫系を有効にはたらかせる役割をもつ（表 4-13）．

最近，従来の MHC 遺伝子領域にコードされ，かつ MHC クラス I 分子および MHC クラス II 分子様の構造をもつにも関わらず，多型性を有さない分子群が発見され，これらは非古典的 MHC 分子と呼ばれはじめた．そこで，非古典的 MHC 分子と区別するときには従来の MHC 遺伝子群は古典的 MHC と呼ばれる（表 4-14）．

表 4-14 ヒトとマウスにおける古典的 MHC と非古典的 MHC

	ヒト	マウス
古典的 MHC クラス I	HLA-A, B, C	H-2 K, D, L
非古典的 MHC クラス I	HLA-D, E, F	Qa 1, Qa 2, Tla
古典的 MHC クラス II	HLA-DR, DP, DQ	H-2 IA, H-2 IE
非古典的 MHC クラス II	HLA-DM	H-2 M

また MHC 領域にコードされているが，非古典的なものを含めて MHC クラス I 分子および MHC クラス II 分子以外のものといった意味で，MHC クラス III 分子が定義されている．その中には補体の構成成分や液性因子などが含まれている．

一般に MHC は主要組織適合性複合体をコードしている遺伝子群を指すが，時にその遺伝子群より生じる遺伝子産物が MHC として呼ばれることもある．また，マイナー組織適合性複合体（minor histocompatibility complex）と呼ばれるものは存在しないが，マイナー組織適合性抗原（minor histocompatibility antigens）は MHC 以外で拒絶反応を起こすアロ抗原のことをいい，雄由来の移植組織が雌のレシピエントに拒絶反応を引き起こす場合の抗原である H-Y 抗原などが含まれる．

MHC は歴史的経緯により，表 4-15 のように動物によりそれぞれ異なった名前で呼ばれている．たとえば，ヒトの MHC は最初に白血球の血液型として発見されたために，ヒト白血球抗

表 4-15 動物間で異なっている主要組織適合性遺伝子の名称

動物種	略称	名称
マウス	H-2	Histocompatibility system 2
ラット	Rt H-1	以前は AgB と呼ばれた
ヒト	HLA	Human leukocyte associated antigens
ウサギ	RLA	Rabbit leukocyte antigens
モルモット	GPLA	Guinea pig leukocyte antigens

原 (human leukocyte antigen ; HLA) と呼ばれている．そのうえ，それぞれの MHC クラス I 遺伝子および MHC クラス II 遺伝子とも動物により異なった名前が付けられている．また染色体上での MHC クラス I および MHC クラス II 遺伝子の配列の順番も一定しないが，どの動物においても MHC は 1 つの染色体上に存在する（図 4-12）．

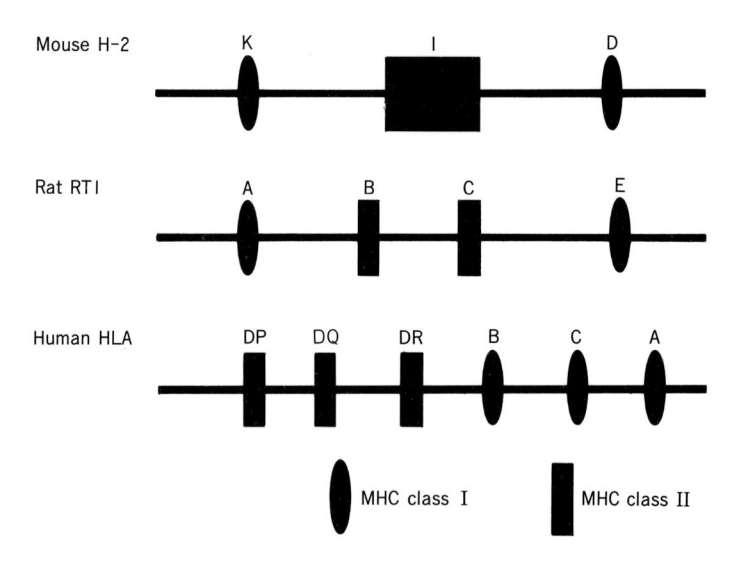

図 4-12 動物による MHC クラス I とクラス II の配列の違い

ヒトの MHC である HLA はヒト遺伝子の中でも最も多型に富んでいる．第 11 回国際 HLA ワークショップで公認されたものによると，HLA-A 座には 27 個，HLA-B 座には 59 個，HLA-DR 座には 24 個の対立遺伝子（第 1 章参照）が明らかにされている（表 4-16）．

また，1 組の染色体のうち，1 本は母親から受け継いだもので，もう 1 本は父親から受け継いだものであるため，多数の対立遺伝子のうちの通常は 2 つ，あるいはたまたま両親から共通の遺伝子を受け継いだ場合は 1 つの対立遺伝子より生じる MHC 分子を発現することになる．すなわち多型性の中から偶然に同一の対立遺伝子を両親から受け継がない限り，親子での MHC の同一性は 50％である．

(2) MHC クラス I 分子とその遺伝子

MHC クラス I 分子は $\alpha 1, \alpha 2, \alpha 3$ ドメインからなる分子量約 45000 の H 鎖 (heavy chain) と分子量 11500 の $\beta 2$ ミクログロブリン（$\beta 2$ m）からなる非共有結合のヘテロダイマー（異なる分子の 2 量体）の糖タンパクで（図 4-13），発現量の差はあるが身体を構成するほとんどすべての細胞の膜上に発現されている．これらの分子は細胞内で合成されたタンパク質が分解された結果生じるペプチド断片を主に CD 8 陽性細胞に対して提示する機能をもつ．H 鎖は膜通過部分をもち細胞膜上に固定されるが，$\beta 2$ ミクログロブリンにはそのような構造はなく，H 鎖と会合した形でのみ膜上に固定されている．この 2 本のポリペプチド鎖のうち H 鎖だけが MHC

表 4-16 第 11 回国際 HLA ワークショップで公認された HLA の対立遺伝子

A	B	C	DR	DQ	DP
A 1	B 5	C 1	DR 1	DQ 1	DP 1
A 2	B 7	C 2	DR 103	DQ 2	DP 2
A 203	B 203	C 3	DR 2	DQ 3	DP 3
A 210	B 8	C 4	DR 3	DQ 4	DP 4
A 3	B 12	C 5	DR 4	DQ 5	DP 5
A 9	B 13	C 6	DR 5	DQ 6	DP 6
A 10	B 14	C 7	DR 6	DQ 7	
A 11	B 15	C 8	DR 7	DQ 8	
A 19	B 16	C 9	DR 8	DQ 9	
A 23	B 17	C 10	DR 9		
A 24	B 18		DR 10		
A 2403	B 21		DR 11		
A 25	B 22		DR 12		
A 26	B 27		DR 13		
A 28	B 35		DR 14		
A 29	B 37		DR 1403		
A 30	B 38		DR 1404		
A 31	B 39		DR 15		
A 32	B 3901		DR 16		
A 33	B 3902		DR 17		
A 34	B 40		DR 18		
A 36	B 4005		DR 51		
A 43	B 41		DR 52		
A 66	B 42		DR 53		
A 68	B 44				
A 69	B 45				
A 74	B 46				
	B 47				
	B 48				
	B 49				
	B 50				
	B 51				
	B 5102				
	B 5103				
	B 52				
	B 53				
	B 54				
	B 55				
	B 56				
	B 57				
	B 58				
	B 59				
	B 60				
	B 61				
	B 62				
	B 63				
	B 64				
	B 65				
	B 67				
	B 70				
	B 71				
	B 72				
	B 73				
	B 75				
	B 76				
	B 77				
	B 7801				
	B 4				
	B 6				

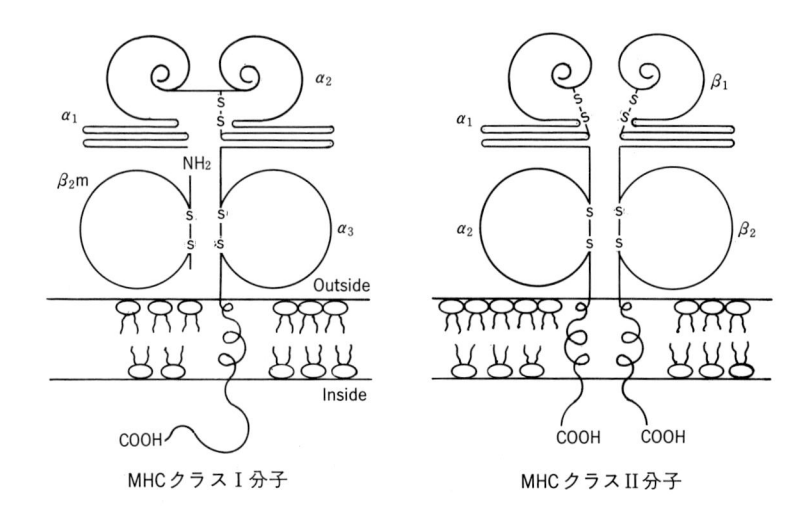

図 4-13 MHC クラス I とクラス II 分子の模式図

内遺伝子産物であり，きわめて高度の多型性を示す．マウスでは $H\text{-}2K$，D，L の 3 種の古典的 MHC クラス I 遺伝子があるが，対立形質により K，D の 2 種しかないものもある．ヒトでは $HLA\text{-}A$，B，C の 3 つの古典的 MHC クラス I 遺伝子がある．

MHC クラス I 分子の細胞外部分の立体構造は，ブジョルクマン（P.J.Björkman）らによってX線回折によるヒトの HLA-B 2 の結晶解析で明らかにされた．それによると $\alpha 3$ ドメインと $\beta 2$ ミクログロブリンは免疫グロブリンのドメイン構造とよく似た構造をしており，MHC クラス I 分子の細胞外構造の下部を形成している．MHC クラス I 分子の上半分を構成する $\alpha 1$，$\alpha 2$ ドメインは免疫グロブリンとはまったく異なった構造をとっており，α strand helix

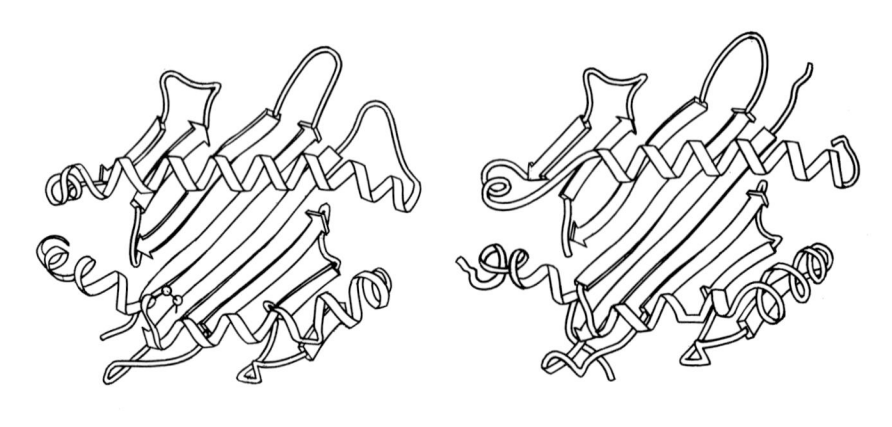

図 4-14 MHC クラス I とクラス II 分子の結晶解析による構造（上方より眺める）
（MHC クラス I 分子：Björkman,P.J.,1987 より，MHC クラス II 分子：Brown,J.H.,1993 より）

が上方に湾曲した形で2本平行に走り，その間が溝のようになっている．この溝に様々な細胞タンパクあるいはウイルスタンパク由来のペプチド断片がはまりこんで，T細胞に対して抗原提示（antigen presentation）をしていると考えられている（図4-14）．実際にX線回折でこの中に9個のアミノ酸残基からなるペプチドと思われる電子密度の分布が確認されている．

(3) 非古典的MHCクラスI遺伝子，MHCクラスIb

ヒトの HLA-A, B, C やマウスの H-2K, D, L は移植片の拒絶に強く関与しており，多型性に富み，MHCクラスI遺伝子としてすでに認識されている．一方で，マウスのQa2, Qa1, Tla やヒトの HLA-E, G, F または CD1 などは従来のMHCクラスI分子と同様のドメイン構造をもち，β2ミクログロブリンと会合することができる．これらは従来のMHCクラスI分子に比較すると多型性はきわめて少なく，細胞表面での発現量も十分ではなく，移植片拒絶に積極的に関与しているとは言えない．そこで，最近では，従来のMHCクラスIを古典的MHCクラスIまたはMHC class Ia と呼び，その他のMHCクラスI様の遺伝子を非古典的MHCクラスIまたはMHCクラスIbと称している（表4-14参照）．なお，単純にMHCクラスIと呼ばれるときは，通常は古典的MHCクラスIを意味している．

非古典的MHCクラスIのなかで，マウスの Qa2, Qa1, Tla の遺伝子はH-2複合体に連続する1000 kb位の範囲に存在し，またヒトの HLA-E, G, F 遺伝子はHLA複合体と同一の遺伝子領域に存在する．しかしながら，ヒトのCD1はHLA複合体とはまったく異なった染色体上の遺伝子にコードされていることがわかっている（異なった遺伝子にコードされているが，CD1分子も非古典的MHCクラスI遺伝子として扱われている）．

(4) MHCクラスI分子の機能

1) 細胞傷害性T細胞への抗原提示

個体が，細菌やウイルスなどの外界からの侵入者から個体自身を守る手段が免疫である．まず，侵入の起こった場所で好中球やマクロファージなどが非特異的な防御を行う．このディフェンスラインが突破されると，B細胞が分泌する抗体による抗原特異的な防御機構がはたらく．しかし，抗体は細胞内には入り込めないため，細胞内に寄生してしまった細菌やウイルスに対してはほとんど無力である．このような細菌やウイルスを感染細胞ともども殺すことが細胞傷害性T細胞の役割である．では，どのようにして細胞内の抗原（内因性抗原）を細胞傷害性T細胞に認識させるのであろうか．この内因性抗原の提示にMHCクラスI分子が重要な役割を演じているのである．

細胞にウイルスが感染すると，その遺伝子は宿主細胞の中で転写および翻訳され，微生物由来のタンパク質が産生されて細胞質中に放出される．また細胞内寄生性細菌には個体には通常存在しないタンパク質が存在する．このようなタンパク質は細胞質内で分解され，ペプチド断

片がMHCクラスI分子のペプチド結合溝に入り，T細胞に提示されると考えられている．CD8陽性T細胞はこれを識別して活性化され，パーフォリンと呼ばれるタンパク質を分泌して，ウイルスまたは細菌に感染した細胞に穴をあけ，グランザイムAなどのタンパク質分解酵素を細胞質内に送り込んで破壊する．

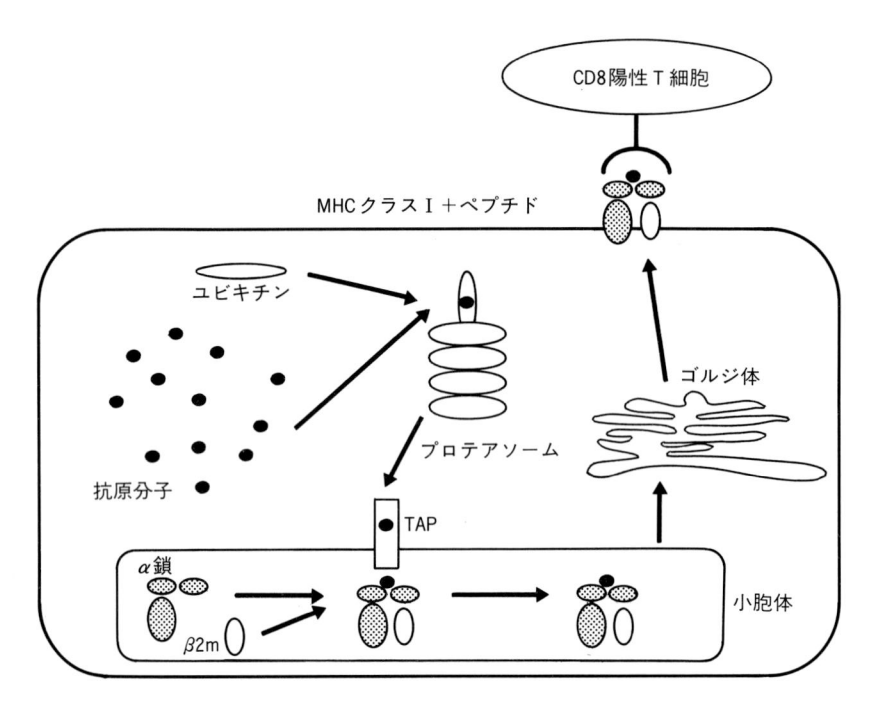

図4-15　MHCクラスI分子に結合する細胞内抗原の細胞表面への提示経路

この内因性抗原の提示機構を模式的に示したものが，図4-15である．内因性タンパク質はユビキチンの助けを受けて，細胞質のプロテアソームと呼ばれる多様なタンパク分解酵素活性を有する巨大なタンパク質複合体によって断片化される．それにより折りたたまれたタンパク質をほぐし，断片化を行うものと推測される．その後，小胞体に存在する輸送タンパク質，TAP (transporter associated with antigen presentation) によって小胞体内に運ばれる．一方，小胞体内で合成されたMHCクラスI分子のH鎖は，β2ミクログロブリンとのヘテロダイマーを形成し，その後小胞体内に輸送されてきたペプチドを受け取り，安定化されると，ゴルジ体を経て細胞表面へと運搬される．最近の研究では，外因性抗原であっても細胞質内に移行し，内因性抗原と同様に抗原提示されることも報告されている．

また自己の細胞に由来する腫瘍も腫瘍特異的な抗原を発現しており，または通常では微量にしか発現していない腫瘍関連抗原を大量に発現しているため，同様の機序で細胞傷害性T細胞により破壊されていると考えられる．

2) ナチュラルキラー (NK) 細胞活性化の抑制

　一方，細胞傷害性 T 細胞のほか，ナチュラルキラー細胞も細胞を破壊する能力をもっている．ナチュラルキラー細胞は血液幹細胞由来の細胞であるが，抗原提示細胞，T 細胞，B 細胞のいずれにも属さず，ウイルスあるいは細菌に感染した細胞，あるいは腫瘍細胞を破壊する．ではナチュラルキラー細胞はどのように殺すべき細胞を認識するのであろうか．細胞傷害性 T 細胞は MHC クラス I 分子に提示されたペプチド抗原を認識し活性化される．それに対してナチュラルキラー細胞は，ナチュラルキラー細胞が属する個体自身を破壊しないように，個体に恒常的に発現している MHC クラス I 分子からのシグナルを抑制的なものとして利用している．つまり，自分と同じ仲間を MHC クラス I 分子として認識し，仲間以外を殺すようにセットアップされているのである．ある種のウイルス感染細胞や腫瘍細胞は細胞表面の MHC クラス I 分子の発現を抑制することにより，細胞傷害性 T 細胞からの攻撃を免れている．しかし，そのような MHC クラス I 分子の発現が抑制されている細胞はナチュラルキラー細胞の標的となる．

　また，胎児は父親からの染色体をもち，その分子を発現しているため，母親にとっては半分は異物である．胎児由来の胎盤はアロ抗原として母親の細胞傷害性 T 細胞とナチュラルキラー細胞両者の攻撃の対象となるはずであるが，母体-胎児インターフェイスの最前線である胎盤のトロホブラストには古典的 MHC クラス I 分子は発現しておらず，細胞傷害性 T 細胞の標的にはならない．そして，トロホブラストには古典的 MHC クラス I 分子の代わりに，非古典的 MHC クラス I 分子のひとつである HLA-G 分子が発現しており，子宮内のナチュラルキラー細胞の活性を抑制していると考えられている．

　この MHC クラス I 分子に結合するナチュラルキラー細胞の受容体は，不特定の自己ペプチドを結合した MHC クラス I 分子の多型を識別する．この受容体の遺伝子は認識できる MHC クラス I 分子の特異性が異なるものが複数連鎖した状態で染色体上に存在する．個々のナチュラルキラー細胞はこれらのうち複数を同時に発現している．

(5) MHC クラス II 分子とその遺伝子

　MHC クラス II 領域（ヒトの D 領域，マウスの I 領域）は，合成ペプチドなど比較的単純な抗原に対する免疫応答(性)を決定する遺伝子（免疫応答遺伝子，Ir）が存在する領域として 1972 年頃に同定された．この領域の遺伝子産物として，当時 Ia 抗原と呼ばれた MHC クラス II 分子が発見された．MHC クラス II 分子はそれぞれが分子量 30,000 前後の 2 本鎖（α 鎖と β 鎖）が非共有結合で会合したヘテロダイマーの膜糖タンパクであり，両鎖とも MHC クラス II 領域内の遺伝子でコードされている（図 4-12 参照）．MHC クラス I 分子がほとんどすべての細胞に発現しているのとは異なり，MHC クラス II 分子は B 細胞；マクロファージ；樹状細胞など，生理的な状態では限られた種類の細胞にしか発現されない．これらの細胞は，外来の可溶性タンパク質抗原を取り込み分解した結果生じるペプチド断片を MHC クラス II 分子に載せて CD 4

陽性T細胞に提示するという抗原提示機能をもつ．

　MHCクラスII分子の立体構造は，1993年にブラウン（J.H.Brown）らによってHLA-DR1の結晶解析の結果として発表された．基本的にMHCクラスII分子の立体構造はMHCクラスI分子の立体構造と類似しているが，MHCクラスII分子では，MHCクラスI分子とは異なりペプチド結合溝が開いた状態であるために，MHCクラスI分子のペプチド結合溝には9残基前後のペプチドが納まるのに対して，MHCクラスII分子のペプチド結合溝には24残基までのペプチドが納まり得る（図4-14参照）．

（6）MHCクラスII分子による抗原提示

　抗体を産生するB細胞や細胞傷害性T細胞は単独では十分な能力を発揮できず，免疫系をより効果的にはたらかせるためにはCD4陽性T細胞（ヘルパーT細胞）の活性化が必要である．CD4陽性T細胞はMHCクラスII分子上に提示された抗原をT細胞受容体を介して認識し活性化される．

　では，どのように抗原がMHCクラスII分子上に提示されるのであろうか．その概略を図4-16に示した．

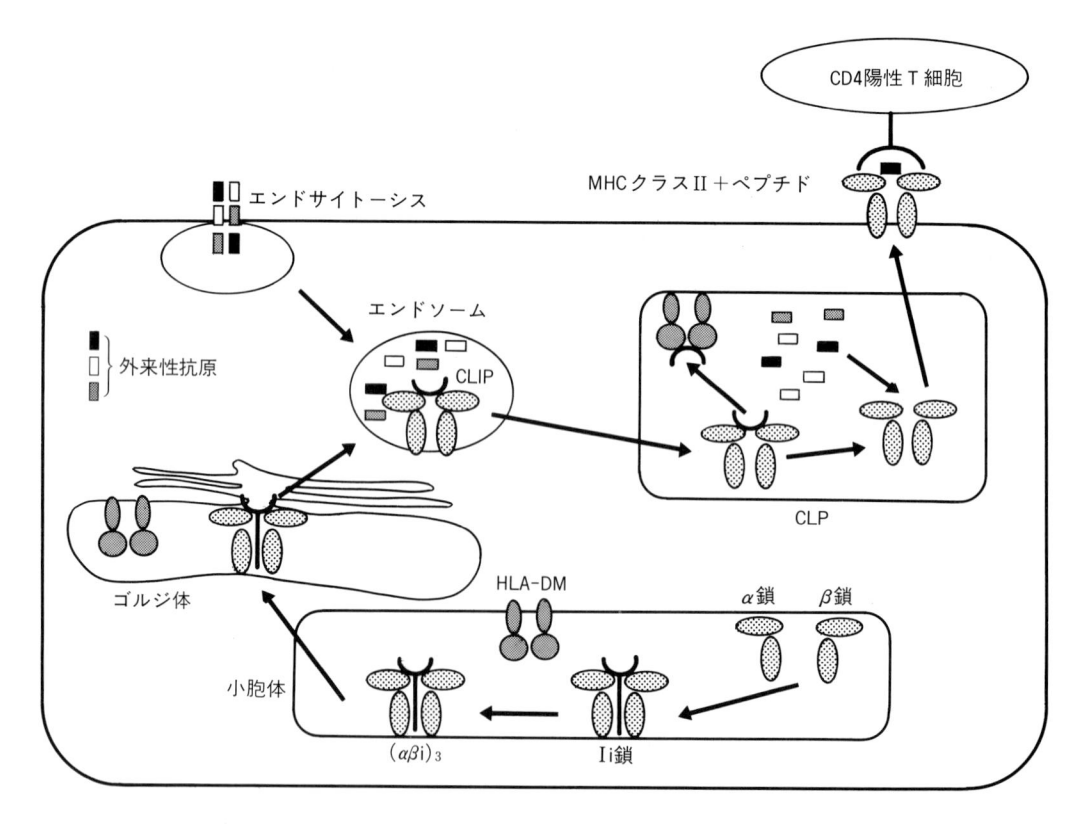

図4-16　MHCクラスII分子に結合する細胞外抗原の細胞表面への提示経路

IV. 免疫の遺伝子機構

細胞外に存在する外因性抗原は，大きな粒子状のものは貪食作用(phagocytosis)により，可溶性分子などは飲作用（pinocytosis）によりエンドソーム内に取り込まれ，エンドソーム内で分解される．一方，MHCクラスIIのα鎖とβ鎖は，小胞体において会合しヘテロダイマーを形成する．このとき，α鎖とβ鎖のN末端のドメインによりペプチド収容溝が形成される．

ここにIi鎖（invariant chain）のCLIP部分が結合することによって，Ii鎖とMHCクラスII分子が会合する．小胞体には，TAPによって細胞質から取り込まれたペプチドが存在する．しかしながら，MHCクラスII分子のペプチド収容溝はCLIPにより占拠されているため，これらの抗原提示細胞内で合成されたタンパク質に由来するペプチドは結合することができない．小胞体においてIi鎖は3量体を形成し，Ii鎖1分子につき1個のMHCクラスIIヘテロダイマーが結合しているため，MHCクラスIIのα鎖とβ鎖，Ii鎖の3つの分子が，それぞれ3個ずつからなる9量体が形成される．MHCクラスII-Ii鎖複合体は，9量体の形成と同時に，小胞体よりゴルジ装置を経てエンドソームに輸送される．MHCクラスII-Ii鎖複合体がエンドソームに到達すると，カテプシンと呼ばれるシステインプロテアーゼによってIi鎖が分解される．Ii鎖の分解が進むと，最終的にはMHCクラスII分子のペプチド収容溝にCLIPのみが結合した複合体が形成される．このMHCクラスII-CLIP複合体はcompartment for peptide loading (CPL)と呼ばれる特殊な細胞内コンパートメントに輸送され，CPL内でHLA-DMと呼ばれるMHCクラスII分子に類似した構造を有する分子により，CLIPがMHCクラスII分子のペプチド収容溝から離れ，代わってCPLに存在する外来性の抗原ペプチドが結合する．このような過程を経て，外来抗原ペプチドを結合したMHCクラスII分子が細胞表面に移動し，T細胞受容体を介してCD4陽性T細胞によって認識される．

(7) Ii鎖

Ii鎖の遺伝子座はMHCとは連鎖しておらず，ヒトでは第5染色体に，マウスでは第18染色体に存在する．ヒトのIi鎖は単一遺伝子の産物ではあるが，分子量の違いにより4つのアイソフォームが存在する．Ii鎖の一部（第81から104アミノ酸残基にわたる部分）はCLIPと称され，MHCクラスII分子のペプチド収容溝に結合し，Ii鎖とMHCクラスII分子との会合を担っている．また，第162から191残基の部分が，Ii鎖が3量体を形成するのに必須である．Ii鎖は，小胞体で合成されたMHCクラスII分子をエンドソームへ導くシャペロン分子（介助タンパク質）としての機能と，エンドソーム以外の場所でMHCクラスII分子のペプチド収容溝にペプチドが結合するのを防ぐプロテクターとしての機能を有する（図4-16）．Ii鎖のこの2つの機能により，MHCクラスII分子は細胞内で合成されたタンパク質ではなく，主に細胞外から取り込まれたタンパク質に由来するペプチドと選択的に結合できると考えられている．

(8) HLA-DM

ヒトではHLA-DM，マウスではH-2M分子はMHC領域からコードされるMHCクラス

II分子様のα鎖とβ鎖とのヘテロダイマー分子であるが，MHCクラスII分子のような多型性はみられず，それ自身外来ペプチドと結合する能力はないと考えられている．また，それらは細胞表面上に発現することはほとんどなく，その役割はCPL内でMHCクラスIIのα鎖とβ鎖と会合しているCLIPを移動させ，MHCクラスII分子のペプチド収容溝を空にして，外来性の抗原ペプチドと結合する用意をするためであると思われる（図4-16）．

(9) MHCクラスIII領域の遺伝子群

MHCクラスIIIという言葉はクラスI，クラスIIのMHC遺伝子群に対応して作られた言葉ではあるが，それらのようにはっきりとした意味づけのある言葉ではなく，いわば"その他"というくらいの意味で使われている．その中には免疫機能を有するがMHCクラスI，クラスII遺伝子とは構造的な類似性をもたない遺伝子（補体の第2，第4成分，腫瘍壊死因子（TNF）遺伝子）と，免疫とは無関係な機能をもつと考えられる遺伝子（副腎皮質ステロイド21-水酸化酵素などの遺伝子）がある．

(10) MHC多型の起源と生物学的意義

獲得免疫に関わる重要な遺伝子の系統発生学的な研究から，免疫グロブリン，T細胞受容体，MHCクラスII分子，MHCクラスI分子などの遺伝子はいずれも軟骨魚類の段階から出現したことがほぼ確定している．MHCの多型は，抗原ペプチドを収容する溝を構成するアミノ酸残基をコードするコドンで特に著明である．このような多型は遺伝子の点突然変異のみでなく，遺伝子変換によっても形成されたものと考えられているが，MHC領域に単位時間当たりに生じる突然変異の頻度は，他の遺伝子と比べて特に高いわけではないと思われている．よって，MHCの多型は非常に歴史が古く，長い年月をかけて蓄積されてきたものと考えられる．実際，ヒトやマウスの染色体を調べると，MHCと似た遺伝子構成を有する領域がMHC以外にも3カ所見つかるため，脊椎動物の進化初期に起きたと考えられる2度の4倍体化以前にMHCの基本的な遺伝子構成は存在していたことが示唆されている．また，ヒトのHLAクラスII分子の対立遺伝子の中で最も相同性の低い2つの対立遺伝子は，数千万年前に分岐したと推測されている．人類の出現は数十万年前であることを考えると，HLAの多型の歴史はヒトがサルから種として進化するはるか以前にすでに始まっていたと思われる．

T細胞はCD4陽性T細胞とCD8陽性T細胞に分けられるが，それらはMHCクラスII分子上に提示されたペプチド抗原とMHCクラスI分子上に提示されたペプチド抗原をそれぞれT細胞受容体を介して認識している．

T細胞受容体（TCR）は抗体分子と同様に，T細胞受容体遺伝子の再構成を行うことにより膨大な多様性を獲得している．T細胞受容体遺伝子の可変領域はV，D，Jの各セグメントから構成されており，このランダムな組み合わせと，接合部の不均一性，および2量体の形成から，10^{10}以上の多様なT細胞受容体が作り出される．これらの膨大な数のT細胞受容体のなかか

ら，自己のMHC分子と反応できるものが拾いあげられ（ポジティブセレクション），また自己のMHC分子に提示された自己ペプチドと反応するT細胞受容体の存在は自己の破壊を招く可能性があるため消去される（ネガティブセレクション）．

つまり，個体が発現するMHC分子の種類が増えることは，個体がT細胞を介して免疫応答できる抗原ペプチドの種類を増やし，免疫力を高めるという利点をもたらしている．一方，自己のMHC分子に結合した自己ペプチドに反応する有害な自己反応性T細胞を，数多く除去しなければならないという厄介な問題も生じる．おそらく，これら2つの要因についてうまくバランスのとれた状態が，現在のMHCの姿であると考えられる．

また免疫グロブリンやT細胞受容体は，個体レベルでの遺伝子の多様性と遺伝子の再構成によってタンパク質の多様性を獲得し，無数とも言える抗原の認識に対応している．しかしMHCではこのような現象はみられず，その代わりに遺伝子の重複と高度の遺伝的多型を獲得することにより，個体ではなく集団のレベルで多数の抗原に対処していると言える．つまり，集団のなかで病原微生物に対してうまく免疫応答を示すことができるMHCを有する個体が生存することにより，種が保存されると考えられる．このようにして，MHCは多型を増大させることにより，自然淘汰に有利な方向に進化してきたと考えられる．

主要組織適合性複合体の遺伝子群は，移植片拒絶に対して特に重要な役割を担う遺伝子として同定された．そして，抗体とは異なり，T細胞受容体は抗原ペプチドを直接認識することはできず，主要組織適合性複合体と会合した形でのみ認識できることが判明した．MHCクラスIおよびクラスII分子の結晶解析の結果から，その細胞表面での構造が明らかとなり，また細胞内でペプチドがMHCクラスIおよびクラスII分子に装填される機序も解明されつつある．特定のMHCと疾病との関係も明らかとなり，今後の研究でますます多くの知見が得られるものと期待される．最後に，主要組織適合性複合体の多様性は，未知なる侵入者から種の全滅を防ぎ，集団として自然淘汰を経て，進化に有利となるように工夫された結果と思われる．

V. 変異，多型の進化

1. 個体の変異

(1) 概　　　説

　動物のいろいろな種の外部形態などの表現型には，個体変異が多くみられる．これらの個体変異はそれぞれの遺伝子によって支配されている．同一種内でみられる表現型の個体変異を多型 (polymorphism) といい，いろいろな表現型について認められる．血液タンパク質や酵素などの多型の検出は，電気泳動法などの生化学的技法によって行われる．

　遺伝的個体変異を示す外部形質の遺伝は，①同一座上の優劣遺伝子による場合（不完全優性の場合もある），②同一座上に3以上の複対立遺伝子による場合，③2つ以上の別の遺伝子座にある対立遺伝子の組合せによる場合（補足遺伝子と呼ばれる），④別の遺伝子座上の遺伝子に支配されるが，一方の遺伝子によって表型の発現が抑えられる場合（この場合，抑える方の遺伝子を上位，抑えられる方の遺伝子を下位と呼ぶ）などがある．このような遺伝子による外部形質の表型の発現について，例をあげて以下に説明する．

1) 同一座上の優劣遺伝子による個体変異

　ニワトリの優性白色の羽毛色は，常染色体上の1対の複対立遺伝子 I, i により遺伝し，I は同一座上の対立遺伝子である i に対して優性である．この場合は優性白色遺伝子 (I) をホモ (I/I) またはヘテロ (I/i) にもつ個体は，羽毛色が白色となる．なお，この優性白色の遺伝の場合，I 遺伝子の優性が不完全なので，I/i の遺伝子型をもつものは羽毛はほとんど白色であるが，黒や褐色の刺毛が入る．

2) 同一座上に3以上の複対立遺伝子による個体変異

　ニワトリの羽毛色の黒拡張複対立遺伝子 E シリーズが例としてあげられる．ニワトリの羽毛色は，黒色色素（ユウメラニン）と赤褐色色素（フェオメラニン）によって発現する．この遺伝を支配する E 遺伝子座には8つの複対立遺伝子があるが，このうち多くの品種で，特に成鶏ではっきり認められるのは，E, e^+, e^y の3つの遺伝子である．この優劣の関係は $E > e^+ > e^y$ の順である．E ではユウメラニンのみ生産されるので，羽毛色は黒色となる．e^+ はユウメラニンとフェオメラニンの両方が生産されるので，成雄は赤笹（胸，腹，尾が黒，他は赤），成雌は梨地（1枚の羽に黒と赤が混ざる）となる．e^y ではフェオメラニンが生産され，ユウメラニンは少ししか生産されないので，赤（一部に黒い羽毛が入る）になる．e^y はかつて e と記されていた．

3) 補足遺伝子による個体変異

ニワトリのトサカ型は，尖った1本の形にする優性のバラ冠遺伝子 R とその対立遺伝子 r，3枚に分けて小さくする優性の3枚冠遺伝子 P とその対立遺伝子 p，2枚に分ける優性の重複冠遺伝子 D とその対立遺伝子 d，トサカをなくす劣性の遺伝子 bd とその対立遺伝子 Bd などの複数の遺伝子座の遺伝子の組合せで支配されている．

トサカの野生型は，大きく，また上縁に尖った山形の切れ込みをもつ単冠である．単冠の遺伝子型は，r/r, p/p, d/d, Bd/Bd である．実用品種では，D 遺伝子と bd 遺伝子型は d/d, Bd/Bd に固定されているので，r/r, p/p であれば，単冠となる．小さな塊状のトサカをクルミ冠 (walnut) というが，これは $R/-$, $P/-$ の遺伝子型による．このように R 遺伝子に対する P 遺伝子のようなはたらきをする遺伝子を補足遺伝子という．バラ冠のもの (R/R, p/p) と3枚冠のもの (r/r, P/P) を交配すると，F_1 はすべて R/r, P/p のクルミ冠となり，F_2 ではクルミ冠：バラ冠：3枚冠：単冠が 9：3：3：1 に分離する．

4) 遺伝子の上位，下位による個体変異

ニワトリの羽毛色を支配する優性白色遺伝子 (I) と黒色拡張遺伝子 (E) は，それぞれ独立した遺伝子座上にある遺伝子であるが，I 遺伝子は上位，E 遺伝子は下位の関係にある．これは，I 遺伝子がユウメラニン色素の合成を妨げるためである．したがって，$I/-$, $E/-$ の遺伝子型のものは，羽毛色は白色となる．

(2) 哺乳類の毛色，鳥類の羽毛色の遺伝

1) 毛色・羽毛色を支配する色素

動物の生体色素は，インドール誘導体，ピロール誘導体，カロチノイドに大別される．インドール系色素としてはメラニン色素があり，これによって哺乳類の毛色，鳥類の羽毛色が決定されている．ピロール系色素は，血色素 (ヘム色素)，胆汁色素などである．カロチノイドは，動物体では合成されず植物によって合成され，食物循環を経由して動物体内に蓄積されている色素である．

メラニンは動物体内で生合成される色素で，黒色ないし褐色を呈するユウメラニンや黄色ないし赤褐色を呈するフェオメラニンがある．これらのメラニン色素は，チロシナーゼの作用でチロシンからドーパキノンとなり，さらに諸種の酵素の作用によって作られる中間体を経て生合成される (図5-1)．メラニン重合体は，ユウメラニンとフェオメラニンを様々な割合で含んでおり，この色素の生成や分布は遺伝的に決定される．

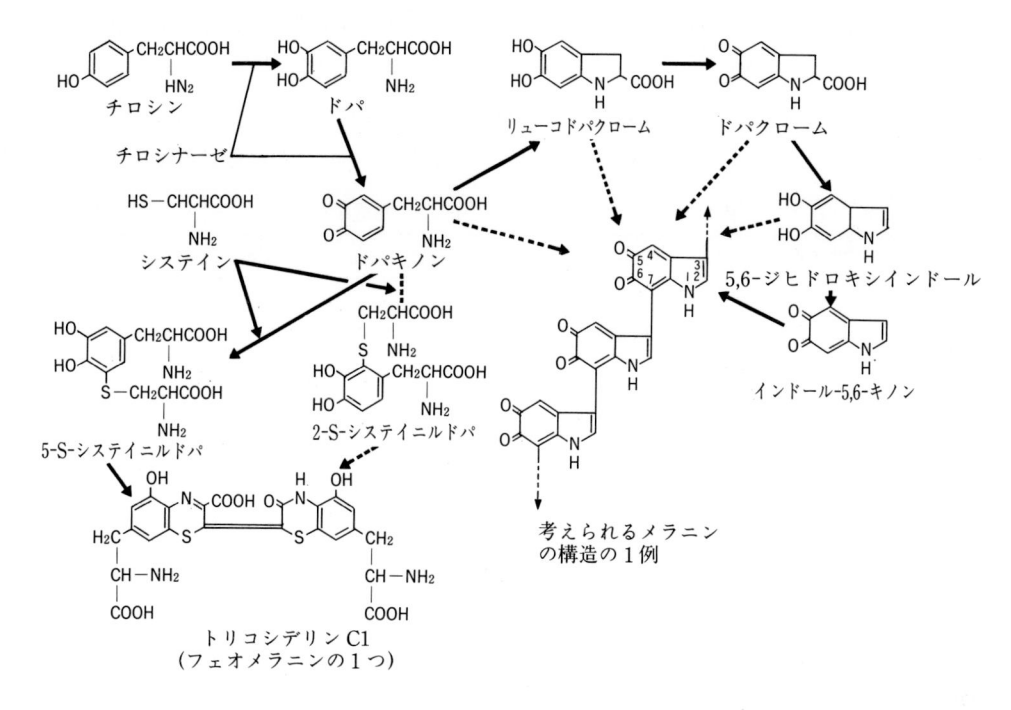

図 5-1 メラニン（ユウメラニン），フェオメラニンの生合成経路

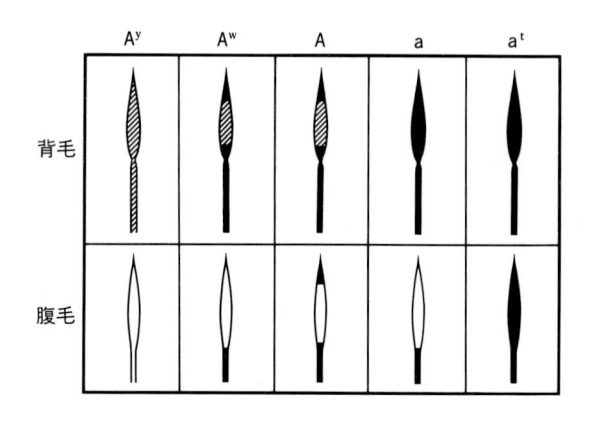

図 5-2 マウスの背および腹毛色に対するアグーチ遺伝子の形態発現（Searle, 1968 より）
黒は黒色（ユウメラニン色素沈着），斜線は褐〜黄色（フェオメラニンの沈着），白は黄色〜白色（フェオメラニンの沈着が少ない）を示す．A^y, A^w, A, a, a^t は A 座位上の複対立遺伝子で，この順で優劣となるが，この関係は不完全優性である．

2) 哺乳類の毛色を支配する遺伝子

哺乳綱の齧歯目，霊長目，ウサギ目，食肉目，奇蹄目，偶蹄目における毛色の表型の遺伝は，共通の遺伝子座とその座上の遺伝子によって支配されている．このことは，各目の種が共通の祖先から分化して成立したことを示す1つの証拠である．

共通の遺伝子座は次の6つが知られている．その①はアグーチ(agouti, A)遺伝子座で，この遺伝子座上の遺伝子は，ユウメラニンとフェオメラニンの分布を規定し，先端と後端にユウメラニンをつける．アグーチは複数の対立遺伝子によって支配されていることが多い．A 遺伝子は，はじめ野生のマウスで発見されたものである．そこで，この座の遺伝子によって，どの

ようにユウメラニンとフェオメラニンが毛に混在するかをマウスの例で示した（図5-2）．②は褐色（brown, B）遺伝子座で，この座上の B 遺伝子は毛を黒くするが，劣性対立遺伝子 b 遺伝子は毛を褐色にする．③は色素発現（chromogen, C）遺伝子座で，この座上の遺伝子はア

表 5-1　哺乳類のいくつかの種の毛色遺伝子

遺伝子座名	対立遺伝子	表現型の説明（左から右へ順に）
ウシ		
アグーチ*	$A^+>a^s>a^y>a^w$	こげ茶，無アグーチ（単色），黄，白い腹（アグーチ）
色素発現	$C^+>c^{ch}>c^u>c^s>c$	色素発現，チンチラ（黄色色素減少），部分アルビノ，強い希釈，アルビノ
色素拡張	$E^d>E^+>e^{br}>e$	著しい黒拡張，黒色，黒黄（虎），黒抑制（黄－赤）
優性白斑1	$Bl^h>bl^h$	ヘレフォード斑（頭と腹白い），白斑なし
優性白斑2	$Bt^1>bt^1$	ダッチベルト（白い帯），ベルトなし
劣性白斑	$S^+>s$	白を増す，なし
ウマ		
アグーチ*	$A>a^t>a$	アグーチ（栗毛），黄褐色点，無アグーチ（単色）
褐色	$B>b$	黒色，栗毛（褐色）
色素拡張	$E^d>E>e$	著しい黒拡張，黒色，黒抑制（黄色拡張）
優性白	$W>w$	白，着色
優性希釈	$D>d$	強い希釈，青
ローン(糟毛)	$R>r$	糟毛（白の混合），糟毛なし
灰色	$G>g$	灰色，無灰色
ブタ		
アグーチ*	$A>a$	腹が淡い（アグーチ），黒（無アグーチ）
色素拡張	$E^d>E>e^f>e$	著しい黒拡張，黒，赤と黒の虎，黄
白と糟毛	$I>I^d>i$	色素抑制（白），希釈，濃厚色（糟毛）
イヌ		
アグーチ*	$A^s>a^y>a^w>a^t$	均一黒，黒の抑制，アグーチ（野性），黒と黄（褐色）
褐色	$B>b$	黒色，褐色
色素発現	$C>c^{ch}>c^s$	発色，チンチラ（黄色色素減少），ほとんど白くなる（黒と黄色素）
希釈	$D>d$	強い発色，希釈
色素拡張	$E^m>E>e^{br}>e$	黒マスク，均一暗色，甲斐犬型（斑入り），黄（黒抑制）
斑点	$S>s^i>s^p>s^w$	完全斑点，アイリッシュ斑点，白黒まだら，白の多い黒ぶち
ネコ		
アグーチ*	$A>a$	野生型（アグーチ），無アグーチ
褐色	$B>b$	黒色，褐色
色素発現	$C>c^{ch}>c^b>c^s$	発色，チンチラ（銀色），ビルマ型希釈，シャム型希釈
希釈	$D>d$	強い発色，希釈
虎毛	$Ta>T^+>t^b$	アビシニアン型（ぼけている），条線状虎毛，ブロッチドタビ（模様虎斑）
伴性オレンジ	$O>o$	黄（オレンジ），ヘテロ（雌）では黄と黒（三毛）となる
優性白色	$W>w$	白色，有色
斑点	$S>s$	有斑，無斑

優性＞劣性を示す．＊アグーチは野生のマウスの毛色で，黒と褐色の色素の分布を規定する遺伝子（図5-2参照）．

(Searle, 1968 より)

ルビノシリーズと呼ばれる．C 遺伝子は色素を発現する．c 遺伝子はホモの形で，アルビノとなる．④は希釈（dilution, D）遺伝子座である．この座上の D 遺伝子は色素を発現し，d 遺伝子は色素を希釈する．しかし，種により逆の場合もある（表5-2参照）．⑤は黒色色素拡張（extention of black, E）遺伝子座である．この座上の E 遺伝子は黒色色素の拡張を支配するが，e 遺伝子は黒色色素を減らす．黒色の濃さが中間の場合には，複対立遺伝子が存在することが多い．⑥は赤眼（pink-eye, P）遺伝子座である．この座上の P 遺伝子は，眼が赤く毛色は白い完全アルビノを発現させる．毛色を支配する各遺伝子座上の複対立遺伝子について，ウシ，ウマ，ブタ，イヌ，ネコのものを表5-1に示した．

個体の毛色遺伝子の組合せ（遺伝子型）によって種々の毛色が発現する．これをウマの場合で説明してみよう．鹿毛（bay）は野生型の毛色である．A, B, E で黒鹿毛，$A, B, e/e$ で赤鹿毛となる．黒は B, E^d，少し薄い黒は $a/a, B, E$ または $a/a, B, e/e$ で発現する．たてがみと尾が黒で他は明るい黄のバックスキン（buckskin）は，$A, B, e/e, D/d$，栗毛（chesnut）は $A, b/b, E$ か $a/a, b/b, E$ であり，黄褐色（claybank）は $a^t/a^t, b/b, E, D/d$ または $a^t/a^t, b/b, e/e, D/d$ である．白（cremello）は $A, b/b, e/e, D/D$ または $A, b/b, E, D/D$ である．薄い鹿毛（dun, 河原毛）は $A, B, E, D/d$ である．

3）ニワトリの羽毛色を支配する遺伝子

ニワトリの羽毛の色素はユウメラニンとフェオメラニンである．ニワトリの羽毛色の発現を支配する遺伝子座は哺乳類と似ているが，異なった座位名で呼ばれている場合や若干異なっているように考えられる場合もある．ニワトリの場合は野生型である原種の赤色野鶏について比較できるので，野生型と変異型が明確に区別できる．ニワトリの羽毛色の発色遺伝子座は，E 遺伝子座（E シリーズ）と C 遺伝子座である．色素希釈遺伝子座は，黒色色素を希釈する遺伝子座が青色遺伝子座（優性遺伝子 B で発現する），褐色色素を希釈する遺伝子座がクリーム色遺伝子座（優性遺伝子 Ig で発現する）である．色素抑制遺伝子座は，黒色色素を抑制する（褐色色素も減らす）遺伝子座が優性白色遺伝子座（優性遺伝子 I で発現する），褐色色素を抑制する遺伝子座が銀色遺伝子座（優性遺伝子 S で発現する）である．また色素の発現を部分的に抑制する遺伝子座として，コロンビア斑遺伝子座（優性遺伝子 Co で発現する），伴性横斑遺伝子座（優性遺伝子 B で発現する），尖斑遺伝子座（劣性遺伝子 mo で発現する）がある．覆輪の羽毛（白または赤の羽毛の周囲を黒色にする）は，Pg, Ml, Co 遺伝子の共存により，点斑の羽毛（白色や赤色の羽毛に大きな黒点が出る）は，Db, Pg, Ml 遺伝子の共存により発現することがわかった．

個体の羽毛色である羽装の発現は，上記の遺伝子の組合せによる．赤色野鶏（ニワトリの原種）にみられる赤笹の遺伝子型は，$i/i, b/(b), e^+/e^+, s/(s), Co/Co, C/C$，白笹は，$i/i, b/(b), e^+/e^+, S/(S), Co/Co, C/C$，白コロンビア斑（白色羽装で尾や主翼の先が黒くなる，淡色サセックス種にみられる）では，$i/i, b/(b), e^y/e^y, S/(S), Co/Co, C/C$，赤コロンビ

表 5-2　ニワトリの羽毛色の遺伝子

遺伝子座名 (変異型)	対立遺伝子	説　明
青色	$Bl > bl^+$	黒色色素を減らす．ヘテロで青色となる．劣性ホモで点のある白色となる．
優性白色	$I > i^+$	黒色色素を完全に止め，赤色色素を減らす．
劣性白色	$C^+ >> c >> c^{rs} >> c^a$	黒色色素を著しく減らすが，c^a は完全アルビノ（赤眼）．
銀色	$S > s^+ > s^{al}$	黒色色素を減らさないが，赤色色素を止める．s^{al} は両色素を止め，眼も赤くなる．
ラヴェンダ	$Lav^+ >> lav$	黒色，赤色色素をうすめて，ベージュ色にする．
クリーム	$Ig^+ >> ig$	赤色色素をうすめて，ベージュ色にする．
黒色拡張	$E > E^R > e^{wh} > e^+ > e^b$ $> e^s > e^{bc} > e^y$	黒色色素を拡張したり抑制したりする．E は黒，E^R は金色を持つ黒，e^{wh} は雛では黄・白，成鶏では e^+ と同じ．e^+ は雛ではストライプが入り，成雄では赤笹，成雌では梨地となる．e^b は雛では褐色，成鶏では e^+ と同じ．e^s は雛では頭に斑点，成鶏では e^+ と同じ．e^{bc} はバタカップ，雛では黄でストライプが入る，成鶏では黒を持った赤．e^y は雛では黄・白，成鶏では赤褐色となる．
コロンビア斑	$Co >> co^+$	黒色色素の局限，e^b/e^b と共存で典型的なコロンビア斑，e^{wh}/e^{wh} と共存で尾のみ黒いコロンビア斑となる．
メラニン伸張	$Ml > ml^+$	黒色色素を赤色色素のあるところに伸ばす．
弦月尖斑	$Pg^+ > pg$	3つ以上の黒条を作る．
常染色体性横斑	$Db >> db^+$	メラニン沈着を棒状に白または赤にして抜く．横斑には，Pg^+, pg と共存が必要．
尖斑	$Mo^+ >> mo >> mo^{pl}$	黒色（赤色）色素を羽の先から除く．mo^{pl} はまだら（pied）で，ある羽は黒くなる．
伴性横斑	$B > b^+$	黒色（赤色）色素を横縞状に阻害する．

＋は野生型，赤色野鶏にみられるもの．完全優性＞＞完全劣性，不完全優性＞不完全劣性を示す．

(Somes, 1988 より)

ア斑（赤色羽装で尾や主翼の先が黒くなる，ロードアイランドレッド種にみられる）では，i/i, $b/(b)$, e^y/e^y, $s/(s)$, Co/Co, C/C である．

4) ニワトリの外部形態（羽毛色以外）の遺伝

　ニワトリでは，骨，体重，皮膚，羽性などの外部形態の個体変異を支配する遺伝子が同定されている．その主なものを表5-3に示した．このような外部形態を発現させる遺伝子の中には，品種内で固定されて，いろいろな品種の形態の特色となっているものも多い．また，伴性遺伝をする遺伝子の場合には，品種内の系統ごとに固定されて，実用的な交配に活用されている場合も多い．これらのいくつかについて，以下に例をあげる．

a．短　　脚

　短脚 (creeper) は，常染色体の Cp 遺伝子座上にある短脚遺伝子 (Cp) によって遺伝する．Cp 遺伝子は，短脚にしない対立遺伝子 cp に対して劣性である．また，Cp 遺伝子は，ホモ (Cp/Cp) の個体では脚の長骨を含むすべての長骨が短縮する致死遺伝子 (lethal gene) としてはたらくので，胚のときに死ぬ．遺伝子型が cp/Cp とヘテロの個体は，脚の長骨は短縮するが生存できる．したがって，短脚の個体同士を交配すると正常脚のものと短脚のものが1:2に分離す

V. 変異・多型の進化

表 5-3 ニワトリの毛色以外の形質の遺伝子

遺伝子座名 (変異型)	対立遺伝子*	説明(左から右へ)
骨		
短脚	$Cp > cp^+$	短脚(ホモで致死),正常
多趾	$Po > po^+$	多趾(5〜6本),正常(4本)
優性無尾	$Rp >> rp^+$	無尾,正常
劣性無尾	$Rp\text{-}2^+ >> rp\text{-}2$	正常,無尾
体重		
常染色体性矮性	$Adw^+ >> adw$	正常,矮性(正常の90%)
伴性矮性	$Dw^+ >> dw^B >> dw^M >> d^w$	正常,バンタム矮性,マクドナルド矮性,矮性(正常の60%)
皮膚		
無冠	$Bd^+ >> bd$	正常,無冠
重複冠	$D^V > D^B > d^+$	V型重複冠,バタカップ重複冠,単冠
3枚冠	$P >> p^+$	3枚冠,単冠
バラ冠	$R >> r^+$	バラ冠,単冠
黄色皮膚	$W^+ > w$	白色皮膚,黄色皮膚
真皮性メラニン抑制 (伴性)	$Id >> id^c >> id^+$	抑制,不完全沈着,沈着
羽性		
裸(伴性)	$N >> n^+$	裸,正常
裸頚	$Na >> na^+$	裸頚,正常
遅羽性(伴性)	$K^n >> K^a >> K >> k^+$	極端な遅羽,より強い遅羽,遅羽,速羽
逆羽	$F > f^+$	羽がそりあがる,正常
雌性羽	$Hf > hf^+$	雄も円羽になる,正常
絹糸羽	$H^+ >> h$	正常,羽毛のフックが外れ,ばらばらになる

+は野生型,赤色野鶏にみられるもの.完全優性>>,不完全優性>不完全劣性を示す.

(Somes, 1988 より)

る.日本鶏の地頭鶏は,短脚を品種としての形態の特色としているが,これを維持するために,正常脚の個体(cp/cp)は必ず淘汰する.

b. 伴 性 矮 性

　伴性矮性 (sex-linked dwarfism) は,性染色体(Z)上の伴性矮性遺伝子 dw によって遺伝する形質である.この遺伝子は,優性対立遺伝子である Dw に対して劣性である.ニワトリでは,性染色体を雄では ZZ とホモ,雌では ZW とヘテロの形でもっている.したがって,正常の成体重になる個体のこの座の遺伝子型は,雄では,Dw/Dw または Dw/dw,雌では $Dw/-$ である.雄で dw/dw,雌で $dw/-$ の個体の成体重は,正常の雄兄弟の43%,雌姉妹の30%それぞれ減少する.伴性矮性の発現した雄(dw/dw の遺伝子型をもっている)と正常の雌($Dw/-$ の遺伝子型をもっている)を交配すると,子は雄がすべて正常の Dw/dw,雌がすべて矮性の $dw/-$ となる.この交配方式は,ケージに2〜3羽飼いをすることが可能なミニレイヤー(mini-layer)の作成に使われている.

　この伴性矮性遺伝子は,ブロイラー用ニワトリの成長速度と肥育性にほとんど影響を与えず,

ニワトリの雛の価格を低減する目的に実際に利用されている．この場合は，雄系を正常の Dw 遺伝子に固定しておく．この集団での伴性矮性形質の遺伝子型は，雄は Dw/Dw，雌は $Dw/-$ となっている．一方，雌系は伴性矮性遺伝子 dw に固定しておく．雌系の遺伝子型は，雄は dw/dw，雌は $dw/-$ となっているので，成体重が小さく，飼料消費量が少なく，経費が節約できる．しかも，ブロイラー生産用のコマーシャル雛は，Dw/Dw の雄と $dw/-$ の雌の交配によって作られるので雄 Dw/dw，雌 $Dw/-$ となり，雄雌いずれも正常の成長肥育性を示す．なお，ヨーロッパのバンタム種がもっている矮性遺伝子である dw^B は，伴性矮性遺伝子座上の複対立遺伝子の1つであることがわかった．

c．遅羽性（晩羽性）

遅羽性（晩羽性）とは，雛のときに羽毛の成長が遅れる形質で，性染色体上にある優性の遅羽性（晩羽性）遺伝子 K によって遺伝する．正常型の速羽性は，劣性の対立遺伝子 k によって遺伝する．この遺伝子は，ブロイラー鶏や卵用鶏の生産において外観からの雌雄鑑別に実用的に利用されている．すなわち，雄の系統を速羽性に固定し，雌の系統を遅羽性（晩羽性）に固定しておき，この雄系と雌系の系統間交配で雛の生産を行うと，雄雛はすべて K/k で遅羽性（晩羽性），雌雛はすべて $k/-$ で速羽性となる．これによって，95％以上の確率で外観から雄と雌が区別できる．

2．タンパク質の多型

(1) タンパク質の多型の検出と遺伝様式

同じ種内の生体材料で，いろいろのタンパク質の表型にみられる個体変異をタンパク質多型という．遺伝子はタンパクのポリペプチドのアミノ酸記列を決定するものであり，遺伝子の突然変異によって，タンパク質の一次構造のアミノ酸の置換が引き起こされる．この突然変異が，タンパク質分子の表面の電気的性質に変化がもたらされるようなアミノ酸の置換である場合，電気泳動によって分離・検出ができる．このような電気泳動法によるタンパク質・酵素の研究では，変異を示す遺伝子座と変異を示さない遺伝子座を同時に調べることができるので，集団がもつ遺伝的多様性の程度を推定することができる．また多くのタンパク質の多型を示す遺伝子の頻度を比較することにより，種内や系統の遠近関係を調べることができる．

タンパク質のポリペプチドにおける突然変異によるアミノ酸の置換が，荷電の異なるアミノ酸間で起こった場合，泳動速度の違いとして検出が可能である．この変化は理論的には全変異の41％に起こる．しかし，実際は分子表面の実効荷電に影響を及ぼさない部位でのアミノ酸の置換，分子表面のリン酸，シアル酸などの結合による荷電変化など種々の要因も変異の検出に影響を与える．このことから，電気泳動では全変異の35％程度の検出が可能であろう．

このようなタンパク質多型の研究の進展には，1955年にスマイシーズ（Smithies）が開発した澱粉ゲル電気泳動法に始まる電気泳動法の進歩が大きく貢献した．さらに，マーカートとメ

ラー（C. L. Markert and Mϕller）は，多型の研究に電気泳動法と特異的酵素染色法を組み合わせる方法によって，1961年には乳酸脱水素酵素（LDH）のアイソザイムを発見した．アイソザイム（isozyme）とは，同じ基質特異性をもちながら一次構造の異なる酵素タンパク質のことである．

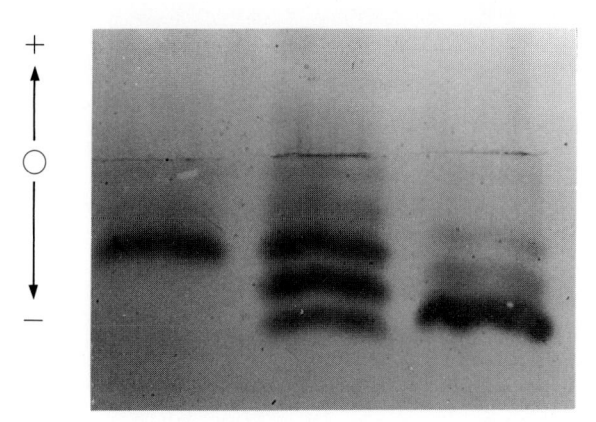

図 5-3 イヌのグルコースホスフェイトイソメラーゼの電気泳動像による多型　（Tanabe ら, 1977 より）
A，AB，B の 3 つの型が認められる．

タンパク質多型の遺伝様式はメンデルの法則に従うが，一般に分子レベルでは，両親の形質がともに子に発現する共優性（codominance）の場合が多く，優性・劣性の関係のあるものは少ない．その 1 つの例を図 5-3 に示す．イヌ赤血球グルコースホスフェイトイソメラーゼでは 3 種類の型が認められる．これは同一遺伝子座上の 2 つの共優性遺伝子 GPI^A と GPI^B によって支配されている．遺伝子型は，GPI^A/GPI^A では A 型，GPI^A/GPI^B では AB 型，GPI^B/GPI^B では B 型となる．この酵素の場合は 2 量体（dimer）なので，ヘテロのものは緩衝液中では 2 つに分離する．すなわち $(A+B)^2 = AA + 2AB + BB$ で示されるように，ヘテロ型では中央に上下の 2 倍の活性のヘテロバンドをもつ 3 本の泳動体として検出される．

(2) ウシにみられるタンパク質多型

ウシのタンパク質多型は，血漿（血清），乳汁，赤血球，白血球，臓器などのタンパク質で報告されている．その主なものを表 5-4 に示した．血漿，赤血球のタンパク質多型は，血液型とともにウシの親子鑑定や品種・系統の遺伝的遠近関係を調べるのに用いられている．また乳汁のタンパク質も試料が簡単に得られ，しかも多型の検出も容易なので，同じような目的に用いられる．

ウシには，ユーラシア大陸北部に生息していたいわゆるヨーロッパ牛（Bos taurus）とインドなどユーラシア大陸南部に生息していたインド牛（コブ牛，zebu）がいて，この 2 つは従来から別種（Bos indicus）とされてきた．そこで，ヨーロッパ牛とインド牛は，交配によって何世代でも妊性のある子ができるので，別種にすることに疑問がもたれている．そこで，ヨーロッ

表 5-4 ウシのタンパク質多型

タンパク質または酵素	存在場所	座位	対立遺伝子
アルブミン	血漿	Al	$Al^A = Al^B = Al^C$
ポストアルブミン	血漿	Pa	$Pa^A = Pa^B$
スロー α タンパク質	血漿	$S\alpha$	$S\alpha^A > S\alpha^O$
トランスフェリン	血漿	Tf	$Tf^A = Tf^B = Tf^C = Tf^D = Tf^E = Tf^F$
β ラクトグロブリン	乳汁	$\beta\text{-}Lg$	$\beta\text{-}Lg^A = \beta\text{-}Lg^B$
β カゼイン	乳汁	$\beta\text{-}Cn$	$\beta\text{-}Cn^{A1} = \beta\text{-}Cn^{A2} = \beta\text{-}Cn^B = \beta\text{-}Cn^C = \beta\text{-}Cn^E$
κ カゼイン	乳汁	$\kappa\text{-}Cn$	$\kappa\text{-}Cn^A = \kappa\text{-}Cn^B$
アミラーゼ-1	血清（漿）	$Amy1(Am)$	$Amy1^A = Amy1^B = Amy1^C$
アミラーゼ-2	血清（漿）	$Amy2$	$Amy2^A = Amy2^B = Amy2^C$
アルカリ性ホスファターゼ	血清（漿）	Alp	$Alp^A > Alp^O$
セルロプラスミン	血清（漿）	Cp	$Cp^A = Cp^B = Cp^C$
ヘモグロビン	赤血球	$Hb(Hbb)$	$Hb^A = Hb^B = Hb^C = Hb^H = Hb^{X1} = Hb^{X2}$
酸性ホスファターゼ	赤血球	Acp	$Acp^I = Acp^{II}$
ホスフォグルコムターゼ	赤血球	PGM	$PGM^A = PGM^B$
カーボニックアンヒドラーゼ	赤血球	CA	$CA^F = CA^S$
マクリオサイドホスフォリラーゼ	赤血球	Np	$Np^H = Np^L$
グルタミン酸-オキサロ酢酸トランスアミラーゼ	赤血球・筋肉	$GOT\text{-}1$	$GOT\text{-}1^A = GOT\text{-}1^B$
マンノース-6-6-リン酸イソメラーゼ	赤血球・筋肉	MPI	$MPI^A = MPI^B = MPI^C$

＝は相互に共優性，＞は左が右に対して完全優性であることを示す． （渡辺嘉彦，1985 より）

パ牛とインド牛について，いろいろなタンパク質の多型の頻度を比較したところ，両系統の間に著しい違いが認められた．特に著しい差のあるのは赤血球ヘモグロビン β 鎖の型で，ヨーロッパ牛では Hbb^A の頻度が高く，インド牛では Hbb^B の頻度が高い．このため，この両系統のウシはおそらく同一の原種である原牛（aurochs, *Bos primigenius*）から出ているが，両系統の分岐はかなり前であったと推定される．

日本の見島牛・トカラ牛などの在来牛，和牛（黒色，褐色，短角，無角など，いずれも日本在来牛とヨーロッパ牛の雑種の子孫）は，タンパク質多型の頻度から見てヨーロッパ牛型である．

(3) ウマにみられるタンパク質多型

ウマは，現在主に競馬用とスポーツとしての乗馬用に使われている．競馬に重要な脚の速さ（走力）は遺伝的要素が強いので，競争用の種馬や子馬の血統登録は重要な業務となっている．このために，血液型と血液タンパク質の多型が利用されている．ウマの血液タンパク質の多型の主なものを表 5-5 に示した．血液タンパク質多型の遺伝子頻度から調べると，日本在来馬を含む東アジア在来馬とサラブレッド，アラブ，アングロアラブなど西アジア・ヨーロッパ種の間には，かなり差異があることが明らかにされた．日本を含む東アジア在来馬の起源はモンゴ

V. 変異・多型の進化

表 5-5 ウマのタンパク質多型

タンパク質または酵素	存在場所	座 位	対立遺伝子
プレアルブミン	血漿	Pr	$Pr^F = Pr^I = Pr^L = Pr^S$
プレアルブミン（別型）	血漿	Xk	$Xk^F = Xk^K = Xk^S$
アルブミン	血漿	Al	$Al^A = Al^B$
トランスフェリン	血漿	Tf	$Tf^D = Tf^F = Tf^H = Tf^O = Tf^R$
グループスペシフィクコンポーネント	血清	Gc	$Gc^F = Gc^S$
ポストアルブミン	血漿	Pa	$Pa^D = Pa^F = Pa^S$
エステラーゼ	血漿	Es	$Es^F = Es^I = Es^S > Es^O$
カタラーゼ	赤血球	Cat	$Cat^F = Cat^S$
ホスフォヘキソースイソメラーゼ	赤血球	PHI	$PHI^F = PHI^I = PHI^S$
G-ホスフォグルコン酸デヒドロゲナーゼ	赤血球	PGD	$PGD^F = PGD^S$
ホスフォグルコムターゼ	赤血球	PGM	$PGM^F = PGM^S = PGM^V$
酸性ホスファターゼ	赤血球	$Pap(Pac)$	$Pap^F = Pap^S$
カーボニックアンヒドラーゼ	赤血球	CA	$CA^B = CA^{A1} = CA^{A2} = CA^D = CA^J$
ヘモグロビン	赤血球	Hb	$Hb^A = Hb^B$

＝は相互に共優性, ＞は左が右に対して完全優性であることを示す． （吉田治弘，1985 より）

表 5-6 ブタのタンパク質多型

タンパク質または酵素	存在場所	座 位	対立遺伝子
プレアルブミン	血清(漿)	$Pr(Pa)$	$Pr^A = Pr^B$
トランスフェリン	血清(漿)	Tf	$Tf^A = Tf^B = Tf^C = Tf^D = Tf^E$
ヘモペキシン	血清(漿)	Hp	$Hp^O = Hp^{1F} = HP^4 = HP^1 = HP^2 = HP^{3F} = Hp^3$
セルロプラスミン	血清(漿)	Cp	$Cp^a = Cp^b = Cp^{omi}$
アミラーゼ	血清(漿)	Amy	$Amy^A = Amy^B = Amy^C = Amy^{BF} = Amy^X$
アミラーゼ 2	血清(漿)	$Amy\text{-}2$	$Amy\text{-}2^A = Amy\text{-}2^B$
アルブミン	血清(漿)	Al_1	$Al_1^A = Al_1^B > AL_1^O$
スローα_2グロブリン	血清(漿)	$S\alpha_2$	$S\alpha_2^A = S\alpha_2^B = S\alpha_2^C$
スレイド・プロテイン	血清(漿)	T	$T^A = T^B$
ポストアルブミン	血清(漿)	Pa	$Pa^A = Pa^B$
ポストアルブミン 2	血清(漿)	$Pa\text{-}2$	$Pa\text{-}2^A = Pa\text{-}2^B = Pa\text{-}2^C$
エステラーゼ	血清(漿)	Es	$Es^A = Es^B$
エステラーゼ II	血清(漿)	$Es\text{-}II$	$Es\text{-}II^D = Es\text{-}II^E = Es\text{-}II^F$
アルカリ性ホスファターゼ	血清(漿)	Alp	$Alp^A = Alp^B = Alp^C = Alp^D = Alp^E$
6-ホスフォグルコン酸デヒドロゲナーゼ	赤血球	PGD	$PGD^A = PGD^B$
ホスフォヘキソースイソメラーゼ	赤血球	PHI	$PHI^A = PHI^B$
ホスフォグルコムターゼ	赤血球	PGM	$PGM^A = PGM^B$
アデノシンムターゼ	赤血球	ADA	$ADA^A = ADA^B > ADA^O$
酸性ホスファターゼ	赤血球	Acp	$Acp^A = Acp^B$
カーボニックアンヒドラーゼ	赤血球	CA	$CA^A = CA^B$
グルコース-6-リン酸デヒドロゲナーゼ	赤血球	$G\text{-}6\text{-}PD$	$G\text{-}6\text{-}PD^A = G\text{-}6\text{-}PD^B$
エステラーゼ D	赤血球	EsD	$EsD^A = EsD^B$

＝は相互に共優性, ＞は左が右に対して完全優性であることを示す． （大石孝雄，1979 より）

ルであると考えられる．

（4）ブタにみられるタンパク質多型

　ブタやその原種のイノシシでは，血液型，血液タンパク質多型の遺伝子座は共通である．ブタの血漿や血球にみられるタンパク質多型の主なものを表5-6に示した．タンパク質多型の頻度は，アジア在来豚とヨーロッパのブタは相互にかなり異なっている．

　肉が白く，柔らかく，水っぽいいわゆる"ふけ"豚（PSE豚）の発現を支配する主要遺伝子は，ホスホヘキソースイソメラーゼ遺伝子（PHI^B）と強い連鎖が認められるので，PHI^Bをもつ個体を淘汰することにより"ふけ豚"を減らすことができた．

（5）イヌにみられるタンパク質多型

　イヌの血漿や血球にみられるタンパク質多型の主なものを表5-7に示した．イヌは最も古い家畜であり，家畜化の歴史も長いので，多くの品種や系統がある．このタンパク質多型の頻度を用いた主成分分析によって日本犬，アジア犬，西洋犬などの品種や集団間の相互関係を調べたものが図5-4に示されている．これによって，大部分の日本在来犬種は先に入った古い型のイヌと朝鮮半島を経由して入った新しい型のイヌの混血したものの子孫であり，北海道犬（アイヌ犬）と琉球犬は，朝鮮半島経由の遺伝子の影響をあまり受けておらず，古い型のイヌの子

表5-7　イヌのタンパク質多型

タンパク質または酵素	存在場所	座位	対立遺伝子
グリコプロテイン	血漿	Acq	$Acq^+ > Acq^-$
アルブミン	血漿	Alb	$Alb^F = Alb^S$
プレアルブミン-1	血漿	Pa-1	Pa-$1^A = Pa$-1^B
ポストアルブミン	血漿	Poa	$Poa^A = Poa^B = Poa^C$
ポストアルブミン-3	血漿	Poa-3	Poa-$3^A = Poa$-3^B
トランスフェリン	血漿	Tf	$Tf^A = Tf^B = Tf^C = Tf^D = Tf^E$
プレトランスフェリン	血漿	Ptf	$Ptf^A > Ptf^O$
アルカリ性ホスファターゼ	血漿	Akp	$Akp^A = Akp^B = Akp^C$
エゼリン抵抗性エステラーゼ	血漿	Es	$Es^A = Es^B = Es^C$
ロイシンアミノペプチダーゼ	血漿	Lap	$Lap^A = Lap^B$
ヘモグロビン	赤血球	Hb	$Hb^A = Hb^B$
カタラーゼ	赤血球	Ct	$Ct^A = Ct^B > Ct^O$
エステラーゼ-2	赤血球	Es-2	Es-$2^S > Es$-2^F
エステラーゼ-3	赤血球	Es-3	Es-$3^A = Es$-3^B
グルコース-6-リン酸脱水素酵素	赤血球	G-6-PD	G-6-$PD^A = G$-6-$PD^B = G$-6-PD^C
ガングリオシドモノオキシゲナーゼ	赤血球	Gmo	$Gmo^g > Gmo^a$
グルコースホスフェイトイソメラーゼ	赤血球	GPI	$GPI^A = GPI^B$
テトラゾリウムオキシダーゼ	赤血球	To	$To^A = To^B$
酸性ホスファターゼ	赤血球	Pac	$Pac^F = Pac^S$

＝は相互に共優性，＞は左が右に対して完全優性であることを示す．　　　　（Tanabe，1991より）

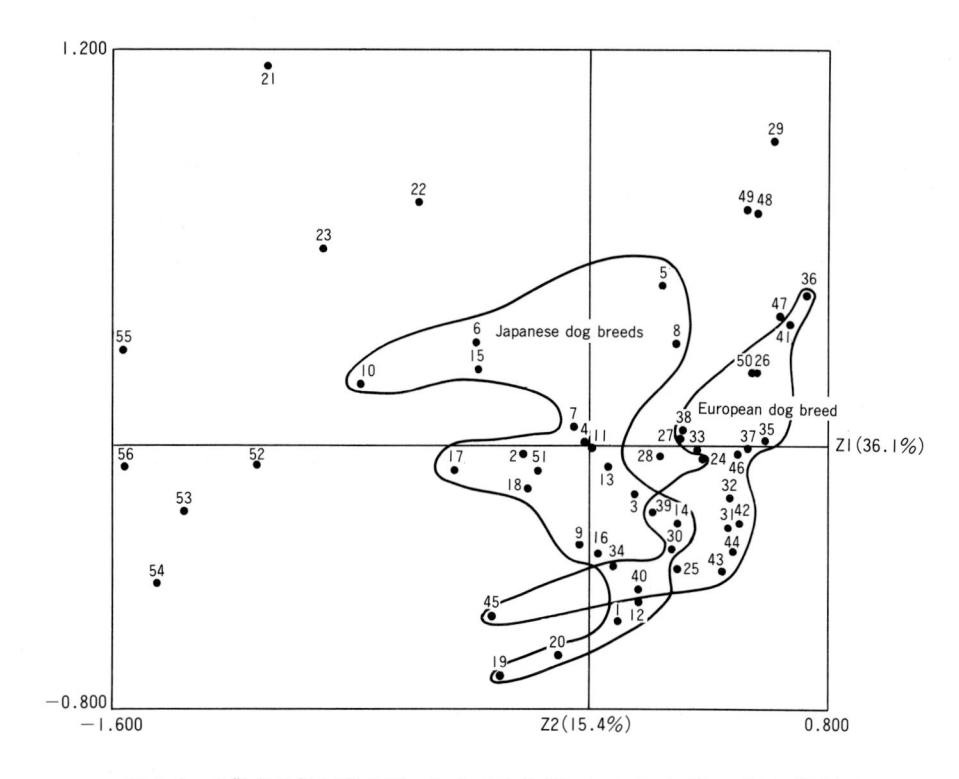

図 5-4 分散共分散行列を用いた主成分分析による 56 犬種の二次元散布図

(田名部，1998 より)

(　) 中の数字は全分散への寄与率を示す．

1：北海道犬，2：秋田犬，3：甲斐犬，4：紀州犬，5：四国犬，6：山陰柴犬，7：信州柴犬，8：美濃柴犬，9：柴犬保存会系柴犬，10：三河犬，11：種子島犬群，12：屋久島犬群，13：奄美大島犬群，14：西表島犬群，15：三重実猟犬(志摩)，16：三重実猟犬(南島)，17：対馬犬群，18：壱岐犬群，19：琉球犬(山原系)，20：琉球犬(石垣系)，21：珍島犬，22：サプサリー，23：済州島犬群，24：台湾在来犬群，25：バングラディッシュ在来犬群，26 チン，27：パグ，28：チャウチャウ，29：ペキニーズ，30：ポインター，31：マルチーズ，32：ボクサー，33：ジャーマン・シェパード，34：シェットランド・シープドッグ，35：ビーグル，36：ポメラニアン，37：プードル，38：ドーベルマン・ピンシェル，39：コリー，40：ダックスフント，41：ヨークシャー・テリア，42：ダルメシアン，43：コッカー・スパニエル，44：イングリッシュ・セター，45：ラブラドール・レトリーバー，46：日本スピッツ，47：中央アジア・オフチャルカ，48：コーカサス・オフチャルカ，49：ライカ，50：エスキモー犬，51 シベリアン・ハスキー，52：北サハリン在来犬群，53：モンゴル在来種(モンゴル)，54：モンゴル在来種(タイガ)，55：インドネシア在来犬群(バリ)，56：インドネシア在来犬群(カリマンタン)

孫と考えられた．

(6) ニワトリにみられるタンパク質多型

　血漿，赤血球，卵白，卵黄，諸臓器で調べられているニワトリのタンパク質多型を表 5-8 に示した．タンパク質多型のデータから日本鶏，日本周辺鶏，西洋鶏の品種の相互関係をクラスター分析による枝分かれ図によって示した結果を図 5-5 に示した．これを見ると，白色レグホーンは他の鶏種とかなり異なっていることがわかる．日本鶏には，相互にかなり遺伝子構成が異

なるものがあり，その起源がかなり多元的であったと推定される．また，長尾鶏(おながどり)は，遺伝的に東天紅(とうてんこう)と近く，小国とは遠い．このことおよび耳朶の色がともに変わりにくい白であることから，長尾鶏の直接の祖先は東天紅である可能性が高いと考えられる．

表 5-8　ニワトリのタンパク質多型

タンパク質または酵素	存在場所	座位	対立遺伝子
オボアルブミン	卵白	Ov	$Ov^A = Ov^B = Ov^F$
オボグロブリン G_3	卵白	G_3	$G_3^A = G_3^B$
オボグロブリン G_4	卵白	G_4	$G_4^A = G_4^B$
オボグロブリン G_2	卵白	G_2	$G_2^A = G_2^B = G_2^L$
リゾチーム	卵白	G_1	$G_1^F = G_1^S$
プレアルブミン	血漿	Pa	$Pa^A = Pa^B$
プレアルブミン-2	血漿	$Pa\text{-}2$	$Pa\text{-}2^A = Pa\text{-}2^B$
プレアルブミン-3	血漿	$Pa\text{-}3$	$Pa\text{-}3^A = Pa\text{-}3^B$
アルブミン	血漿	Alb	$Alb^A = Alb^B = Alb^C$
ポストアルブミン	血漿	Pas	$Pas^A > Pas^a$
トランスフェリン	血漿・卵黄	Tf	$Tf^A = Tf^B = Tf^C$
酸性ホスファターゼ	肝臓・腎臓・膵臓	$Acp\text{-}2$	$Acp\text{-}2^A = Acp\text{-}2^B$
アデノシンデアミナーゼ	赤血球	Ada	$Ada^A = Ada^B = Ada^C$
アルカリ性ホスファターゼ	血漿	Akp	$Akp > akp$
アルカリ性ホスファターゼ-2	血漿	$Akp\text{-}2$	$Akp\text{-}2^O > Akp\text{-}2^a$
アミラーゼ-1	血漿	$Amy\text{-}1$	$Amy\text{-}1^A = Amy\text{-}1^B = Amy\text{-}1^C = Amy\text{-}1^D$
アミラーゼ-2	膵臓	$Amy\text{-}2$	$Amy\text{-}2^A = Amy\text{-}2^B = Amy\text{-}2^C$
アミラーゼ-3	赤血球	$Amy\text{-}3$	$Amy\text{-}3^A > Amy\text{-}3^O$

＝は相互に共優性，＞は左が右に対して完全優性であることを示す．　　　(Grunder, 1990 より)

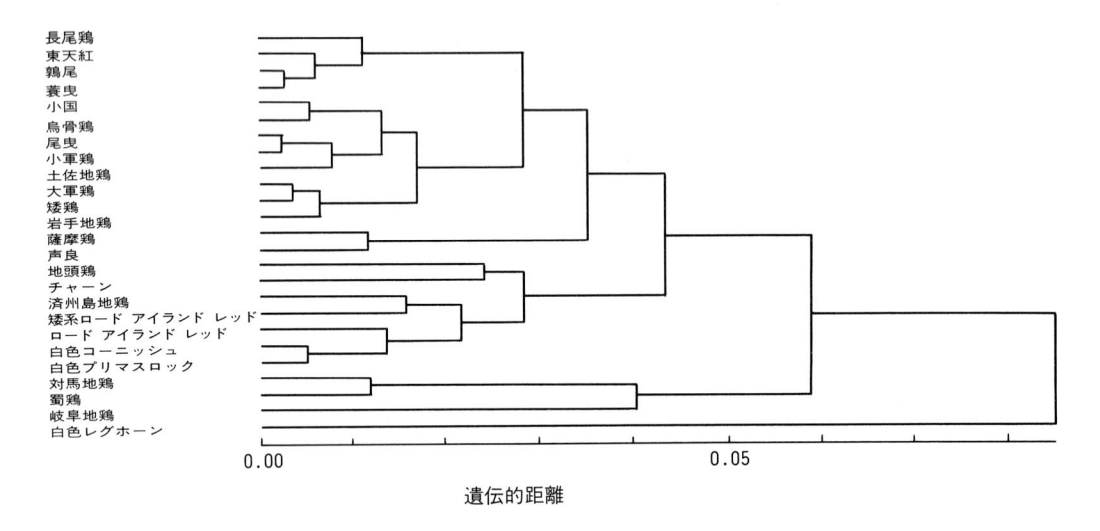

図 5-5　17 座位から求めた 25 鶏種の枝分かれ図 (Nei, UPG 法による)
(田名部ら，1991 より)

3. 集団と分子進化

　生物進化を考えるには，個体を単位とした親から子への遺伝子の伝達法則とその機構を研究する遺伝学の研究だけでは不十分である．なぜならば，生物の進化は，少なくとも個体の集まり，すなわち集団に起こる現象であり，個体と集団を結びつける法則があるはずで，これらの法則を探求するのが集団遺伝学である．

　ここでは，出現する突然変異の集団中における動態を考えることによって，これらの集団中における遺伝的変異の維持機構とその1つの側面である分子進化を統一的に考えていきたい．

(1) 自然淘汰のはたらきと集団中における突然変異遺伝子の動態

1) 突然変異遺伝子と自然淘汰のはたらき

　生物進化が集団内に生じた突然変異遺伝子の置換の累積的変化であることは，メンデルの遺伝学と集団遺伝学の発達によって明らかになってきたことであるが，このような過程を正しく理解するには自然淘汰のはたらきをよく理解しておくことが大切である．集団内に異なる遺伝子型をもつ個体が存在し，これらの間に適応度（生存力や妊性）の違いがあれば自然淘汰がはたらいていることになる．適応度というのは，次世代に残す子供の数によって測られる．適応度を高める突然変異遺伝子が集団中に出現すると，これをもった個体はもたない個体より多くの子孫を残すことになり，その頻度が次第に増え，集団全体に拡がっていく．これは正の淘汰（正のダーウィン淘汰）といわれる．これに対し，集団中に出現した突然変異遺伝子が，これをもつ個体に有害な効果を及ぼして適応度を下げる．つまり残す子孫の数が少ないとこの突然変異遺伝子は集団中から除去されるようになる．これは負の淘汰と呼ばれる．突然変異遺伝子が個体の適応度を上げることも下げることもないとき，淘汰に中立であるといわれる．

　ここで注意したいのは，自然淘汰はあくまでも表現型を通してはたらくということである．したがって，たとえ分子レベルで突然変異による変化があったとしても，表現型としてなんらかの効果が現れない限り自然淘汰ははたらかない．たとえ，対立遺伝子によって作られる2つの分子の間に機能上の差が実験的に検出されたとしても，その差が適応度に違いをもたらさない限り自然淘汰がはたらいているとはいえない．

2) 突然変異遺伝子の集団中における平衡頻度と遺伝的荷重

　実際に自然淘汰を定義しその力を測ることは難しい．なぜならば，自然淘汰は個体の表現型に対して，生存と繁殖を通してはたらくもので，遺伝子や遺伝子型に直接はたらくものではないからである．自然淘汰にさらされる個体の表現形質がどれほど生存と繁殖に関わっているかを判断することは困難である．また，表現形質が単純に一遺伝子で決定される場合は非常にま

れで，多くの場合，1つの表現形質に対して多くの遺伝子座が関わっていて表現型と遺伝子型の関係はきわめて複雑である．そこで，自然淘汰のはたらきを理解するために，淘汰が表現型に対してはたらくとするモデル（表現型淘汰のモデル）と，遺伝子型に直接はたらくとするモデル（遺伝子型淘汰のモデル）の2つが用いられてきた．

a．表現型淘汰のモデル

表現型にはたらく淘汰の様式は通常，安定化淘汰，定向性淘汰，分断性淘汰の3つに分けて考えられる（図5-6）．淘汰がはたらく遺伝的形質は多くの場合，正規分布に似たような頻度分布をする．分布の中心を占める個体の適応度が最も高いと，分布の両端を占める適応度の低い個体が除去されて集団の形質の平均値には変わりがない．このような淘汰は安定化淘汰と呼ばれ，両極端を除去して形質の現状維持をもたらす．形質の集団平均値が，最も高い適応度をもつ形質値（最適値）からずれていると分布の中で最適値から最もずれた個体が除去されて，集団平均値は最適値に近づいていく．このような淘汰は，定向性淘汰と呼ばれる．分断性淘汰は2つ以上の最適値が集団に存在するときに起こり，図の例では分布の中心を占める個体が除かれて両端が残される．

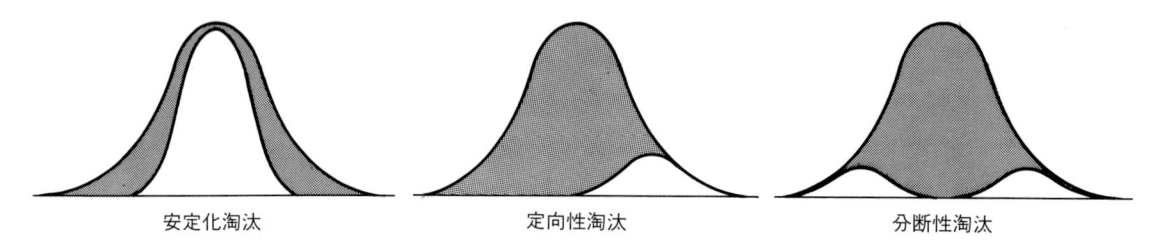

図5-6 表現型淘汰の3つの様式

量的な形質（例えば身長，体重など）は，横軸に形質の値，縦軸に集団中の頻度で表した場合，正規分布に近い分布を示す．図中の網かけで表した部分は淘汰で除かれることを意味している．

b．遺伝子型淘汰のモデルと遺伝子の平衡頻度

すでにあった遺伝子Aとこれから生じた突然変異遺伝子aの2種類の対立遺伝子が集団中にあるとき，個体（2倍体）の遺伝子型はAA，Aaおよびaaのいずれかである．これらの遺伝子型をもつ個体の適応度をW_{AA}，W_{Aa}，W_{aa}とする．適応度モデルとしては表5-9に示すように遺伝子型AAの相対適応度を1として，ヘテロ接合体Aaを（$W_{Aa}=1-hs$），ホモ接合体aaを（$W_{aa}=1-s$）で表す．遺伝子型AAの適応度が最も高いと遺伝子Aの頻度は集団で増え，遺伝子aは集団中から除去される．これは遺伝子型レベルでの定向性淘汰と考えられ，優性モデルと呼ばれる．突然変異遺伝子は集団中に絶えず出現するから（突然変異圧），この頻度（突然変異率）をμとすると，淘汰圧との間に平衡が生じる．この平衡遺伝子頻度は，突然変異遺伝子がヘテロ接合の状態でどれくらいの有害度を表すかによって異なってくる．これを優性の度合と呼び，hで表す．$h=0$のとき，つまり，突然変異遺伝子がヘテロ接合の状態で有害性をまっ

V. 変異・多型の進化

表 5-9 ライトの適応度の表現方式と遺伝的荷重

		任意交配集団			ホモ接合集団	
	遺伝子型	AA	Aa	aa	AA	aa
	頻度(淘汰前)	p^2	$2pq$	q^2	p	q
適応度モデル	[A]優性模型	1	$1-hs$	$1-s$	1	$1-s$
	[B]超優性模型	$1-t$	1	$1-s$	$1-t$	$1-s$
遺伝的荷重		[random load]			[homozygous load]	
	[A]mutation load	$\cong 2pqhs = 2\mu$			$\cong qs = \dfrac{\mu}{h}$	
	[B]segregation load					
	①2対立遺伝子	$= \dfrac{st}{s+t}$			$= \dfrac{2st}{s+t}$	
	②k対立遺伝子	$= \dfrac{1}{\Sigma(1/s_i)}$			$= k \cdot \dfrac{1}{\Sigma(1/s_i)}$	

たく表さないとき($W_{AA} = W_{Aa}$)は完全優性で, $sq^2 = \mu$ から平衡頻度は $q = \sqrt{\dfrac{\mu}{s}}$ となる. これに対し, ヘテロ接合の状態でも有害であれば($1 > h > 0$), 平衡頻度は $pqhs + sq^2 = \mu$ から, $q = \dfrac{\mu}{hs}$ となる.

これに対して, ヘテロ接合体 Aa の適応度が最も高い場合($W_{AA} < W_{Aa} > W_{aa}$)は集団中に A と a の両遺伝子がともに保有されることになる. このような淘汰は超優性と呼ばれる. 適応度が最も高いヘテロ接合体の適応度を1とすれば, 両ホモ接合体の適応度は $W_{AA} = 1-t$ と $W_{aa} = 1-s$ で表される. 平衡状態では集団から除去される両ホモ個体の割合は遺伝子頻度の割合に等しいので, $(tp^2/p) = (sq^2/q)$ を解いて a 遺伝子の平衡頻度は $q = t/(s+t)$ となる. 超優性モデルでは, 突然変異率は平衡頻度にはほとんど関与せず, 両ホモ個体の淘汰係数の比 s/t によって決定される.

適応度が遺伝子頻度の関数になるとき, 例えば遺伝子型 aa をもつ個体の集団中頻度が少ないときには, 遺伝子型 aa をもつ個体の適応度が最も高く, 逆に遺伝子型 aa をもつ個体の頻度が多くなると遺伝子型 aa の個体の適応度が低くなるような淘汰の様式は頻度依存性淘汰と呼ばれ, A と a の両遺伝子を集団中に保存することになる. これらの淘汰様式のほかに, 遺伝子型の適応度が環境条件(生態的地位)や, 時間に応じて変動する適応度の変動モデルも考えられており, 多様化淘汰と呼ばれることがある.

c. 遺伝的荷重

遺伝子型淘汰の強さを定量的に表す量として遺伝的荷重が定義されている. これは, 集団の適応度が, 最も適応度の高い遺伝子型に比べて減少する割合であり, w を集団の平均適応度, w_{op} を最適な遺伝子型の適応度とすれば, 遺伝的荷重(L)は,

$$\frac{w_{op} - w}{w_{op}}$$

で表される.

先に述べた優性モデルの場合の遺伝的荷重は, 繰り返し起こる有害な突然変異を除くために

生じる荷重であり，突然変異の荷重（mutation load）と呼ばれている．突然変異が完全劣性の場合（$h=0$ のとき），平衡状態では集団から除去される量が突然変異率に等しいわけだから，荷重は，突然変異率 μ に等しくなる．不完全劣性（$1>h>0$）の場合，除去される個体はほとんどがヘテロ接合体（Aa）で，集団中におけるこれらの頻度（$2pqhs$）に平衡頻度 $q=\frac{\mu}{hs}$ をあてはめて，荷重の量は 2μ となる．突然変異のほとんどは不完全劣性で $h\gg\sqrt{\frac{\mu}{s}}$ の条件を満たすと考えられるので，任意交配集団における突然変異による荷重は，突然変異率（配偶子当たり）の2倍で，これは個体当たりの突然変異率に等しく，突然変異遺伝子の効果の大小に依存しない．つまり，突然変異による集団適応度の減少率は，1個体当たりの総突然変異率に等しくなる．これはホールデンとマラー（Haldane-Muller）の法則と呼ばれ，マラー（Muller）は，「1個の有害な突然変異はその効果の強弱に関わらず1個の遺伝的死をもたらす」と表現した．

超優性モデルの場合は，集団から除去される個体の割合は tp^2+sq^2 で，これに平衡頻度をあてはめると，荷重の量は $st/(s+t)$ となる．超優性モデルの場合，最適な遺伝子型は集団中に固定することができず，適応度の低い両ホモ接合体が毎世代分離してくるので，分離による荷重（segregation load）と呼ばれている．

これまで説明してきた遺伝的荷重は，任意交配集団における荷重（random load）で，近親交配などによって生じる荷重はホモ接合荷重（L_1）（homozygous load）と呼ばれ，ヒト集団の近親交配による遺伝的効果を評価したり，以下に述べるようなショウジョウバエの集団内遺伝的変異の量を評価したりするときに用いられる．

3) 適応度に効果を与える遺伝的変異の自然集団中における維持機構

個体にこのような効果をもたらす突然変異遺伝子は，生物集団中でどのような運命をたどるのであろうか．これを知るには，新生突然変異遺伝子の出現と，集団中での保有のされ方を知らねばならない．

a．自然発生突然変異のスペクトルと突然変異率

向井は，図5-7に示すような交配方法によって，突然変異を何代にも渡って蓄積する方法によって新生突然変異率とその効果を推定した．Cy と Pm は曲りはねとプラム色眼を表し，1対の第2染色体を区別するための標識遺伝子である．Cy と Pm の標識遺伝子は複合逆位の中に組み込まれており，また，キイロショウジョウバエの雄ではほとんど組換えが起こらないので，問題となる染色体は組換えを起こさずに何代もそのままの状態で受け継がれ，時に起こる突然変異を蓄積していく．この過程では毎代1匹の雄だけがランダムに次代への交配に使われているので，自然淘汰のはたらく可能性は最小限である．ホモ接合体で現れる蓄積された突然変異の効果は，Cy のハエの個体数に対する正常ハエの個体数の比率によって測定される（図5-8）．

突然変異を蓄積し始めてから10代と25代における染色体のホモ接合体における生存力の分布を図5-9(a)に示す．蓄積された新生突然変異をもった染色体系統は，3つに類別できる．致死遺伝子をもつもの，ホモ接合で約50％の個体が死ぬような半致死突然変異をもつもの，およ

V. 変異・多型の進化

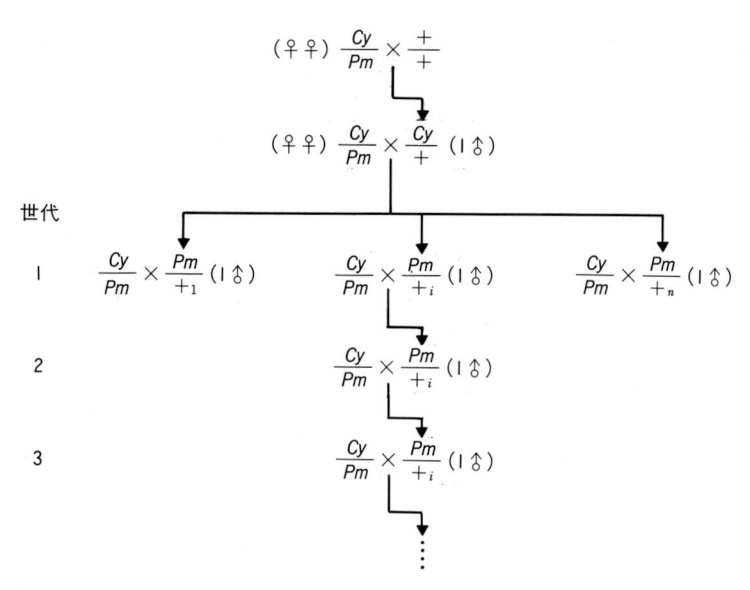

$$
(♀♀) \frac{Cy}{Pm} \times \frac{+}{+}
$$

$$
(♀♀) \frac{Cy}{Pm} \times \frac{Cy}{+} (1♂)
$$

世代

1　$\frac{Cy}{Pm} \times \frac{Pm}{+_1} (1♂)$　　$\frac{Cy}{Pm} \times \frac{Pm}{+_i} (1♂)$　　$\frac{Cy}{Pm} \times \frac{Pm}{+_n} (1♂)$

2　$\frac{Cy}{Pm} \times \frac{Pm}{+_i} (1♂)$

3　$\frac{Cy}{Pm} \times \frac{Pm}{+_i} (1♂)$

図 5-7 キイロショウジョウバエ第2染色体に自然突然変異を蓄積する方法
(Mukai, 1964 より改変)

Cy(曲がりはね)と Pm(杏色眼)は，第二染色体上の優性標識遺伝子であり，ホモ接合で致死となる．この図で用いられている Cy 染色体と Pm 染色体は，それぞれの染色体上に複合逆位を持っており，ヘテロ接合の状態で組み換えは実質上抑制される．したがって，野生型個体($+/+$)を Cy/Pm に交配してできた $Cy/+$ は，野生型個体の第二染色体に由来する1本の染色体を持っており，Cy/Pm 系統と代々交配することによって野生型第二染色体上に自然突然変異が，それぞれの染色体系統 (1~n) ごとに独立に蓄積していくことになる．

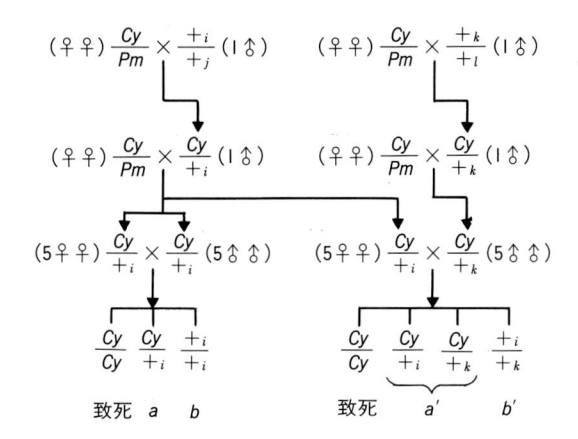

$(♀♀) \frac{Cy}{Pm} \times \frac{+_i}{+_j} (1♂)$　　　$(♀♀) \frac{Cy}{Pm} \times \frac{+_k}{+_l} (1♂)$

$(♀♀) \frac{Cy}{Pm} \times \frac{Cy}{+_i} (1♂)$　　　$(♀♀) \frac{Cy}{Pm} \times \frac{Cy}{+_k} (1♂)$

$(5♀♀) \frac{Cy}{+_i} \times \frac{Cy}{+_i} (5♂♂)$　　$(5♀♀) \frac{Cy}{+_i} \times \frac{Cy}{+_k} (5♂♂)$

$\frac{Cy}{Cy}\quad \frac{Cy}{+_i}\quad \frac{+_i}{+_i}$　　　$\frac{Cy}{Cy}\quad \underbrace{\frac{Cy}{+_i}\quad \frac{Cy}{+_k}}\quad \frac{+_i}{+_k}$

致死　a　b　　　　致死　　a'　　　b'

図 5-8 キイロショウジョウバエの第2染色体の抽出による染色体系統の確立と相対的生存力の測定法
(Wallace, 1956 より改変)

び微小効果(弱有害)突然変異をもつものである．これらの出現率($\Sigma\mu$)と生存力への効果($\bar{s}$)を表 5-10 にまとめて示す．第2染色体当たりの突然変異率は世代当たり約 0.004~0.006 で，第

3染色体についてもほぼ同じくらいの値が得られている．弱有害遺伝子については統計的解析によって推定される．この結果より，第一に弱有害突然変異率は非常に高く劣性致死突然変異率の約20倍以上にも及ぶ．第二に淘汰係数の平均値が非常に小さくその分散も小さいことである．これは，平均2～3%の微小な有害効果をもつ突然変異が高い頻度で起こっていることを意味している．

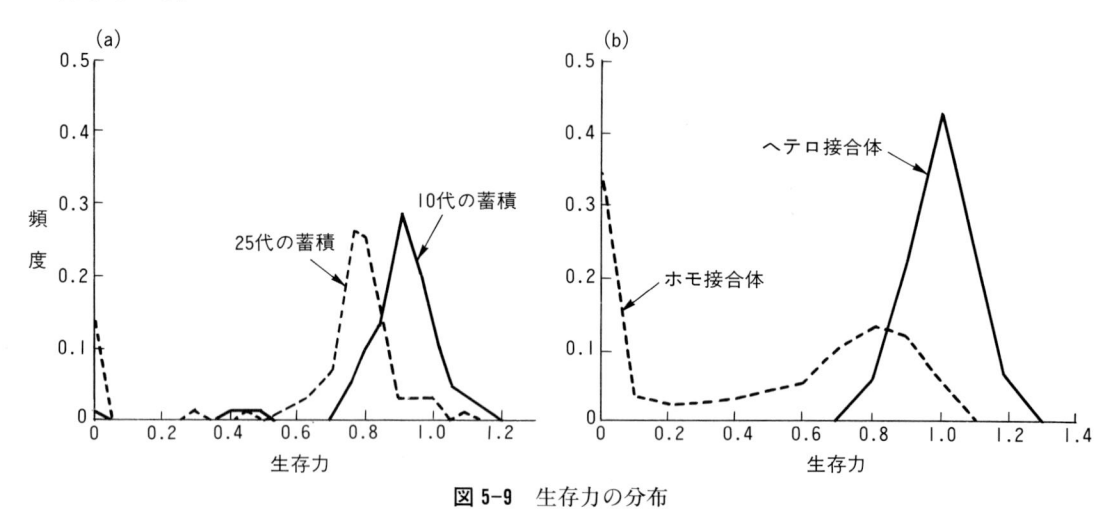

図 5-9 生存力の分布

(a) 自然突然変異を蓄積した第2染色体のホモ接合体（データは Mukai and Yamazaki, 1968 より）．
(b) ノースカロライナ自然集団の第2染色体のホモ接合体とヘテロ接合体（Mukai and Yamaguchi, 1974 より改変）．

表5-10 キイロショウジョウバエにおける自然突然変異率と淘汰係数

	Mukai(1964)	Mukai et al.(1972)
弱有害突然変異率* ($\Sigma\mu$)	0.14	0.17
平均淘汰係数 (s)	0.027	0.023
s の分散 (V_s)	0.00018	0.00014
劣性致死突然変異率*	0.006	0.006

*：第2染色体世代

b．自然集団における突然変異

自然集団から多くのキイロショウジョウバエを採集して，図5-8に従って1個体からランダムに1本の第2染色体を抽出して染色体系統を確立する．異なる系統をランダムに組み合わせて交配すれば，自然集団の任意交配でみられるものと同じような染色体の組合せでヘテロ接合体の生存力が測定できるし，各系統それぞれで，きょうだい交配（sib-mate）を行えば染色体をホモ接合にした状態での生存力が測定できる．このような交配実験を行って，それらのヘテロ接合体とホモ接合体の生存力の分布を図5-9(b)に示す．これは，向井らによって解析されたアメリカ，ノースカロライナ集団のもので，691本の第2染色体について得られた．ホモ接合体の生存力は，致死遺伝子群と，少し有害かあるいは正常遺伝子と区別できないような弱有害遺伝子群の2つに代表される2峰性を示す．われわれには同じように見える個体集団に，驚くほ

どの遺伝的変異がヘテロ接合の状態で潜在していることがわかる．また，ホモ接合体の生存力の分布が新生突然変異を蓄積したときの生存力の分布によく似ていることに注意して欲しい．

　向井らは，グリーンバーグ (Greenberg) とクロー (Crow) の方法を用いて統計的解析を行い，ホモ接合荷重を推定して表5-11にまとめる結果を得た．世代当たりに生じる突然変異によるホモ接合荷重の量 (ΔL_1) で，平衡集団におけるホモ接合荷重の量 (L_1) を割った値は，生じた有害遺伝子が淘汰によって集団から除去されるまでの世代数を表しており，これはまた，有害遺伝子の集団中における平均滞在時間でもある．

表5-11　キイロショウジョウバエの第2染色体をホモ接合にしたときの生存力の低下

劣性突然変異遺伝子の区分	新生突然変異*		平衡集団中の突然変異**		比
	ホモ接合荷重 ΔL_1 (致死相当量/世代)	平均の優性の程度 $\bar{h}$	ホモ接合荷重 L_1 (致死相当量)	平均の優性の度合 $\bar{h}$	$L_1/\Delta L_1$ (世代数)
弱有害遺伝子	0.0040	0.43±0.008	0.30(0.47)***	0.2〜0.3	74(118)
致死遺伝子	0.0060	0.02〜0.04	0.50	0.01〜0.02	84

(向井，1978に基づいて作成)

　*Mukai, T., Chigusa S. I., Mettler, L. E. & Crow, J. F. : *Genetics*, 72, 335 (1972) より
　**Mukai, T. & Yamaguchi, O. : *Genetics*, 76, 339 (1974) より
　致死遺伝子の $\bar{h}$, $\bar{h}$ は多くの論文のデータに基づく
　*** ( ) 内の数字は最適遺伝子型を標準にしたときのホモ接合荷重で，自然集団の値に補正を加えて推定したもの

　驚くべきことに，弱有害遺伝子は，個々の有害度はわずかであるにも関わらず，劣性の致死遺伝子と同じ程度に集団中から速く除去される．これは，弱有害遺伝子はヘテロ接合の状態でも有害作用を示し，その優性の度合 (h の値) が，表5-11に示すように致死遺伝子の優性の度合よりも大きいことを意味している．先に述べたホールデンとマラーの原理により，突然変異の集団に与える効果はその有害度ではなく突然変異率のみに依存するので，変異率の高い弱有害突然変異の集団に対する有害効果は致死遺伝子の20倍も高いことになる．ここで述べたのはキイロショウジョウバエ集団についてであるが，同じような結果が，ヒト集団についても得られており，生物集団一般に適用される議論である．

(2) 偶然的浮動と有限集団中における突然変異遺伝子の動態

1) 集団の大きさが有限なために起こる遺伝的浮動

　これまでの議論のもとになった遺伝子型淘汰のモデルは，無限大集団を対象とした決定論的モデルであるが，実在する生物集団は多かれ少なかれ有限であり，集団中に生じた突然変異遺伝子1個のふるまいを考えるときには，有限集団としての確率論的取扱いをしなければならない．ほとんどの生物集団は有限で，繁殖を行うときに配偶子が偶然に選ばれて集団中の遺伝子頻度が偶然的に揺れ動くことになる．これが偶然的浮動（遺伝的浮動）と呼ばれるもので，自然淘汰に中立な，またはほぼ中立な遺伝子の集団中の頻度は，集団が有限である限り，たとえ

$\frac{4}{8}$　　　　　　　　　　　第1代

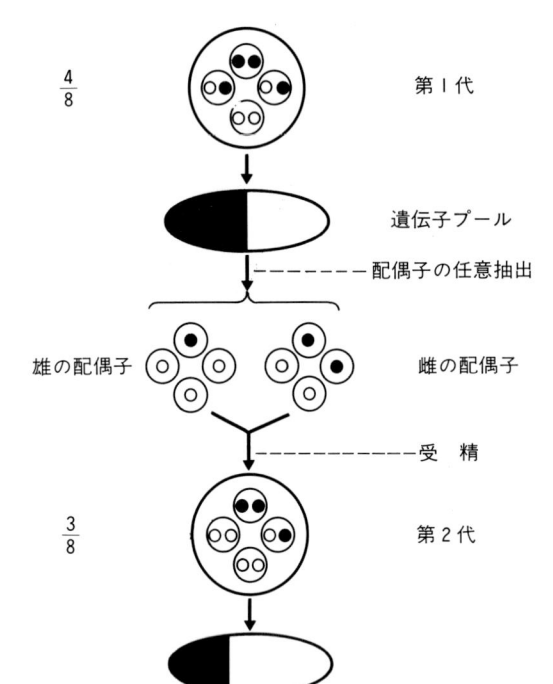

　　　　　　　　　　　　　　遺伝子プール
　　　　　　　　　　　　------配偶子の任意抽出

雄の配偶子　　　　　　雌の配偶子

　　　　　　　　　　　　------受　精

$\frac{3}{8}$　　　　　　　　　　　第2代

図 5-10　4個体からなる集団を例にとり，1世代の間に起こる遺伝子頻度の偶然的変化の過程を示す　　　　　　　　　　　（木村，1986 より）
これは雌雄同株の4個体からなる集団に相当するもので，繁殖時に配偶子の任意結合が起こる．

わずかでも毎世代絶えず偶然的に変動し，数百万年の間には非常に大きな変化となる．遺伝子頻度の偶然的変動（偶然的浮動または遺伝的浮動）の概念は，中立説による分子進化論の基礎になる．

　偶然的変動が実際にどのようにして起こるかは，図5-10に示したモデルを見るとよくわかる．●と○は自然淘汰に中立な対立遺伝子で4個体からなる仮想的集団を表している．●遺伝子の頻度は1代だけの偶然で4/8（50%）から3/8（37.5%）へと変化している．一般に，Nの繁殖個体からなる集団では，遺伝子頻度をpとすれば，偶然的変動による1代当たりの頻度変化は平均0で分散$p(1-p)/2N$となることが2項分布のモデルから計算される．この式を見ると，集団の大きさ（N）が小さいほど分散（遺伝子頻度のばらつき）が大きくなって，偶然が大きな力をもつことになる．

　例えば，遺伝子頻度が50%（$p=0.5$）で集団の繁殖個体数が1万（$N=10^4$）とすれば，1代当たりの遺伝子頻度の変化量の標準偏差は0.0035という小さい値であるが，このような小さい変動も累積すれば大きくなり，約2万世代もたてば集団の遺伝子頻度はすっかり変わってくる．これを理解するために，図5-11では，それぞれ5個体の繁殖個体数（$N=5$）からなる100個の独立な集団を考えてみる．集団の初期頻度を0.5として，それぞれの集団で独立に毎世代偶然的浮動がはたらいていったとすると，10世代もたてば100個の集団のうち約半数の集団ではAかaかのどちらかの遺伝子が固定（または消失）する．ここで注意することは，偶然的浮動に関する個体数は，見かけ上の集団個体数ではなく，繁殖にあずかる個体数である．これは，集団の有効な大きさと呼ばれN_eで表される．集団の有効な大きさは見かけの大きさよりもはるか

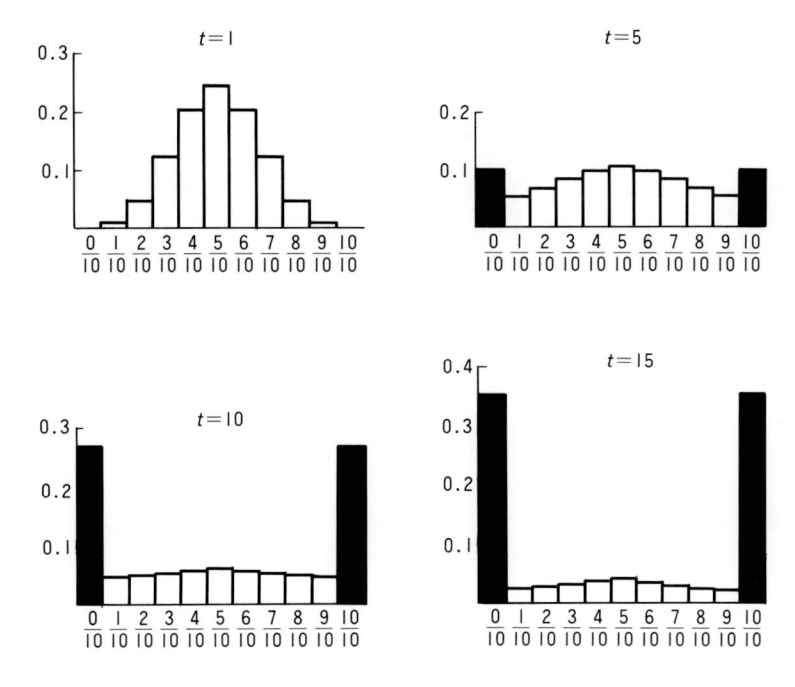

図 5-11 遺伝子頻度の分布が時を経るに従って任意抽出による偶然的浮動によって変化していく過程(1代, 5代, 10代, 15代での分布)を示す
(木村, 1986 より)

ここに示す例では, 集団は任意交配する5つの雌雄同株個体からなり($N=5$), A_1の初期頻度50%($t=0$ で $p=0.5$)から出発している. 横軸は集団内のA_1の頻度を表している. 黒で示す左側の柱はA_1遺伝子が消失した集団の割合を, 右側の柱はA_1遺伝子が固定した集団の割合を表している.

に小さいことがよくある. 例えば, 社会構造がよく発達した哺乳動物で, 雄1頭が多数の雌を率いて繁殖集団を形成するような場合, 集団の有効な大きさは, 雌の数を49匹とすればわずか4である.

2) 突然変異遺伝子の置換と種内への蓄積過程

突然変異遺伝子の置換の1つ1つは, 集団中に出現した1個の突然変異遺伝子が全集団に拡がって固定する(遺伝子頻度が100%になること. このときもう1つの対立遺伝子は消失している)一連の出来事からなる. このような有限集団中における突然変異遺伝子の頻度変化を図5-12に示す. 大部分の突然変異遺伝子は, 繁殖時における配偶子の偶然的な抽出によってわずかの世代のうちに集団から失われていって, 好運なほんのわずかが長い時間かかって集団全体に拡がる. ここで大切なのは, 個体レベルの遺伝子突然変異と集団レベルの突然変異遺伝子の置換の違いを十分理解することである. 種間で相同なタンパク質を比較してわかるアミノ酸の違いは, 単なる遺伝子突然変異の結果ではなく, 種集団中における突然変異遺伝子の置換の結果である.

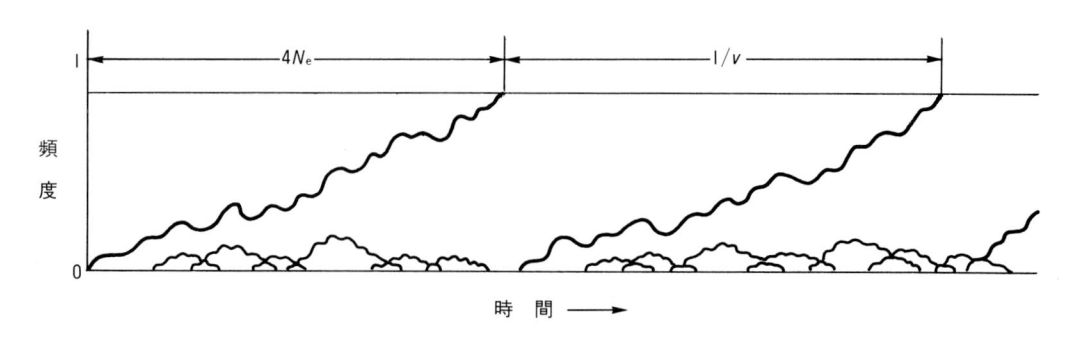

図 5-12 突然変異遺伝子が有限集団中に出現してからの推移

(木村, 1986 より)

固定する運命にある突然変異遺伝子の頻度変化の経路は太い実線で示す. N_e は集団の有効な大きさ, v は突然変異率を表す.

突然変異置換の率(速度) k は, 図5-12で示すように, 集団中に現れた突然変異遺伝子が次々に固定されていく率を表す. 淘汰に中立な突然変異遺伝子の場合, 中立な突然変異の出現率を v とすれば,

$$k = v \tag{1}$$

となる. 世代当たりの突然変異置換率で表した進化速度は, 集団の大きさや淘汰係数とは無関係で, 配偶子当たりの突然変異率に等しい. 突然変異の置換がすべて正のダーウィン淘汰（有利な突然変異にはたらく淘汰）s によるものであれば, 進化速度 k は,

$$k = 4N_e sv \tag{2}$$

となる. これは, 進化速度が集団の有効な大きさと, 淘汰上の有利さと, 有利な突然変異が毎世代生じる突然変異率の3つの要因に依存していることを意味している.

次に述べるように, アミノ酸の進化的置換速度がそれぞれのタンパク質で系統を問わずほぼ一定であることは, 淘汰に中立な場合の突然変異置換速度の予測式(1)に一致している.

(3) 分子進化中立説

1) 遺伝学に基づく生物進化学説の展開

ダーウィンの自然淘汰説は, メンデル遺伝学に裏づけられて, 1950年代前半までにはネオ・ダーウィニズムまたは「進化の総合説」と呼ばれる生物進化を説明する唯一の指導原理として広く認められるようになった. この説は, 生物のいろいろな形質はすべて適応進化の産物であり, 生物進化は淘汰に有利な, つまり生物の生存と繁殖に都合のよい突然変異が累積的に集団内に蓄積されて起こると主張する.

このような生物進化の研究は, ほとんどが眼に見える表現型を対象として行われてきた. 種内の遺伝学的また集団遺伝学的研究は, この説を支持する多くの実験結果を生み出した. しかし, 種を越えて交配実験を行うことは不可能で, 染色体核型の比較研究以外に種を越えて進化

を論じる手段はなく，大進化については古生物学や形態学，系統分類学などの研究以外にはよるすべがなかった．

しかし，1950年代中頃からの分子生物学の発達は，これを一変させたといってよい．DNAは現存する地球上のほとんどの生物の設計図を綴る共通言語であり，したがって，遺伝子の直接的産物であるタンパク質のアミノ酸配列を種間で比較して分子レベルでの進化を定量的に扱うことができるようになり，多くの新事実が得られてきた．その1つは，種間のタンパク質のアミノ酸置換数は，種が分かれてからの時間にほぼ比例するという「分子時計」の発見である．もう1つの発見は集団内の遺伝的変異に関わることで，簡便な電気泳動法の適用によって細菌からヒトにいたる各種生物で多量のタンパク質多型がみられたことである．これら2つの新事実を統一的に説明する理論として「分子進化の中立説」が1968年，木村資生によって提唱された．

2) 分子進化中立説

中立説は，タンパク質のアミノ酸配列やDNAの塩基配列の比較研究から明らかになった分子レベルの進化的変化の大部分が，ダーウィン淘汰（はっきりと有利な突然変異の蓄積）によるものではなく，淘汰に良くも悪くもない中立な，またはほぼ中立な突然変異遺伝子が偶然的に浮動することによって起こると主張する．もちろん，適応進化に果たす自然淘汰の役割を否定しているわけではなく，進化の過程で起こるDNAの変化のほんのわずかが本質的に適応的であって，表現型に効果を及ぼさない大部分の分子の置換は生存と繁殖に意味のある効果を与えずに種内に偶然に浮動すると考える．つまり，分子進化の過程では淘汰の強さは非常に小さく，突然変異による出現と偶然的浮動が主役を演じるとする．また，集団中にみられるタンパク質多型などの多量の遺伝的変異は，自然淘汰に中立またはほぼ中立に近い突然変異対立遺伝子の出現と偶然的浮動による偶然的消失とのつり合いで集団中に保有されていると考える．つまり，中立説によれば，これらのタンパク質多型は偶然的に集団中を漂って消失したり固定したりする突然変異遺伝子の動態（分子進化）を，ある時間の一断面で見たものに過ぎない．

（4）分子進化を支配する法則

分子進化には，今までダーウィンの自然淘汰説によって理解されてきた表現型の進化とは異なる特徴があり，木村と太田（1974）は，これらを5つの法則にまとめた．

①アミノ酸置換で表した進化速度は，分子の機能と三次構造が本質的に変わらない限り，それぞれのタンパク質の間で，各種生物の系統にわたって，アミノ酸座位当たり，年当たりほぼ一定である．

これは，ツッカーカンドル（Zuckerkandl）とポーリング（Pauling）が"分子進化時計"と呼んだ速度一定性の仮説である．図5-13はヘモグロビンのα鎖を8種の脊椎動物で比較したもので，図中の表の中の数値は2種のヘモグロビンを比較したときに異なっているアミノ酸の割合（p_d）を%で表している．アミノ酸の置換がポアソンの法則に従うと仮定すると，比較する

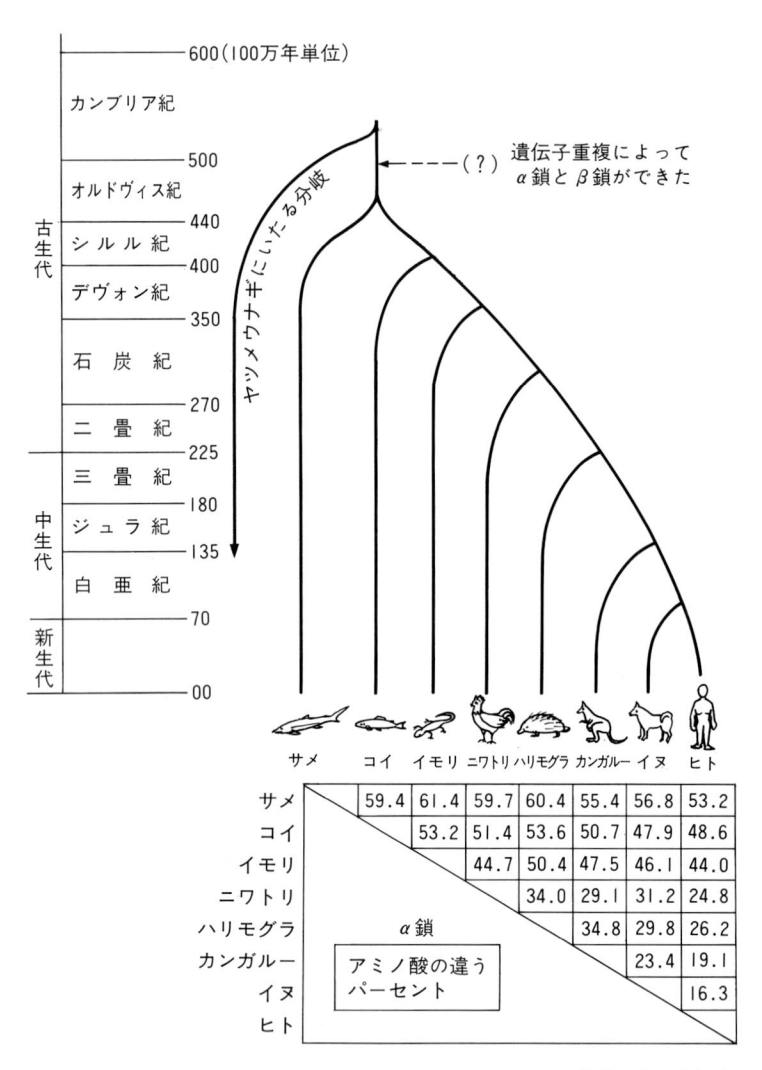

図 5-13 ヘモグロビン α 鎖のアミノ酸配列を 8 つの脊椎動物の間で比較して，互いに異なるアミノ酸のパーセントを系統上の類縁関係および分岐年代とともに示す
(木村，1986 より)

2 つのポリペプチド鎖間のアミノ酸座位当たりの置換の平均数 K_{aa} は

$$K_{aa} = -\log_e (1-p_d)$$

で表される．p_d は，2 つのタンパク質のアミノ酸配列を比較したときに違っている数を，比較した全アミノ酸の総数（n_{aa}）で割った値である．比較している系統の分岐年代が古生物学によって明らかであれば年当たり，座位当たりの進化的アミノ酸置換率（k_{aa}）が求まる．

$$k_{aa} = K_{aa}/(2T)$$

T は 2 つのポリペプチド鎖が共通祖先から分岐してからの年数で，係数の 2 は比較しているタンパク質の進化に系統樹の 2 つの枝が関わっているからである．図 5-14 は，図 5-13 のヘモグロビン α 鎖のデータをもとにして計算した，座位当たりのアミノ酸置換の推定値（K_{aa}）分岐時

V. 変異・多型の進化

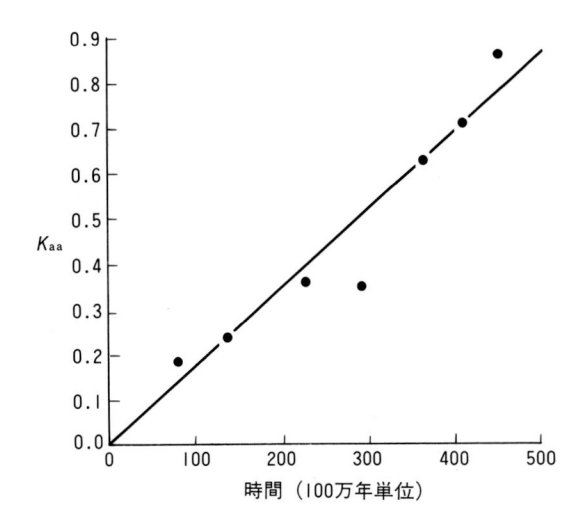

図 5-14 アミノ酸置換の数 K_{aa}（縦軸）と100万年単位で表した分岐時間（横軸）

(木村, 1986 より)

間（T）との関係を示している．これらの点はほぼ一直線上にあり，ヘモグロビン α 鎖が系統を問わず一定の率（速度）で進化してきたことがわかる．これらの事実は中立説による予測式(1)によく一致している．

② 機能的に重要さの低い分子，または分子の一部は，重要さの高いものより突然変異の置換で表した進化速度が大きい．

③ 既存の分子の構造と機能を少ししか乱さない突然変異の置換（保守的置換）は，そうでないものより進化の過程で起こりやすい．

これは，突然変異が機能的に重要度の低い分子や，分子の一部に起こると，突然変異は有害ではなく淘汰に中立となる確率が大きくなって，偶然的浮動によって集団中に固定される機会が多くなると考えることによって，中立説の立場から単純に説明される．生じるすべての突然変異を中立なものとそうでない有害なものに分けて考えると理解しやすい．

進化速度の式(2)は次のように書き換えられる．

$$k = f_0 v_T \tag{3}$$

v_T は総突然変異率で，このうちの f_0 の割合が淘汰に中立で，残りの $1-f_0$ は有害で分子進化には寄与しないとする．つまり，$f_0 v_T$ は中立突然変異率を表す．

分子進化の保守性については，分子として機能的に重要なものほど"制約"が大きくて有害になりやすく，すべての突然変異（v_T）のうちで中立なものの割合 f_0 が減ってくると考えればよい．これに対し，機能的に重要度の低い分子では突然変異が起こっても個体の適応度にあまり効果を及ぼさないので，f_0 は大きくなる．したがって，進化速度は，中立な突然変異率と分子の機能的制約の2つの要因によって決まることになる．

表5-12にはいくつかのタンパク質の置換率の推定値を示す．進化速度の値はそれぞれのタンパク質で大きく違っているが，これはそれぞれのタンパク質で中立な突然変異率が異なってい

表 5-12 アミノ酸座位当たり年当たりの置換率で表した数種のタンパク質の進化速度

タンパク	年当たり10^{-9}を単位とした置換率(単位：ポーリング)
フィブリノペプチド	8.3
膵臓リボヌクレアーゼ	2.1
ヘモグロビンα鎖	1.2
ミオグロビン	0.9
インスリン	0.4
チトクロム c	0.3
ヒストン H 4	0.01

(木村, 1986 より)

るからと考えることによって，中立説の立場から説明される．

また，(3)式のf_0は1よりも小さいので，

$$k < v_\mathrm{T} \qquad (4)$$

となり，中立説が正しいと，進化速度には総突然変異率で決まる上限が存在することになる．図 5-15 は同義座位(アミノ酸が変わらないヌクレオチド座位) とアミノ酸座位（アミノ酸が変わるヌクレオチド座位）における進化速度を表したものである．アミノ酸を変えない塩基置換速度は遺伝子によらずかなり一様に速いことがわかり，中立説の(4)式を支持している．

④ 新しい機能をもつ遺伝子の出現には，常に遺伝子の重複が先行する．

遺伝子重複が生物進化に果たした重要性についてはこれまで多くの研究者によって指摘され

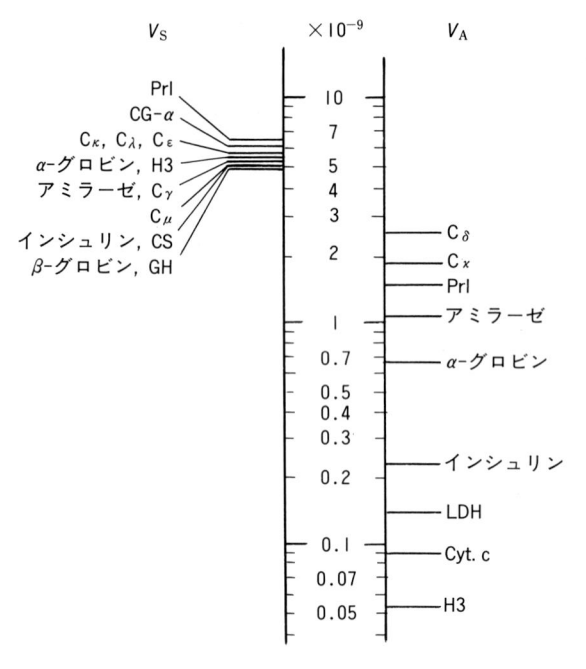

図 5-15 同義座位の進化速度(V_S)とアミノ酸座位の進化速度(V_A)の比較　　　　(宮田, 1984 より)

Prl：prolactin, CG：chorionic gonadotropin, Cκ, Cλ, Cε, Cγ, Cμ：免疫グロブリン定常域, κ, λ, ε, γ, μ 鎖遺伝子, CS：chorionic somatomammotoropin, LDH：lactate dehydrogenase, cyt.c：チトクロム c, H 3：ヒストンIII.

てきたが，中立説との関わりで大切なのは，遺伝子が重複すると2つの遺伝子のどちらかは自然淘汰から解放されるので，重複していない1個のときには許されなかったような突然変異も受け入れることができ，偶然的浮動がはたらく条件を作り出すことにある．

　無脊椎動物から脊椎動物が進化した過程で全ゲノムの倍数体化（4倍体化）が起こったことが指摘されているが，この過程で，もちろん正のダーウィン淘汰もはたらいたであろうが，偶然的浮動も大きなはたらきをしたに違いない．

　⑤明らかに有害な突然変異遺伝子の自然淘汰による除去と淘汰に中立またはわずかに有害な突然変異遺伝子の偶然的固定の方が，明らかに有利な突然変異遺伝子に対する正のダーウィン淘汰よりも進化の過程ではるかに頻繁に起こる．

　これは，もとの中立説を発展させたものであり，淘汰に中立な突然変異に加え，ごくわずか有害な突然変異も分子進化には重要な役割を果たしているという太田の微弱有害突然変異の仮説を取り入れたものである．ここで大切なのは，「中立突然変異」は，淘汰に有利な突然変異の適応度への効果が無限に小さくなったものではなく，有害突然変異の効果が小さくなった極限である．したがって，負の淘汰による障壁が除かれると，突然変異の圧力によって進化的変化が常に起こることを意味する．この典型例が，機能を完全に失った偽遺伝子が最も速く進化しているという発見である．

(5) 種内変異の問題

　中立説発表の背景となった事実の1つは，生物種内に分子レベルで多量の遺伝的変異が存在するということであった．これは表現型進化を扱っている限りわからないことであったが，1960年前半のタンパク質，特に酵素タンパク質の変異を電気泳動法で簡単に検出できるようになったおかげで，1966年ごろから多くの生物の酵素遺伝子座で多量の遺伝的変異が発見されることになった．

　図5-16は脊椎動物と無脊椎動物における平均のヘテロ接合体の頻度を表している．ここでヘテロ接合体の頻度は対立遺伝子の頻度の2乗和を1から引いたもので，これを調査した全遺伝子座で平均したものが平均のヘテロ接合頻度である．この図から，多くの生物で遺伝子座当たりの平均のヘテロ接合体の頻度が0～30％くらいであることがわかる．

　中立説は，これらの多型的変異を分子進化の一断面としてとらえ，これらの多型的変異は自然淘汰に中立，またはほぼ中立なものが，突然変異による出現と偶然的浮動による偶然的消失とのつり合いによって集団中に保有されていると考える．突然変異遺伝子の置換過程を示した図5-12を任意の時点で見ると，集団内に数個の対立遺伝子が存在していることがわかる．

　これらのタンパク質多型の維持機構の問題については，世界的な中立説対淘汰説の論争をもたらすことになった．ショウジョウバエを用いた向井らの大規模な実験や根井らの統計学的研究は中立説を強く支持してきた．その後，DNA塩基配列のデータが爆発的に増加し，タンパク質多型の問題は立ち消えになった感があるが，大筋は中立説で説明されるであろう．

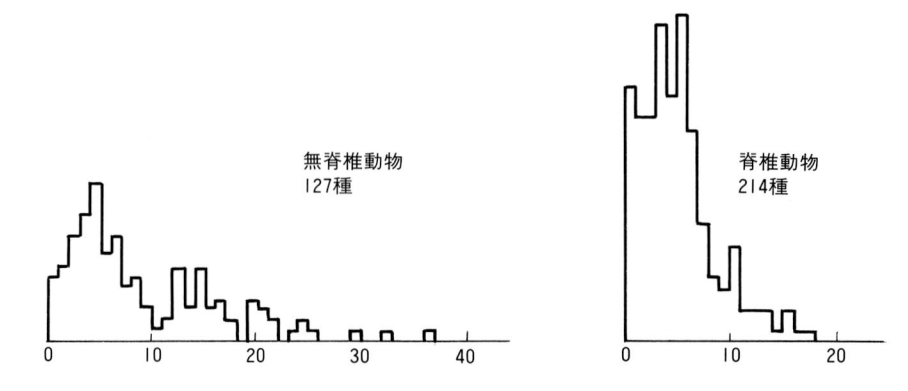

図 5-16 無脊椎動物と脊椎動物における平均ヘテロ接合頻度の分布
(根井，1990 より)
20個以上の遺伝子座について調べられた生物種だけが含まれている．

　以上，本章では生物集団の進化を考えるときの基礎になる遺伝的変異の維持機構と，分子進化の考え方の基礎になることを重点的に説明してきた．1970年代からの組換えDNA技術による研究は，真核生物におけるDNA塩基配列レベルでの遺伝子発現の機構を次々と明らかにしてきている．このような分子レベルでの種内の遺伝的変異がどのような経過を経て生物の表現型進化の原動力になっていくのかについてはこれからの課題である．

　このような分子レベルでの進化と表現型進化を結びつける仮説を，木村は「生物進化の四段階説」として提唱している．これは「中立突然変異を仲立ちとした表現型大進化の機構論としての四段階説」と呼ばれるもので，4つの段階からなっている．

① 既存の淘汰的制約から解放されると，
② 表現型における中立的変異が増大する．
③ 中立突然変異遺伝子のあるものには淘汰の可能性が潜在しており，新しい環境のもとで正の淘汰がはたらくようになる．
④ 個体間淘汰および群淘汰の作用を通して大規模な適応進化が起こる．

この考えの要点は，"大進化が起こるには自然淘汰が一時ゆるむ必要がある"ということ，すなわち，"淘汰的制約からの解放"にある．

　いずれにしろ，分子レベルでの進化と表現型進化をどのように橋渡ししていくかは，新しい機能をもつ分子がどのような仕組みで起こり，遺伝子発現様式がどのくらい可塑性があって表現型上の大きな変化が起こるのかという問題などとともに，中立進化とダーウィン流の自然淘汰がどのようにはたらきあっているのかが，生物進化を考えていく上でのこれからの大きな課題である．

VI. 行動の遺伝

1. ショウジョウバエ

(1) はじめに

　キイロショウジョウバエ (*Drosophila melanogaster*) は，モルガン (T.H.Morgan) の研究以来約 90 年もの間，遺伝学の中心的な研究材料として用いられてきた．その結果，高等生物のなかで最も遺伝学の知見が蓄積されており，様々な遺伝学的な手法が確立されているので，行動を制御する脳-神経系を遺伝学的なアプローチから研究するうえでも優れたモデル生物のひとつである．他の昆虫と同様にショウジョウバエは高度に発達した感覚系を備えており，また様々な行動のレパートリーを示す．ショウジョウバエを用いた行動の遺伝学的解析は 1960 年代に米国のベンザー (S.Benzer) らによって本格的に始められた．それまでもショウジョウバエの行動に関する遺伝学的研究は行われていたが，遺伝的に不均一な自然集団のハエをある行動形質について選択し，その形質を強めるという実験しか行われていなかった．このような実験からは，ある行動の発現には多くの遺伝子 (polygene) が関わっているという結論しか出てこなかった．

　バクテリオファージの分子遺伝学者であったベンザーは，行動の解析にファージ遺伝学の方法論を導入した．すなわち，遺伝的に均一な系を用いて，1 遺伝子の突然変異 (a single gene mutation) による行動突然変異体をスクリーニングしたのである．1 遺伝子内に 1 塩基の置換を誘発する濃度の突然変異誘起剤でハエを処理し，突然変異をホモにもつハエの中から行動異常を示すものを選び出す．行動を客観的に定量化する様々な装置が考案された．得られたミュータント (変異体) は，生化学や組織学，電気生理学などの手法を用いて行動異常の原因を詳しく解析する．突然変異の遺伝子座を決定し，その対立遺伝子 (allele) を分離する遺伝解析も平行してなされる．こうして，遺伝子と表現形との対応を明らかにして，遺伝子の行動への関与を探るわけである．

　行動突然変異体を見つけ出すのは手間がかかる作業であるが，大きな利点がある．行動は，それに関わるメカニズムの総合として現れるので，関与する神経回路，分子などが予測できなくとも，ある行動についてのミュータントを取りつくせば，少なくとも関与する遺伝子に関する情報は手に入れられるわけである．当初は，交配とスクリーニングのやりやすさにより，性染色体上のミュータントの分離が化学変異誘起剤を用いて行われた．最近では，トランスポゾンの 1 種である P 因子 (P element) の挿入突然変異体の分離法が確立されている．P 因子挿入突然変異の場合は，P 因子 DNA を目印とすることができるので，遺伝子座の決定，クローニング

などが容易であるという利点がある．行動突然変異体を用いた研究の目標は，原因遺伝子がどのようなタンパク質をコードしており，いつの時期にどの細胞で発現しており，どのようなはたらきをしているかの解明である．遺伝子がクローニングできれば，そのような研究の突破口となる．

1980年代に入ると遺伝子組換えの技術が導入されたことにより，行動突然変異の遺伝子が次々とクローニングされ，研究は分子レベルに至っている．なかでも，P因子を利用した形質転換法（P-element mediated germline transformation）は，クローニングされた遺伝子の機能を調べるうえできわめて強力な手段となっている．以下では，いくつかの行動について個別に解説を行う．

(2) 運 動 性

歩行という一見単純な活動も，神経系，筋肉，代謝などの統合の上に成り立っている．それらを支えるパーツのどれか1つにでも異常があれば，結果として歩行活動に異常をきたすことが考えられる．事実，様々な運動異常を示すミュータントが分離されている．これらのミュータントのいくつかは，後で述べる走光性テストによるスクリーニングの副産物として分離された．

カプラン（W.D.Kaplan）により発見された *Hyperkinetic*（*Hk*）というミュータントは活動度が異常に高い．酸素消費量も多く，短命であることが知られている．このミュータントはエーテル麻酔下で肢，翅などに震せんがみられることから分離された．頭部から胸部神経節に走行する巨大ニューロンからの活動電位の発生パターンが異常であること，他のイオンチャネルのミュータントと相互作用を起こすこと，また *in vitro* で培養された神経細胞を使ったパッチクランプ法による電気生理学的解析から，この遺伝子は K^+ チャネルのはたらきに関与していると考えられている．

どのような運動テストをしても不活発であるミュータントがある．*inactive*（*iav*）という系統は，神経伝達物質の1つであるオクトパミンの代謝に異常をきたしていることがわかった．

正常な歩行活動には，3対の肢が正しい順序でタイミングよく動かされる必要がある．この統合異常を示すミュータントに *uncoordinated*（*unc*）がある．*unc* のハエの大半は致死であるが，例外的に羽化する個体がある．この個体はほとんど動けず，羽化後，間もなく死ぬ．*unc* は機械刺激受容に関与する遺伝子であるということが明らかになった．

(3) 飛 翔

飛べないハエも多数分離されている．もちろん，正常な形態の翅でありながら飛翔ができないミュータントである．飛翔不能突然変異を効率よく得るために考案されたのが，図6-1のいっぷう変わったスクリーニング法である．大型のメスシリンダーの内壁にパラフィンオイルを塗っておく．ハエを上から落下させると，野生型のハエはメスシリンダー内で一斉に水平方向

に飛びはじめるが，すぐに壁面のパラフィンオイルにトラップされてしまう．ハエがくっついている高さの分布を調べると飛翔能力が定量化できる．正常な飛翔能力をもったものは上の方に，あまり飛べないものはそれよりも下に，飛翔不能なものはそのまま落ちて底にたまる．これを用いて，飛翔筋異常ミュータントが系統的に分離された．組織学，電気生理学，生化学的な研究から，そのあるものは筋タンパク質をコードする遺伝子のミュータントであることがわかっている．

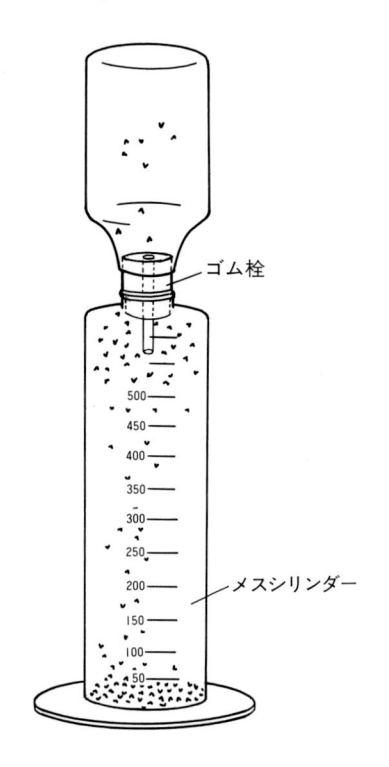

図 6-1 飛翔異常ミュータントのスクリーニング装置（本文参照）

（4）麻　　　痺

通常の活動には何ら異常はみられないが，ある条件下で麻痺，肢などの振えを起こす突然変異系統がある．これらの多くは，イオンチャネルや神経細胞膜の興奮性に異常があると考えられている．Shaker のように，解明が遅れていた K^+ チャネルの分子的実体が行動突然変異遺伝子の解析から明らかにされた例もある．

1) 機械刺激感受性

機械刺激によって麻痺状態に陥るミュータントが分離されている．ハエが入ったビンを机の上にドンドンとたたきつけるとハエは動かなくなってしまう．このようなミュータントのほとんどは，Na^+ チャネルの数が減少することによって神経興奮が低下した nap^{ts} (*no action potential*) 突然変異と共存すると麻痺を起こさなくなることから，神経興奮のメカニズムに関わる

ミュータントであると考えられる．事実，*bang senseless*（*bss*）は電気生理学的な解析から運動神経の末梢側に異常があることがわかっている．*easily shocked*（*eas*）は，ある種のリン脂質の合成酵素の遺伝子であることがわかった．したがって，生体膜のリン脂質の組成が神経興奮に関わることが直接証明された．一方，*technical knockout*（*tko*）はミトコンドリアのリボソームタンパク質をコードしていることがわかった．この場合は，ATP の合成能の低下が行動異常に関係しているかもしれない．

2) 温度感受性麻痺

急激な温度変化によって麻痺に陥る温度感受性麻痺ミュータントも分離されている．麻痺からの回復は，温度が元に戻るとすぐに正常に動き回るものから，麻痺していた時間に応じて回復に時間のかかるものまで様々である．最初に分離された *paralyzed*^{ts}（*para*^{ts}）は，後に Na$^+$ チャネルをコードしていることが明らかになった．アミノ酸レベルでラットのチャネルと相同性を比較すると，全体で 45%，膜貫通領域ではさらに高いことがわかった．さらに，スプライシングにより複数の Na$^+$ チャネルが作られていることも判明した．Na$^+$ チャネルに関わると思われる温度麻痺突然変異は，この他にも同定されている．これらの突然変異間の相互作用は，行動や電気生理学的によく研究されてきている．よって，クローニングされた遺伝子を手がかりとして，これら遺伝子産物間の相互作用を研究することで，チャネル機構が明らかにされることが期待される．

3) エーテル麻酔感受性

ショウジョウバエの飼育作業において，エチルエーテル麻酔が用いられる．このとき，軽い麻酔状態で激しく肢，翅を震わせるミュータントがある．先に述べた *Hk* もこれにあたる．このなかで最も研究されているのは *Shaker*（*Sh*）である．*Sh* はショウジョウバエの最初の行動ミュータントとして，1944 年に報告された．以来，スクリーニングの容易さもあり，多数の対立遺伝子が分離されている．しかし，この突然変異が注目を集めるようになったのは，*Sh* 遺伝子が K$^+$ チャネルをコードしていることが解明されてからである．K$^+$ チャネルは強力なブロッカーがないために生化学的に精製ができず，分子的実体の解明が遅れていた．K$^+$ 電流は 2 つの成分からなるが，*Sh* では速い開閉を示す A 電流に異常のあることがわかっており，*Sh* 遺伝子のクローニング結果が注目されていた．アフリカツメガエルの卵母細胞に mRNA を注入して発現させて，電気生理学的にチャネルが作られることを確認するという方法で *Sh* 遺伝子がクローニングされた．その結果，*Sh* タンパク質は疎水性に富む 6 つのセグメントをもっており，膜を貫通するイオンチャネルを構成することがわかった．特に 4 番目のセグメントは Na$^+$ チャネルの S 4 と呼ばれる配列と相同性が高く，電位センサーとしてはたらいていると予測されている．*Sh* 遺伝子からは，スプライシングの違いによって 5〜18 種類もの mRNA が作られる．異なる Sh 遺伝子産物が 4 量体（テトラマー）を形成して K$^+$ チャネルが形成されることが判明し

た(図6-2).これまで電気生理学的な研究からK⁺チャネルには様々な性質の異なるものがあることがわかっていた.ショウジョウバエでは,*Sh* 遺伝子をプローブとして3種類の新しいK⁺チャネル遺伝子が見つかっている.複数のK⁺チャネル遺伝子と *Sh* 遺伝子のスプライシングの組合せがこの多様性の鍵であると考えられる.*Sh* 突然変異の解析は,ショウジョウバエの行動突然変異の解析が分子機構の解明へと進展した最も華々しい成功例の1つである.

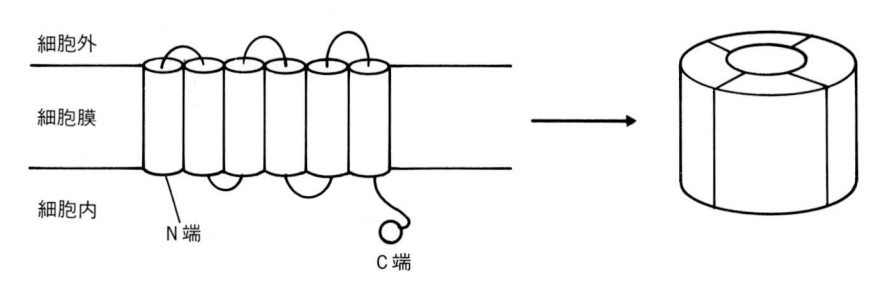

図 6-2 K⁺イオンチャネルの構造

6個の膜貫通領域がある.カルボキシル末端(C端)はボールペプチド(ball peptide)と呼ばれチャネルの不活性化に関わる.4個のチャネルタンパク質が会合して機能を有するチャネルを形成する.

(5) 感 覚 受 容

1) 視　　覚

視覚の情報変換と視細胞の発生メカニズムの解明は,ショウジョウバエの研究の中でも先進的な領域の1つである.ここではその発端となったベンザーらによる視覚ミュータントの分離と解析について解説する.

a. 走 光 性

堀田(Y. Hotta)とベンザーは,視覚のミュータントを分離するために走光性(phototaxis)に注目した.走光性異常系統を分離するため考案されたのが,カウンターカレント分配装置である(図6-3).2本の試験管をつないで水平に置き一方から光をあてると,正の走光性によりハエは光の側に集まる.試験管を変えながら(図では右にずらしながら)テストを繰り返すと,ハエは各試験管に分配される.野生型では一番先頭の試験管を中心にハエが分布する.走光性を示さないミュータントは中央の試験管が中心となる.しかし,走光性を示さない個体が多い系統が視覚異常系統であることはいえない.動きが鈍い系統である可能性もある.行動突然変異体が分離できても,目的とするものが分離できているのかどうかの見極めが難しいことがしばしばある.この場合,光を逆の方向からあてて同じテストを行った.どちらのテストでも先頭の試験管に多くの個体が残るのは,光に関係なく走り回る系統である.試験管へのハエの分布の例を系統ごとに図6-4に示した.光源の位置によらず動かないものもある.これは,活動度が極端に低下していると思われる.走光性のないものは光に関係なく動くので,図の中央に

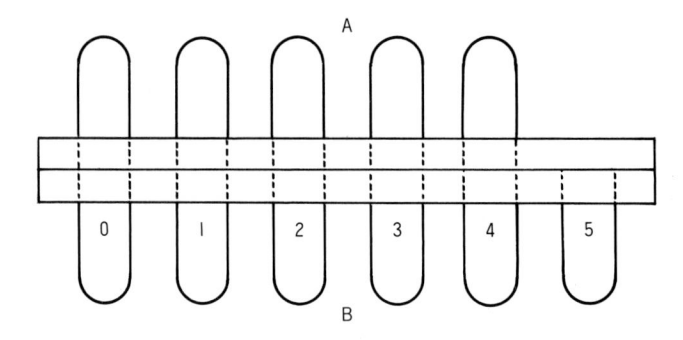

図 6-3 走光性テストのためのカウンターカレント分配装置
（本文参照）
0 の試験管にハエを入れて装置を水平に置き，A の側から光をあてる．その後，試験管をずらして光側に集まったハエを 1 の試験管に落として同様にテストを行い，この操作を繰り返す．

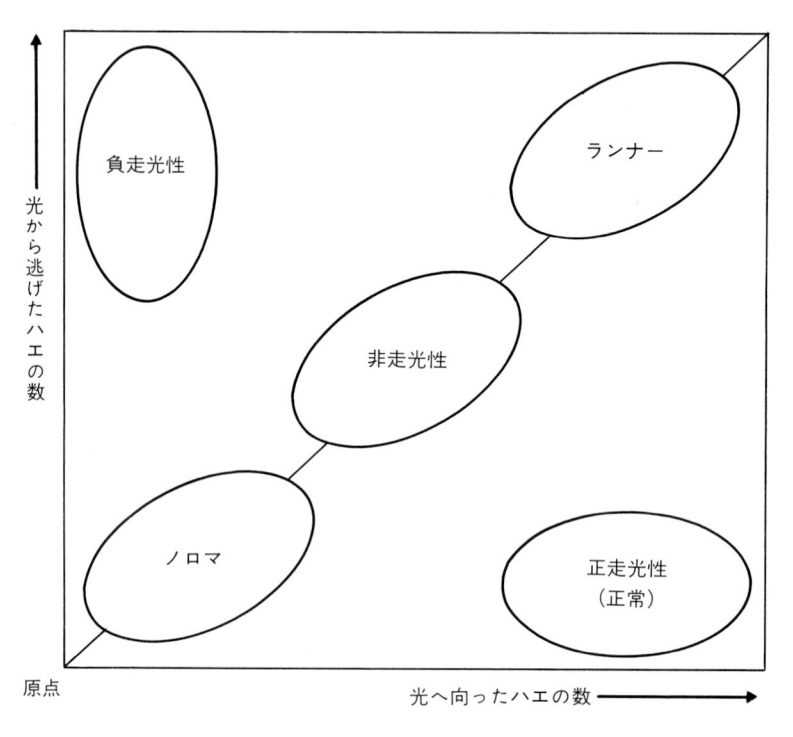

図 6-4 走光性異常ミュータントの分類

分布するグラフになる．

このようにして分離された多数の非走光性系統について，行動異常の原因が視細胞にあるかを調べるために，網膜電図（electroretinogram, ERG）が測定された．ERG は，一方の電極を複眼の表面に，他方の電極をハエの頭部内に置き，複眼の視細胞全体の光刺激による電位変化を記録するものである．視細胞に由来する電位変化のほかに，光刺激のオン・オフ時にスパ

イク様の電位変化が記録される．これは，視細胞にシナプスしている視神経に由来するものである．非走光性系統の ERG を調べた結果，① ERG が正常なもの，② 受容器電位は発生するがスパイク様の電位変化を欠いている，③ ERG がまったく発生しないもの，④ 極端に小さい電位を発生するものがあることがわかった．① は脳での情報処理過程あるいは運動系に，② は二次神経に異常があると推測される．③ は，光受容のメカニズムあるいは受容後の膜興奮にいたる経路が異常である．④ のあるものは，受容細胞あるいは周辺部に異常があることが組織学的に確かめられた．

この結果，得られたまったく ERG を発生しない突然変異の 1 つ *no receptor potential A* (*norp A*) は，その後のクローニングによりイノシトールリン脂質に特異的なホスホリパーゼ C (PI-PLC) をコードしていることがわかった．*norp A* では，PI-PLC の活性が低下ないしは欠失している．この結果は，光刺激が視細胞の電位変化に変換される経路にイノシトール 3 リン酸 (IP_3) がセカンドメッセンジャーとして関わっていることを示唆している．Pak によって分離された *neither inactivation nor afterpotential E* (*nina E*) は光受容タンパク質であるロドプシンの構造遺伝子であることがわかっている．*receptor-degeneration* (*rdg*) と名付けられた一連のミュータントは，羽化後は視覚機能が正常であるが，その後，視細胞の変性などの異常を示す．そのあるものは，光によって変性が始まる．これらのミュータントは，視細胞の機能の維持に必要な分子をコードしている．

b．オプトモーター反応

走光性よりも高度な視覚行動としてオプトモーター反応（optomoter response）がある．ハエは左右に動く縞模様とは同方向に，水平に動く縞模様とは逆方向に動こうとする（図 6-5）．体を一定方向に保つための行動と考えられるが，これにはパターンの動きの識別が必要である．

ハイゼンバーグ（M. Heisenberg）らによって分離されたオプトモーター異常系統の多くは，視葉に形態的異常を起こしていた．これによって，視葉が視覚情報の統合に重要な役割を果た

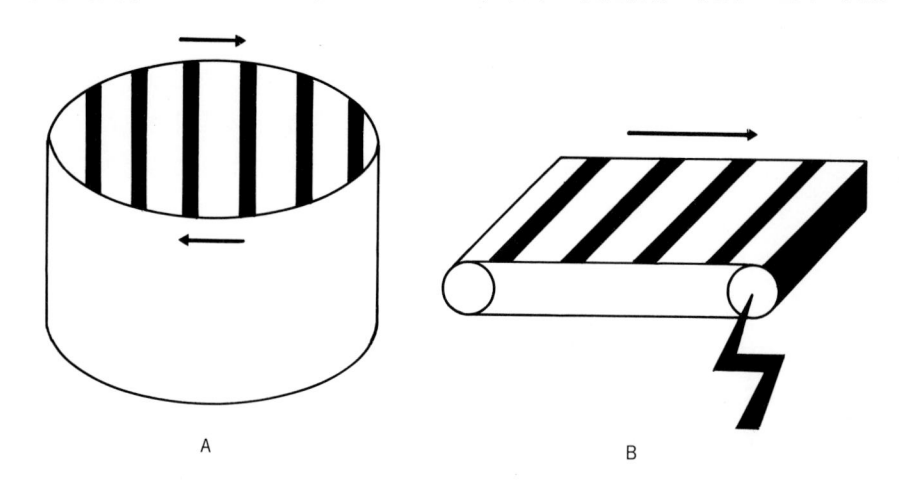

図 6-5　オプトモーター反応を調べるための視覚パターン提示装置

すことが確認された．中枢神経系のはたらきのいっそうの理解のためには，視葉や脳の組織学的研究を土台として，機能地図が作成される必要がある．行動突然変異の解析結果は重要な情報となるに違いない．

(6) 概日リズム

生物は約24時間で動く内在的な概日時計をもっている．行動を含めた多くの生理現象が約24時間周期で変動しているおり，サーカディアンリズム（circadian rhythm）と呼ばれる．生物が時刻を知ることができない暗黒の中にあるときも，体内時計は正確に時を刻み続ける．

ショウジョウバエのサーカディアンリズムは羽化と活動性において観察することができる．羽化は必ず明け方に起こる．クチクラが固まるまでの危険な状態を，湿度が高く補食者がいない時間帯にすませるためである．このために夜明けの時刻を予知して，まだ暗い夜中に羽化の準備をしなければならない．実際，ハエの蛹を暗黒下に移しても外界の明け方の時間に羽化が起こる．

概日時計のミュータントを分離したのはコノプカ（R.J.Konopka）とベンザーである．羽化リズムの周期が短くなった（自由継続周期19時間）短周期突然変異体，逆に長くなった（同28時間）長周期突然変異体，時計が壊れた無周期突然変異体が得られた．これらは性染色体上の同一の遺伝子 period (per) の突然変異によっており，それぞれの遺伝子を per^s, per^L, per^0 で表す．1匹のハエの歩行活動リズムを赤外線ビームを用いて暗黒下で計測すると，各系統は羽化と同じ傾向の異常を示した（図6-6）．P因子形質転換法を用いて，無周期を正常に回復させることができるかを指標として per 遺伝子がクローニングされ，そのタンパク質の構造が明らかにされた．3種のミュータントでは，per 遺伝子に1塩基の置換が起きていることがわかった．per^s, per^L では1個のアミノ酸が置き換わっていた．per^0 では，途中に終止コドンが生じ，中途の産物しかできていなかった．PER（遺伝子 per の産物タンパク質を PER で表す）はそれまでに見つかっているタンパク質とは相同性はなく，細胞間に存在するプロテオグリカンのコアタンパク質のモチーフをもっていた．そこで，PER はギャップ結合を介して細胞間の物質のやり取りを制御してリズムを決定するという説やそれを支持する実験結果も出されたが，その後，これらの実験結果は否定されている．現在では，PER は核タンパク質であり転写調節因子としてはたらくと考えられている．事実，抗体を使って PER の核への局在が確かめられている．しかし，per の配列には DNA に結合するこれまで知られている配列は存在しない．かわりに他のタンパク質と2量体を形成するための PAS ドメイン（domain）と呼ばれる配列がある．事実，PER タンパク質は in vitro で PAS ドメインをもつタンパク質と2量体を形成する．したがって PER は，PAS ドメインをもつタンパクと結合して転写調節因子の制御を行っている可能性がある．その後，新たな無周期突然変異 timeless (tim) が見つかった．このミュータントの神経細胞を PER 抗体で染色してみると，PER の核への局在が起こっていないことから，TIM は PER を核に運ぶ役割を担っていると推測される．

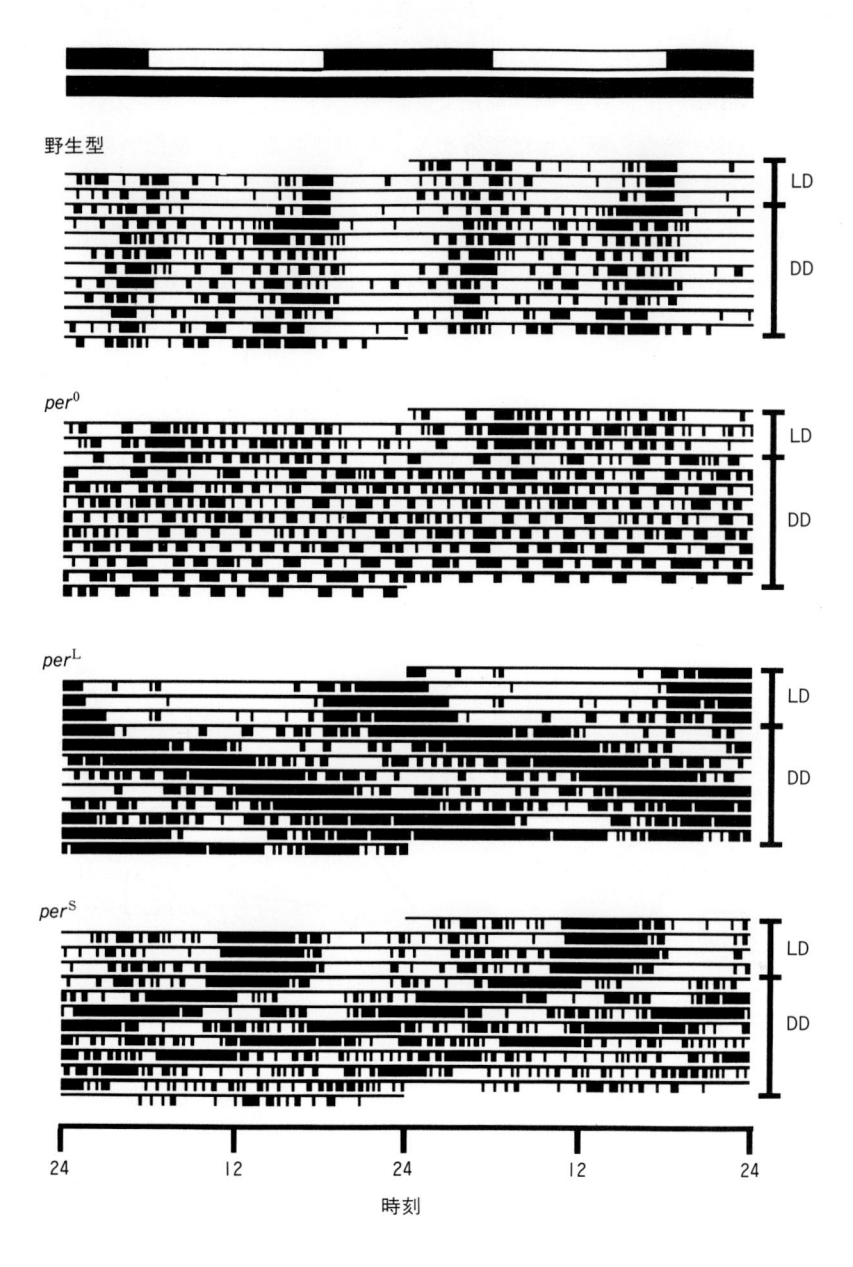

図6-6 時計ミュータントの歩行活動リズム
上から,野生型,無周期,長周期,短周期の記録例.最初の数日は12:12の明暗(LD),その後は暗黒下(DD)のもとで1匹のハエのリズムを測定した.黒い部分がハエが活発に動いていたことを表す.

概日リズムを司る時計はどこにあるのだろうか.無周期突然変異体の腹部に短周期突然変異体の脳を移植すると短周期が現れる.また他の昆虫における実験からも,生物時計の中枢は脳にあることがわかっている.PER抗体で組織染色を行うと,脳の特定の神経細胞や視細胞で

per 遺伝子が発現していることがわかり，さらに時間により染色強度が変動することが発見された．昼よりも夜に多く発現している．これは *per* 遺伝子の転写にリズムがある可能性を示唆する．事実，*per* の mRNA 量も 24 時間周期で変動をしていた．*per* タンパク質は直接，あるいは間接的に *per* 遺伝子自身の転写量に影響を与えるのである．*per* 遺伝子のフィードバックループがリズムの発振源そのものであると考えられている．最近，*per* 遺伝子の遺伝子発現に直接関わるタンパク質の遺伝子として，*Clock* と *cycle* が同定された．さらに，PER のリン酸化に関わる *double time*(*dbt*) 遺伝子の変異によってもリズムの周期が変化することがわかった．以上の結果からフィードバックループモデルが提唱されている（図 6-7）．

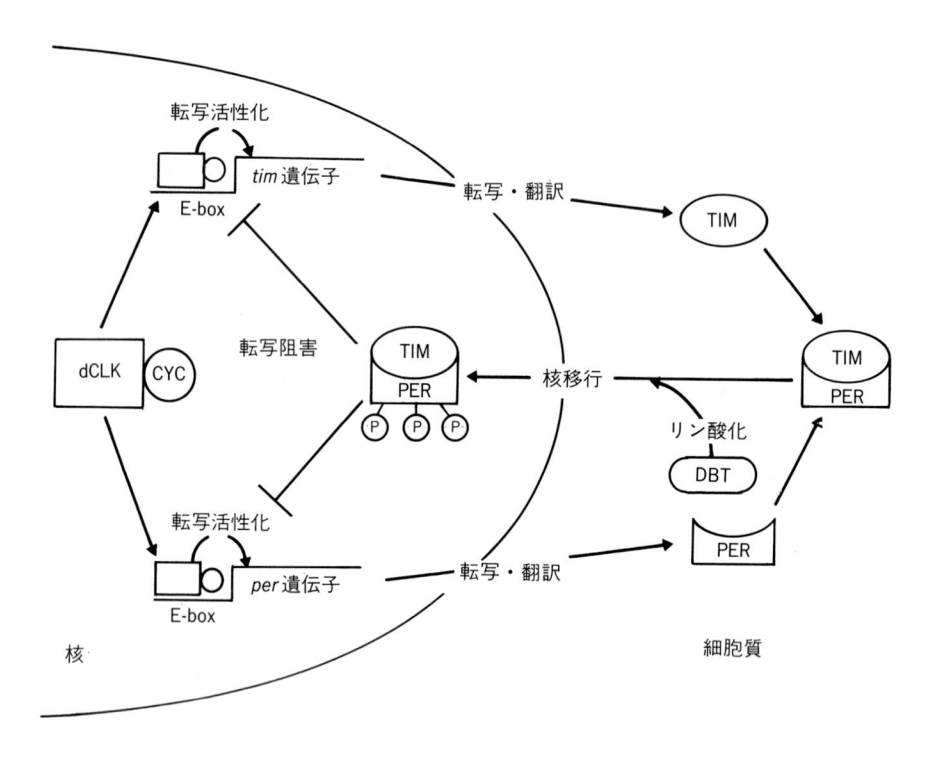

図 6-7 サーカディアンリズムのフィードバックループモデル
per，*tim* 両遺伝子の上流には E ボックスと呼ばれる配列が存在し，転写調節因子である *Clock* と *cycle* 遺伝子産物（dCLK および CYC タンパク質）の 2 量体が結合して転写が活性化される．PER は TIM と結合して核に移行し，PER は，dCLK，CYC に作用してそれぞれの遺伝子の転写を阻害する．DBT は PER のリン酸化によって PER の安定性を制御している．

per の解析ストーリーは，1 つの遺伝子を様々な手法を用いて徹底的に調べることでその行動発現機構の解明に肉薄した格好の例といえる．しかし，さらに解析を進めるには関連遺伝子の検索が不可欠である．その意味で，1 つの遺伝子だけから行動メカニズムの解析を行うことの困難さも示している．

(7) 性　行　動

　性行動はいうまでもなく種の保存のために最も重要な行動である．また，ショウジョウバエが示すほぼ唯一の他個体への積極的な行動であり，同種や異性の識別機構，他個体の行動に対する応答性など，興味深い問題を多く含んでいる．

　雄の求愛行動は次のような定型化された連鎖的な行動パターンからなる．①雄が雌に対して定位・追跡を行う．②雌が拒否行動をとらないならば，雄は雌の横で片翅を側方に伸ばして求愛歌(love song)を発する．雄は反対側に回り込んだりしながらこれを繰り返す．求愛歌はショウジョウバエの種によって特徴がある．③雄は雌の後ろに回り込んで雌の交接器をなめ（リッキング），④交尾を試みる．⑤成功すれば，交尾は約20分続く．

　雄に対して求愛する同性愛のミュータント *fruitless*，求愛歌が調子はずれなもの，交尾を始めてもすぐに離れてしまうものなど，特定のステップが異常となったミュータントが分離されている．雌は交尾後約1週間ほどは，雄に対して交尾拒否行動を示す．これは，交尾によって雄から雌に伝えられ交尾拒否を起こさせる性ペプチド(sex peptide)のはたらきによる．熱ショックタンパク質のプロモーターの支配下にこのペプチドの遺伝子を挿入したものを，P因子形質転換法で組み入れたハエが作られた．このペプチドを未交尾雌の体内で強制的に発現させると，あたかも交尾したかのように交尾拒否行動を起こすことがわかった．

　性モザイク解析を用いて，求愛行動を制御している神経がどこにあるかが明らかにされている．モザイク解析とは，遺伝的なトリックを用いて，一個体の中に雄性組織と雌性組織を共存させる方法である．雌の識別，定位，追跡，リッキングなどは脳に支配されているが，求愛歌は中胸部神経節に支配されていることが突き止められた．

(8) 学　習　と　記　憶

　ハエも学習能力をもっている．クイン(W.G.Quinn)らは，走光性テストに用いられたカウンターカレント分配装置を図6-8のように改造してハエの学習装置を作った．2番以降の試験管には，偶数番のものにはA，奇数番のものにはBの匂い物質を噴霧して異なる匂いをつけてある．また，それぞれの試験管には電気ショック用のグリッドが取り付けられている．Aの試験管にハエが入ったときにはハエが感電するようになっているが，Bのときには何も起きない．つまり，Aの匂いと電気ショックを連合して学習させるわけである．数回の訓練の後にテストをしてみると，電気ショックを与えなくてもハエは匂いAも避けるようになっていた．すなわち，学習が成立していた．このとき，Aの試験管を避けたハエの割合の差を学習インデックスとすると，すべてのハエが完全に学習すればインデックスは1，まったく学習しなければ0となる．通常はインデックスは0.3近くになり，極端にインデックスの低い系統は学習のミュータントということになる．

　最初に分離されたミュータントは，*dunce*(*dnc*)と名付けられ，インデックスは0.02であっ

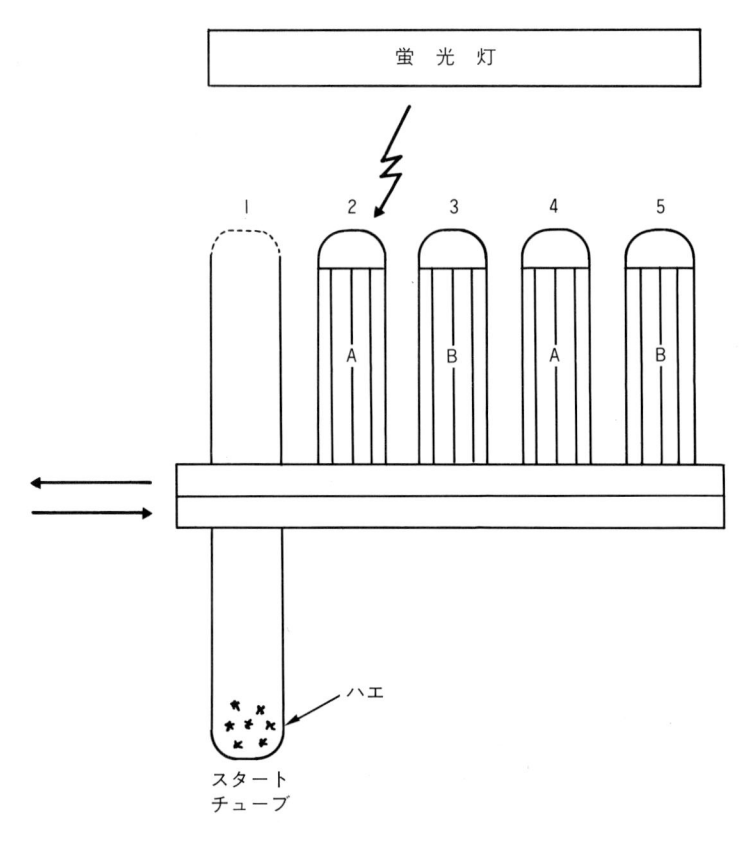

図 6-8　ハエの学習装置

た．続いて *rutabaga*（*rut*），*cabbage*（*cab*），*turnip*（*tur*）の3種のミュータントが分離された．これらのミュータントのインデックスはほぼ0である．この4系統はみな，学習のできないミュータントである．一度学習が成立すれば，正常なハエは約4時間ほどは記憶している．学習は可能だが，1時間ほどで記憶の失われる *amnesiac*（*amn*）系統が分離されている．これらの学習のミュータントは，成虫だけでなく幼虫も学習に障害が出る．

　ショ糖を報酬として与えて学習を行った場合は，電気ショックを与えたときとは異なっていた．正常なハエの学習インデックスは0.36で変化はないが，記憶は24時間も持続することがわかった．*dnc* は正常な学習を示したが，記憶は1時間しか持続しなかった．*rut* は電気ショックのときよりは若干学習するが，記憶は *dnc* よりも弱い．これらのことから，これまで学習のミュータントとされてきた *dnc* や *rut* は，実は記憶のミュータントであり，忘却があまりに早すぎるために一見学習できないように見えるのではないかという可能性が指摘された．

　クインらの学習装置では，試験管内に入った個体にしか電気ショックは与えられない．だんだんと学習が成立してくると学習した個体には罰刺激が与えられなくなるという欠点がある．より強い条件づけのための装置がタリー（T. Tully）らによって開発された（図6-9）．ある匂いの存在下で学習の有無に関わらず全個体に電気ショックを与えて条件づけしたのである．こ

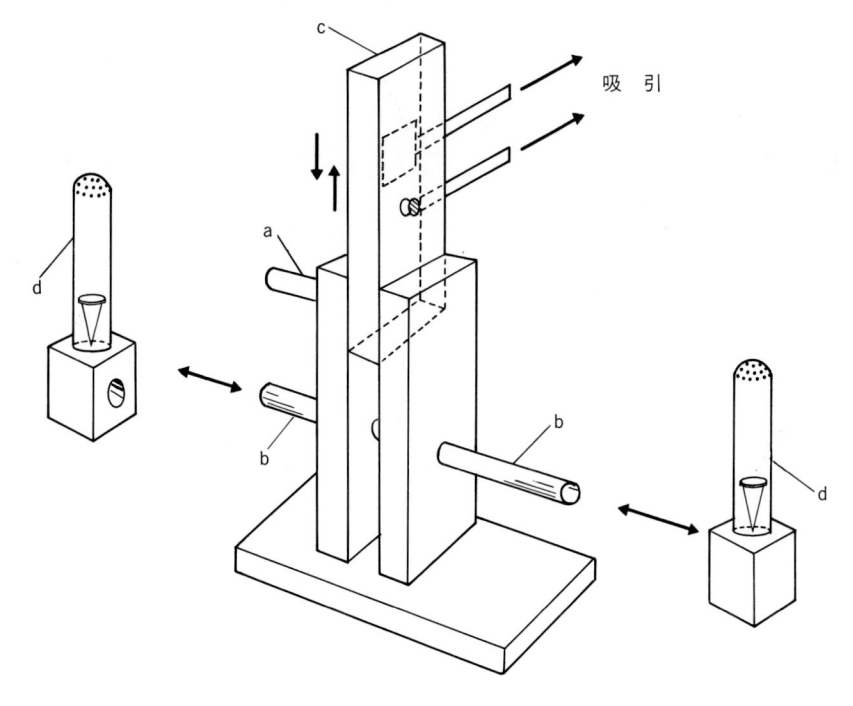

図 6-9　改良型学習装置

パネルcの穴にハエを入れて下にずらしてaの中に移す．匂い物質存在下ですべてのハエが電気ショックを受ける．その後，パネルをbの位置に下げて2種の匂い物質を選択させる．

の結果，インデックスは野生型で0.89まで上がった．インデックスの上昇にはもう1つ理由がある．クインらの学習装置では，走光性を利用して匂い物質を噴霧した試験管にハエを移動させていた．この場合，ある匂いと電気刺激を連合学習するためには，走光性を抑制する必要がある．タリーらの装置では走光性は関係がない．このように，装置や実験条件を改良して調べられた結果，記憶には，短期記憶，中期記憶，長期記憶の3ステップがあると考えられており，*dnc*，*rut* は学習から短期記憶のプロセス，*amm* は短期から中期記憶のプロセスに異常があると考えられている．

　dnc の遺伝子はcyclicAMP (cAMP) 依存性ホスホジエステラーゼをコードしていることがわかった．実際，*dnc* ではこの酵素活性がほとんど欠如していた．ホスホジエステラーゼはcAMPを特異的に分解する．予測通り *dnc* ではcAMP量の増大がみられた．ホスホジエステラーゼは，ハエの脳内のキノコ体 (mushroom body) と呼ばれるニューロンに局在していることがわかった．キノコ体は，ミツバチなどの社会性昆虫などで発達しており，高次の神経統合処理を司っているとこれまで考えられてきた場所である．一方，*rut* はcAMPの合成酵素であるアデニル酸シクラーゼ活性が体全体にわたって低下していることがわかった．これらの結果は，それまで無脊椎動物のアメフラシで指摘されていたcAMPを介した情報伝達系が学習に関

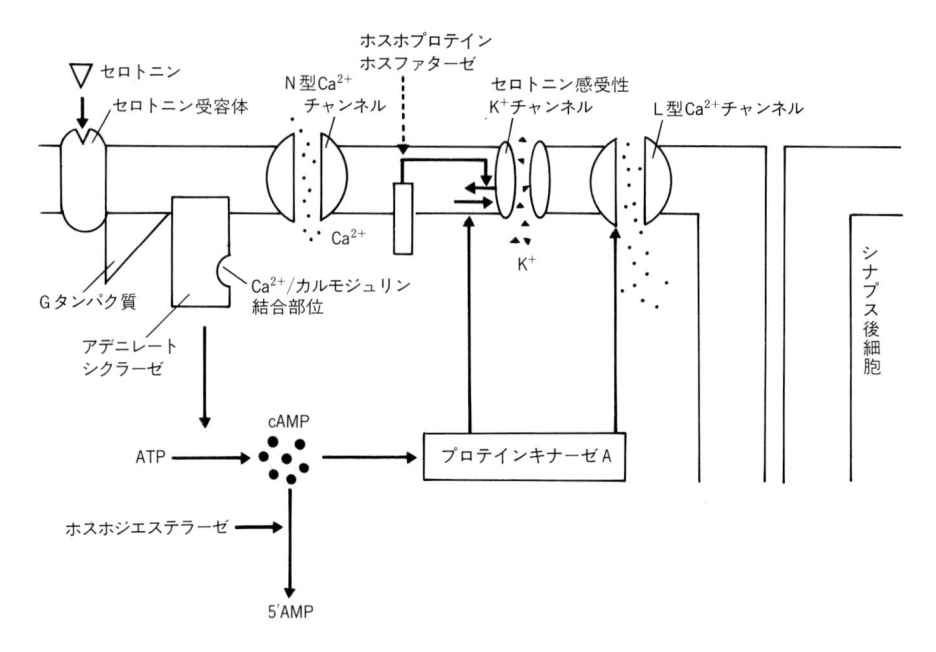

図 6-10 学習に関わる細胞内の分子メカニズム

cAMP によってプロテインキナーゼ A が活性化され，K^+ チャネルをリン酸化することにより K^+ 電流が低下する．また，Ca^{2+} チャネルはプロテインキナーゼ A によって活性化される．最終的に Ca^{2+} によってシナプスにおける神経伝達物質の放出が増加すると考えられる．このモデルはアメフラシにおいて提唱されたものであるが，ショウジョウバエの学習突然変異体の研究によって明らかにされた cAMP の役割が説明できる．

与しているという仮説を裏付けた．cAMP は脳内でモノアミン系の神経伝達物質のセカンドメッセンジャーとしてはたらくと考えられる．そこで，モノアミン系の神経伝達物質であるドーパミンとセロトニンの合成酵素のミュータントである *Ddc*（*Dopa decarboxylase*）の学習・記憶テストが行われた．*Ddc* は学習能力が悪いが記憶には影響がなかった．さらに，神経伝達物質と cAMP をつなぐ経路として，ラットなどではタンパク質リン酸化酵素であるプロテインキナーゼ C（protein kinase C）の関与が指摘されていた．最近，*tur* 遺伝子がクローニングされ，Ca^{2+} 依存性プロテインキナーゼ C をコードしていることが明らかにされた．これらとは別に，前述の *Sh* も学習能力が低下しており，記憶も失われやすいことが判明している．これらの関係を模式的に表すと図 6-10 になる．

　以上，ショウジョウバエを用いた行動ミュータントの研究を紹介した．行動を遺伝的に解析するには，行動を定量的に解析する方法や条件を確立することが重要である．ミュータントの分離のためには非常に多くの個体の中から効率的に異常個体を選び出す方法を選択する必要がある．学習・記憶の項で示したように，実験方法や条件を変更することで，観察される結果が変化することさえある．
　これまでの研究によって，行動発現に関わる新たな分子が明らかにされてきたが，まだ未知

の分子が多く残されているであろう．特に脳内の神経回路網の構築に関わる研究が重要である．新しい分子生物学的手法が次々と開発されてきており，今後のこの分野がさらに進展すると期待される．

2．マ ウ ス

脳はニューロンとその周囲を取り囲んでいるグリア細胞から構成されている．ヒトの脳のニューロンの数は140億，グリアはさらにその10倍の数がある．ニューロン，グリアともに各々いくつかの種類に分けられ，その種類に対応した特異な形態と機能を有している．

ニューロンは突起を伸ばして別のニューロンを認識し，シナプスを形成し，情報の伝達を行っている．ニューロンのネットワークは，中枢神経系における様々な情報の解析と統合のうえで非常に重要な役割を果たしている．

グリア細胞の一種であるアストロサイトは，ニューロンへの栄養補給やニューロンの活動に伴うイオン濃度の変化に対する緩衝作用，組織の支持作用，細胞の移動の際のガイドなどの役割を果たしている．オリゴデンドロサイトはニューロンの軸索に対してミエリン（髄鞘）を形成し，興奮の伝導に関して重要な役割を果たしている．

このような形態学的にも機能的にも非常に異なる細胞から構成される神経系は，その高度な複雑な機能を発現するうえで個々の細胞が緊密な相関を維持することが重要である．神経系の形成過程をみると，分裂・増殖→移動→分化の3つのステップからなると考えてよい．各ステップが正常に遂行されることにより，初めて神経系の形態学的構築ができあがり，その形態学的基盤の上に，初めて神経系の高度で複雑な機能が維持される．

近年になり，数多くの突然変異動物が行動異常の動物として飼育中に発見されるようになり，それらのいくつかは遺伝性動物として継代維持されている．これらの突然変異を起こした動物と正常動物とを比較検討することは，神経系の形態形成と，高次機能発現の機構の解析のうえで非常に重要であることが明らかとなってきた．特に高次神経機能の内で重要な行動に異常を起こす突然変異動物は，行動に関わる分子的基盤を与える意味でも重要な意義がある．

(1) 遺伝性小脳変性症マウス

小脳は運動制御系としての重要なはたらきをしている．小脳皮質を構築する各細胞層は明瞭であり，個々の細胞の同定は容易である．形態学的変化と電気生理学的な応答との対応が容易につけ得るために，ニューロン間のシナプス連絡も詳細に解析されている．

このように，小脳は運動制御と直接関わり合っているゆえに，小脳に突然変異が生じた場合に運動障害を引き起こすことから，その発見が容易であり，多くの解析がこれらの遺伝性動物を用いて進められてきた．

ウィーバー (weaver) マウス	小脳	(図)	●形態学的変化 　顆粒細胞の変性 　（顆粒層の形成なし） 　〔苔状線維とPurkinje細胞との異形シナプスなども観察される〕 ●遺伝的変異 　内向き整流性Kチャネル
ナーバス (nervous) マウス	小脳	(図)	●形態学的変化 　Purkinje細胞の変性 　（ミトコンドリアに変化） ●遺伝的変異 　不明
	網膜		●形態学的変化 　光受容細胞の変性
pcd (Purkinje cell degeneration) マウス	小脳	(図)	●形態学的変化 　Purkinje細胞の変性（小胞体に変化） ●遺伝的変異 　不明
	網膜		●形態学的変化 　光受容細胞の変性
スタゲラー (staggerer) マウス	小脳	(図)	●形態学的変化 　Purkinje細胞の樹状突起の形成不全と樹状突起上の棘突起欠損（Purkinje細胞-顆粒細胞間のシナプス欠損），顆粒細胞の減少 ●遺伝的変異 　ROR (retinoic acid orphan receptor) 2
リーラー (reeler) マウス ヨタリ (yotari) マウス	小脳	(図)	●形態学的変化 　Purkinje細胞層と顆粒細胞層の層構造の乱れ，顆粒細胞の減少，一部のプルキンエ細胞は正常部位にある． ●遺伝的変異 　リーラー：リーリン，CR-50抗原 　ヨタリ：ディスエーブルド1
	大脳	+/+　リーラー ヨタリ I (P)　　PM II (SP)　L P III (MP)　L P IV (G)　　G V (LP)　　S P VI (PM)　+ M P	●形態学的変化 　層構造の乱れ（II～VI層），分子層（P：I層）の欠如
	海馬, 歯状回		●形態学的変化 　細胞配列の不規則性

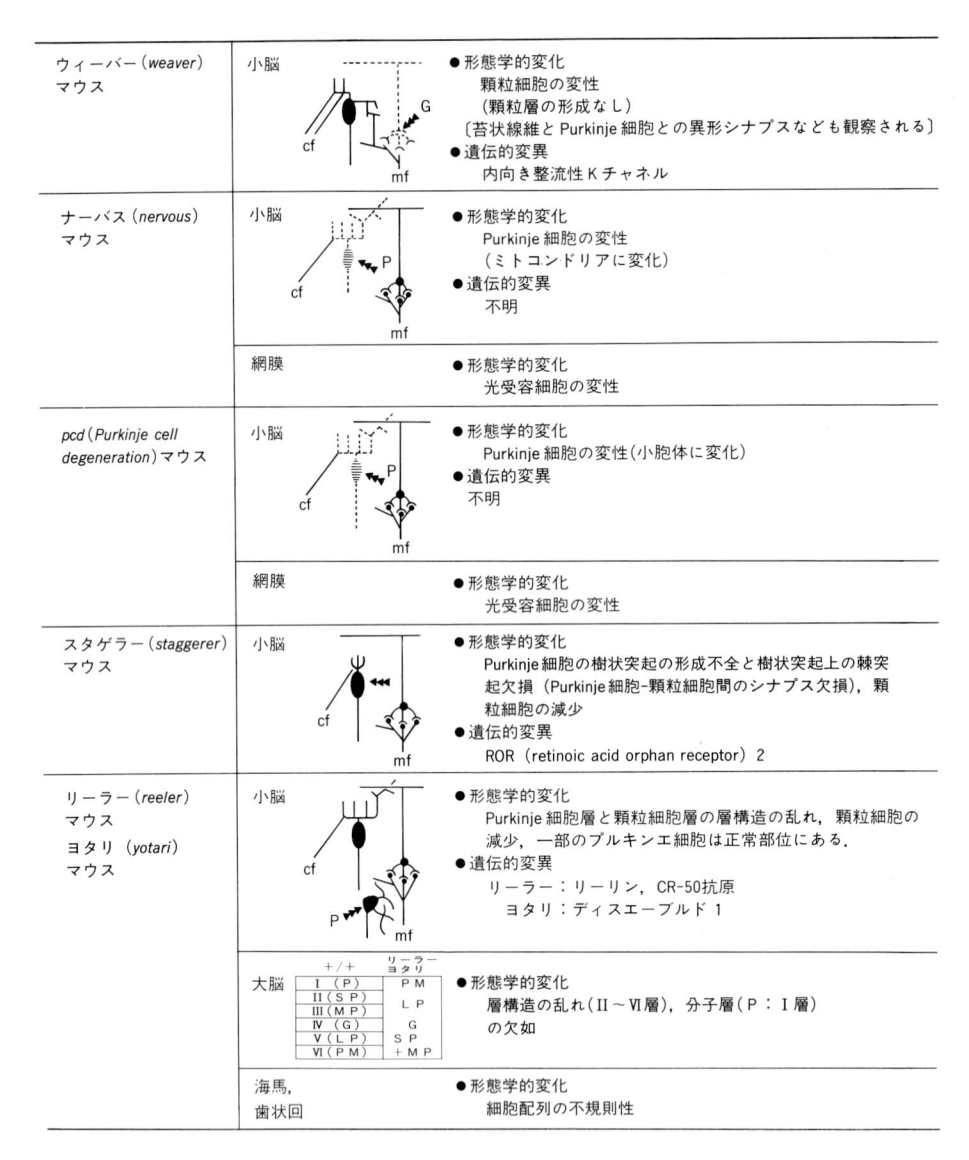

図6-11　脳発育障害突然変異マウスの小脳内変化
◀◀◀：変位が著明な細胞，G：顆粒細胞，mf：苔状線維，cf：登上線維，P：Purkinje細胞

1) ウィーバー (weaver) マウス——顆粒細胞の変性を伴うマウス

不完全優性遺伝様式をとり，ウィーバー遺伝子は第16染色体上にある．生後8～10日頃から症状が現れる．雌雄ともに生殖機能は正常であるが，小脳性運動失調のためにホモ接合体同士での交配は人工授精以外では無理である．

小脳の低形成が著明であり，正常では数十mgの小脳重量があるが，ウィーバーマウスでは約10～15mgと非常に小さい．小脳の左右の距離は差がなく，細長い形態をしている．葉形成は小

さいながらも認められる．顆粒細胞は完全に消失しており，プルキンエ細胞は不規則に並んでいる．ゴルジ細胞，星状細胞，バスケット細胞は存在している．プルキンエ細胞の形態は非常に乱れており，しかも樹状突起の節の数は対照の約12%しかみられず，生後7日頃に突起の伸展が停止する．樹状突起の形成には平行線維とのシナプス形成が重要であるものと考えられる．

外顆粒層で分裂した細胞が内顆粒層へ移動する際，Bergmann線維を伝わって移動するという仮説に従い，ウィーバーマウスではそのBergmann線維に異常があるため，顆粒細胞となるべき細胞が外顆粒層から移動できずに変性するとする説がある．一方，顆粒細胞そのものに変性するように遺伝的にプログラムされているとする説もある．グルタミン酸は以前から顆粒細胞の神経伝達物質と考えられていたが，顆粒細胞欠損を伴うウィーバーマウスの小脳では，グルタミン酸が対照の約1/2に減少している．ウィーバーマウスは，顆粒細胞がグルタミン酸を神経伝達物質としていることを決定づけるうえで大きな貢献をした．最近，ウィーバー遺伝子がクローニングされた，Gタンパク質とカップルしている内向き整流型のK^+チャネルのK^+を通すポアに異常がみられている．

2) ナーバス (nervous, nr), pcd (Purkinje cell degeneration), Lc (Lurcher) マウス
——プルキンエ細胞変性マウス

ナーバスとpcdマウスともに常染色体劣性遺伝様式をとる．Lc (Lurcher)マウスは半優性遺伝様式をとる．ナーバスマウスの雌は生殖能力があり，交配に用い得る．しかし，pcdマウスは精子に異常があるため不妊性である．これらはプルキンエ細胞の変性を特徴としており，その遺伝子は染色体上の異なる位置にある．nrは第8，pcdは第13，Lcは第6染色体上にある．

生後3週目より症状が現れ始めるが，歩行中に後肢が崩れるようによろける程度であり，ウィーバーマウスやスタゲラー（staggerer）マウスに比べて症状は軽度である．小脳の重量は対照の約60%である．小脳の発育は比較的よく，全体像もよく保たれている．3週目頃からプルキンエ細胞の変性が始まり，ナーバスマウスでは対照の85〜90%，pcdマウスでは95%のプルキンエ細胞が変性脱落する．Lcは，ヘテロ接合体で小脳失調症を示す．プルキンエ細胞は正常の約10%に減少している．顆粒細胞も減少し，また下オリーブ核のニューロンも約25%に減少している．ホモ接合体では生後まもなく死亡する．

ナーバスマウスではプルキンエ細胞体でミトコンドリアの膨潤，変性が始まり，pcdマウスでは遊離リボゾームが異常に蓄積されてくることが初発変化である．プルキンエ細胞以外にも網膜の光受容細胞や，嗅球にもニューロンの脱落がみられる．小脳内遊離アミノ酸のうちグリシン，アラニンは増加しているが，グルタミン酸の濃度には変化がみられない．GABAにも有意な差がみらない．

adenylate cyclase, guanylate cyclase活性ともにナーバスマウスと対照とでは差はみられず，またグルタミン酸のアナログであるカイニン酸添加による活性化も，ナーバスマウスと対照とで有意な差がみられていない．

pcd 遺伝子を β-glucuronidase 活性の高い系統のマウスにのせて，野生型マウスとの間でキメラが作製され，小脳の解析が進められた．残存している細胞は，正常の β-glucuronidase 活性を有する正常な細胞であった．このキメラによる解析から，pcd マウスのプルキンエ細胞の変性は，細胞そのものに起因することが示された．また $Lc/+$ と野生型マウスとの間でキメラが作製され，プルキンエ細胞の変性は Lc に内在的なものであることが示された．顆粒細胞と下オリーブ核の神経細胞数の減少は二次的なものと考えられている．

ポジショナルクローニングによって，Lc 変異がデルタ型グルタミン酸受容体・$\delta 2$ サブユニットの第 3 膜貫通部にあるアラニンがスレオニンへ置換することが明らかになった．この変異型 $\delta 2$ の発現により，大きな定常的内向き電流が発生し，gain of function による興奮毒性が細胞死を引き起こすと考えられている．

a．小脳プルキンエ細胞のタンパク質（P 400）とイノシトール 3 リン酸受容体

プルキンエ細胞が欠落したマウス小脳と正常小脳のタンパク質パターンを解析した結果，多くのタンパク質の変化のうちで，見かけ上の分子量 250 k のタンパク質がプルキンエ細胞欠落ミュータントでは著明に減少していた．P 400 と名付けたこのタンパク質は，細胞内 Ca^{2+} 貯蔵庫としての小胞体から Ca^{2+} を放出するのに最も重要な役割を果たしているイノシトール 3 リン酸（IP 3）受容体であった．IP 3 受容体は他組織に比べて小脳に 50 倍ほど多く，小脳のうちでもプルキンエ細胞にその発現が集中している．cAMP 依存性プロテインキナーゼ（A キナーゼ）により最も強くリン酸化を受けるが，C キナーゼ，CaM キナーゼ II でもリン酸を受けることから，IP 3 依存的 Ca^{2+} 放出系と他のリン酸化系との cross-talk があることが示された．小脳プルキンエ細胞や海馬（特に CAI ニューロン）に圧倒的に高濃度の IP 3 受容体が存在することから，記憶現象である「長期増強」や「長期抑圧」との関連が示唆されていたが，IP 3 レセプター欠損マウスの解析により，その関与が明らかとなった（下記参照）．

b．IP 3 受容体欠損マウス

IP 3 受容体は，受精，細胞分裂にも関わっており，その欠損マウスの出生率は正常の 1/5 程度と低い．なんとか生まれたとしても強度の痙攣発作と小脳失調の複合症状を呈している．このミュータントマウスでの小脳の長期抑圧現象は消失していたという実験結果から，IP 3 受容体が脳の可塑的な性質に関わっていることが明らかとなった．

3）スタゲラー（$staggerer$）マウス——シナプス欠損マウス

常染色体劣性遺伝様式をとり，遺伝子は第 9 染色体上にある．

小脳の構成細胞成分は全部揃っているが，プルキンエ細胞の樹状突起上の棘突起が形成できない．そのためプルキンエ細胞と顆粒細胞との間のシナプスが形成できない．生後 8 日頃から 12 日頃に発症しはじめる．足をひきずりながら 2, 3 歩進んではよろめき歩行を停止し，行動開始時に軽度の震せんを呈する．

小脳の低形成は非常に強く，成熟時でも 10 mg の湿重量である．分子層は薄く，顆粒細胞の

減少がみられる．プルキンエ細胞は，顆粒細胞層に埋まり込んでいるものも多数みられる．プルキンエ細胞の樹状突起は生後7日頃から分節形成を停止する．そのため樹状突起上に形成されるべき棘突起がなく，顆粒細胞の軸索である平行線維がプルキンエ細胞とのシナプスが形成されない．顆粒細胞の軸索である平行線維がプルキンエ細胞とシナプス形成できないために，二次元的に顆粒細胞の変性，脱落を起こすと考えられる．

スタゲラーマウス小脳のタンパク質パターンの解析により，プルキンエ細胞に豊富なIP3受容体であるP400タンパク質の著明な減少がみられている．スタゲラーマウスと野生型マウスとの間のキメラが作成され，その解析の結果，スタゲラー変異はプルキンエ細胞そのものにあり，他の細胞由来のものではないことが明らかにされている．最近，変異遺伝子がクローニングされた結果，核のホルモン受容体のスーパーファミリーであるROR (retinoic acid orphan receptor) 2であることが明らかとなった．

4) リーラー（*reeler*）マウス――ニューロンの位置異常を起こすマウス（I）

染色体劣性遺伝様式をとり，第5染色体上にリーラー遺伝子はのっている．生後2週間目頃から歩行の失調がみられる．小脳の湿重量は10〜20 mgと少なく，左右の長さは対照と変わらないが非常に細長い．小葉の形成を伴わない．分子層は薄く，顆粒細胞の密度は減少し厚さも薄い．プルキンエ細胞は大部分が顆粒細胞の内側に位置し，一部は顆粒層に埋まり込んでいる．わずかに正常の位置にもプルキンエ細胞が位置している．顆粒細胞の密度の減少は，正常位置にプルキンエ細胞がないために，顆粒細胞がシナプス形成を十分にできず二次的に変性に陥ったためと考える．小脳内の遊離アミノ酸のうち，グルタミン酸は，顆粒細胞の減少を反映して対照の2/3に減少している．

細胞の位置障害を伴うリーラーマウスの小脳でも，正常の位置にあるべきプルキンエ細胞数は非常に少ないにも関わらず，そのプルキンエ細胞への顆粒細胞と登上線維の入力は正常と同じである．プルキンエ細胞が大部分細胞密度の低い顆粒層の内側にあるため，苔状線維はプルキンエ細胞に直接シナプス形成している例が見出された．また，ウィーバーマウスと同様に，顆粒層内側のプルキンエ細胞は顆粒細胞の平行線維のシナプスを十分に受けないため幼若型を示し，登上線維の多重神経支配もみられる．

このように，小脳内の細胞構築変化に対応して線維連絡網が改変されることも明らかとなった．

a．リーラーマウスの大脳皮質における異常

正常マウスの大脳皮質では，脳室壁のマトリックス層で分裂した細胞は，速やかに移動して表層に位置し，次に分裂した細胞はその間を通り抜けてさらにその上層に位置する．すなわち早期に分裂した細胞ほど大脳皮質の深部に，後期に分裂した細胞ほど表層部に位置する．このようなinside outのパターンを形成するが，リーラーではoutside inのパターンを形成する．すなわち相対的に細胞の位置が逆になり，全体的に細胞の位置が非常に乱れている．

大脳皮質にみられているマトリックス細胞層からのニューロブラストの移動する機構は，小脳におけるプルキンエ細胞の移動と同様のものと考えられている（図6-12参照）．現在，リーラー遺伝子産物の抗体（CR-50）が得られた．CR-50抗原は大脳皮質最表層に胎生期に存在するカハール・レッチウス（Cajal-Retzius）細胞で分泌されて，脳室壁で新しく産生されて表層へ移動してきたニューロブラストに情報を与えて位置決定をする．CR-50抗体は培養条件下では神経細胞の層構築を乱す．また神経管内へCR-50抗体を注入すると，正常な海馬構築がリーラーマウスのように乱れることが明らかとなった．リーラーの遺伝子がクローニングされリーリン（reelin）と名付けられたが，それはEGF様配列を含むリーリンリピート構造を8つ有するもので，シグナルシーケンスを保持している細胞外マトリックス様のタンパク質であった．機能阻害を起こすCR-50抗体の認識部位はリーリンリピートではなく，F-スポンジンの配列の近傍を認識していた．CR-50抗体がリーリンを認識することが明らかにされたことにより，リーリンの異常によりリーラー変異を引き起こすことが明らかとなった．最近，CR-50抗体が認識する配列を有するがEGF様配列を含むリーリンリピートを欠落するアイソフォームが見出された．これはリーリンと同様な発現パターンを示していることから，リーリンの他にCR-50抗体が認識する配列をもついくつかのアイソフォーム（CR-50抗原）も関わっていることが明らかとなった．リーラー変異マウスにはEdinburgh（ジャクソン研究所）型とOrlean型が見つかっているが，このうちEdinburgh型ではリーリン遺伝子が大部分欠失しているのに対して，Orlean型ではリーリンの3'末端のフレームシフトによる200塩基対の欠損により細胞外へ分泌されずに生理的に機能しないことが明らかとなった．

b．リーラーマウスの小脳皮質における異常

正常マウス小脳にはカハール・レッチウス細胞に相当するものはないが，代わりに出生前後の小脳の外顆粒層（大部分は生後に内方へ移動して内顆粒層を形成する）の細胞がリーリンおよびCR-50抗原を分泌している．リーラーマウスでは分泌していない．このリーリンおよびCR-50抗原が下方から移動してきたプルキンエ細胞の位置決定に重要と考えられる．一方，リーリンおよびCR-50抗原を認識するCR-50抗体は，小脳プルキンエ細胞の位置を乱すことが示されている．

5）ヨタリ（yotari），スクランブラー（scrambler）マウス
———ニューロンの位置異常を起こすマウス(II)

最近，我々はリーラーマウスと同様の表現型を示す新たな突然変異マウスを見出し，ヨタリマウスと命名した．これは米国で独立に発見されたスクランブラーマウスと同じ遺伝子の変異であることが明らかとなった．ヨタリマウス，スクランブラーマウスともにリーリンやCR-50抗原は正常に発現されている．ヨタリマウスおよびスクランブラーマウスでは，ショウジョウバエで見出されていたディスエーブルド1（disabled 1）遺伝子のマウスホモログに変異が入っていることが明らかにされた．ディスエーブルドは細胞内のチロシンキナーゼ（Src tyrosine

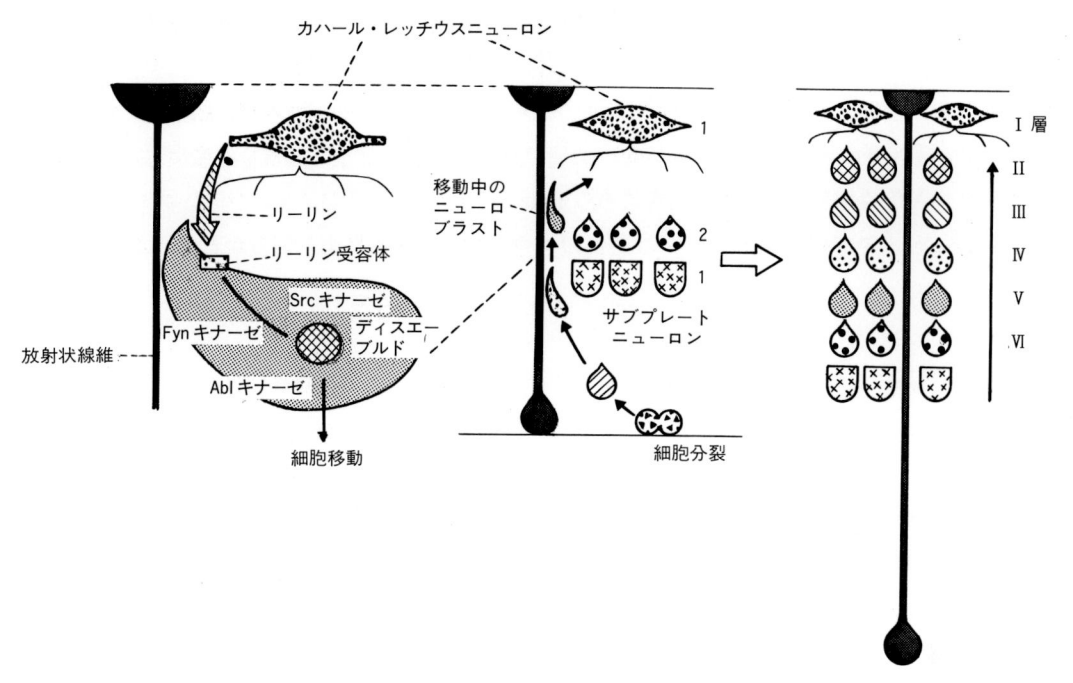

図 6-12 正常大脳における神経細胞の配列のメカニズム

1番最初に脳室壁で産生されたカハール・レッチウスニューロンとサブプレートニューロンの間に，2番目，3番目と順に産生されてきたニューロブラスト（ニューロンへ分化する前）は，カハール・レッチウスニューロンから分泌されるリーリンや CR-50 抗原の情報を受けて，常に新しい細胞が上位に位置する．カハール・レッチウスニューロンから分泌されるリーリンや CR-50 抗原は，次のニューロブラスト上の受容体に結合して，その情報がディスエーブルドに伝えられる．ディスエーブルド1は Src, Fyn, Abl チロシンキナーゼに結合するアダプタータンパク質である．カハール・レッチウスニューロンとサブプレートニューロンは役目が終わるとアポトーシスにより消滅する．

kinase, Fyn tyrosine kinase, Abl tyrosine kinase) の SH2 ドメインに結合するアダプタータンパク質である．リーリンおよび CR-50 抗原が移動中のニューロンに対して受容体を介して作用する．その情報が細胞内のディスエーブルドに対してはたらき，脳内での適切な位置に移ると考えられる．

6) *Zic* 欠損マウス

マウス *Zic* 1 は，小脳顆粒細胞系列に発現し，Zn フィンガー型転写因子として我々が見出したが，現在，脳神経系の分化誘導に関する分子として注目されはじめている．マウス *Zic* は5つの型が知られている．ショウジョウバエの *Zic* ホモログが *odd-paired* として胚発生過程の分節構造形成に関わる *engrailed* や *wingless* の転写制御分子であることがわかったことから，*engrailed* と *wingless* の脊椎動物ホモログである En, Wnt を支配する重要な分子であることが推測された．

a. Zic 欠損に伴う異常

Zic 1 欠損マウスでは顕著な異常行動を示し，中枢神経系では小脳の低形成，小脳小葉パター

ンの異常がみられる．Zic 1 欠損マウスで観察された小脳虫部の形成不全やそれに伴う行動異常という一連の症状は，ヒトのJoubert症候群に類似している．

Zic 2の欠損マウスでは，顔面奇形，脳のヘルニア，脊椎破裂，無脳症などの症状を示す．ヒトの13 q 症候群のモデルマウスである．

Zic 3 はX染色体上の内臓の左右を決める遺伝子であり，Zic 3のミスセンス，ナンセンス変異であることが，内臓不定位あるいは逆位の患者の遺伝子解析により明らかとなった．

(2) ミエリン形成障害マウス

中枢神経系におけるミエリン形成　　ミエリンとはニューロンの軸索を取り囲む密な膜構造であり，電気的に絶縁体としてはたらき，神経インパルスの跳躍伝導を助ける．ミエリン形成に障害を起こすと企図震せん，強直性痙攣，運動失調を示す．ミエリン形成過程については神経性外胚葉から分化してきたニューロンと，グリア細胞の細胞間認識も含めてミエリンの構成成分の発現制御機構，分子集合の機構など興味深い問題が多い．

中枢神経系ではオリゴデンドロサイトというグリア細胞の一種がミエリン形成を行い，末梢神経系ではシュワン細胞がミエリンを形成する．

オリゴデンドロサイトは何本もの突起を伸ばし，周囲の軸索にミエリンを形成する．オリゴデンドロサイトの突起は軸索と接触後，先端がもぐり込むようにして何回も軸索の周りを包み込む．突起中の細胞質は周囲に押し出されinner loop, outer loopと呼ばれる構造を形成する．また，内膜同士は融合し，電子顕微鏡上，電子密度の高い周期線を形成する．また，外膜同士も融合して周期間線を形成する．

ミエリン膜の特徴は脂質が約60〜70%でタンパク質含量（30%程度）に対して約2倍多いことで，電気的絶縁効果を高めている．

ミエリンの構成タンパク質は，比較的その数が限られている．ミエリン塩基性タンパク質（myelin basic protein, MBP）とプロテオリピドタンパク質（proteolipid protein, PLP）が主でその他MAG (myelin associated glycoprotein), CNPase (2',3'cyclic nucleotide 3' phosphodiesterase) またはWolfgramタンパク質などがある．

MBPは中枢ミエリンのタンパク質のうち約1/3量を占め，実験的アレルギー性脳炎の起炎性タンパク質である．実験的アレルギー性脳炎の抗原決定部位については，種により異なることが知られている．

ミエリン形成が障害を受けることにより，興奮の伝導は重篤な障害を受ける．ニューロンネットワークが形成されていても，ミエリン形成が完成するのを待たなければ十分な機能発現がみられない．このように，発育過程においてミエリンが直接的に脳機能発現に関わっていることは明らかである．

1) シバラー（*shiverer*）マウス——ミエリン塩基性タンパク質欠損マウス

常染色体性劣性遺伝様式をとり，第18染色体上に遺伝子がのっている．

生後10～12日ごろから発症し，震せんを示すようになる．症状は加齢とともに変化し，初期にみられた震せんは次第に弱まり，生後2カ月頃から外部からの機械的刺激に対応して強直性痙攣を起こすようになる．運動失調が強く4カ月ほどで痙攣を頻発しながら死亡する．

シバラーマウスの中枢神経系のミエリン形成は強く障害されており，しかもわずかに形成されているミエリンもその内膜同士が融合してはいるが，形成されるべき周期線がみられない．また，タンパク質パターーンの解析により，ミエリン塩基性タンパク質（MBP）がほぼ特異的に欠損していることが明らかとなっている．しかし，シバラーマウスの中枢神経系のニューロンは銀染色法により突起形成に異常のあることも明らかにされており，ミエリンで観察されている変化が，ニューロンの一義的変化に対応する二次的なものである可能性や，ミエリン形成に関与していない細胞からの体液性因子によることも考えられていた．

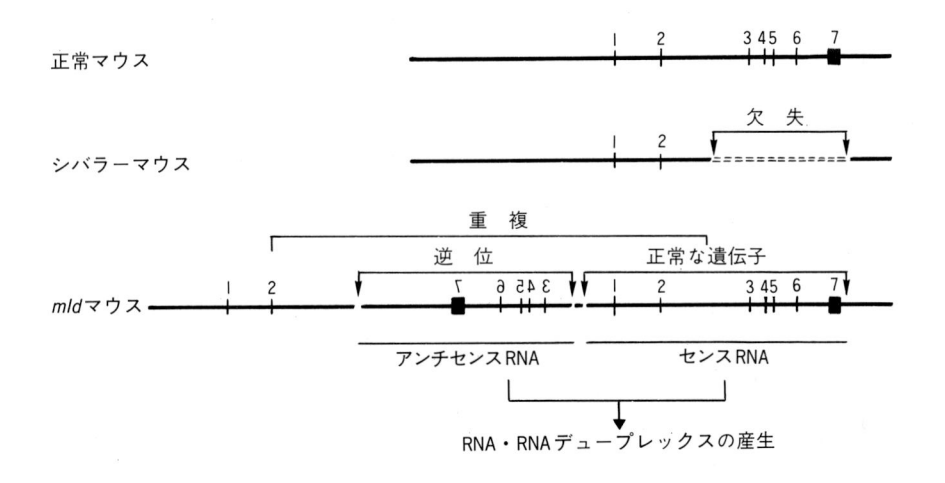

図 6-13 シバラーマウスにおける *mbp* 遺伝子の欠失と，*mld* マウスにおける *mbp* 遺伝子の重複・逆位に伴うアンチセンスRNAによる発現抑制　　　（Mikoshiba ら，1991）

シバラー由来の細胞と正常由来の細胞からなるキメラ形成による解析は重要であった．人工キメラマウスを作製して解析した結果，シバラーの変異はミエリン形成細胞に内在する変化であることが明らかとなった．

MBPは複数のプロモーターをもつ巨大な遺伝子によりコードされているが，直接タンパク質合成に主に関わっている遺伝子は7つのエキソンからなり，32 kbにもわたる．シバラーでは第3～第7エキソンにまたがる約20 kbが欠落している．*mbp* のcDNAを用いて，*mbp* 遺伝子を用いてトランスジェニックマウスの作製が進められて，*mbp* がオリゴデンドロサイトで特異的に発現が起きて，それに伴いシバラーマウスの症状である震えが消失した．シバラー変異と

mbp 遺伝子座とが一致していたことから，このトランスジェニックマウスの結果により *mbp* 遺伝子の欠失がシバラーの原因であることが証明された．

2) *mld* マウス——ミエリンタンパク質のアンチセンス RNA 産生マウス

mld マウスはシバラーマウスと allele のミュータントであり，強い震えを特徴としている．免疫組織学的には，わずかに部分的発現がみられるにすぎず，生化学的にも正常の約3%に発現が抑えられている．遺伝子解析が進められた結果，*mbp* 遺伝子は隣合わせに重複しており，下流の遺伝子は正常であった．上流の遺伝子では，第3～第7エキソンに対応する部分（シバラーマウスで欠損している部分に相当）が逆位を示していることが明らかにされた．分子生物学的解析により逆位配列に対応して，核内でアンチセンス RNA が産生されることが明らかとなった．そのアンチセンス RNA が，下流にある正常遺伝子から産生された RNA と RNA-RNA duplex を作ることが証明された．この結果，内在性アンチセンス RNA が，下流の正常遺伝子の発現を正常の3%にまで抑制しているものと考えられている．

さて，*mld* マウスの *mbp* 遺伝子の組換えを起こしている部分の解析の結果，遺伝子の再配列に関係していると思われる免疫グロブリン・クラススイッチ領域の配列やリコンビナーゼが認識すると予想される配列が含まれていた．おそらく，この配列が *mbp* 遺伝子の重複，逆位に何らかの関わりをもっていると予想される．

a．アンチセンス・ストランド導入による行動異常の作製

*mbp*cDNA を逆方向につなぎ，これを用いたトランスジェニックマウスの作製が進められた．その結果，数十コピーもの導入遺伝子が挿入されたものの中から，震えを起こすマウスが出現してきた．ミエリン形成障害と，*mbp* の発現抑制が観察された．数十コピーもの挿入遺伝子が染色体上のどこに局在しているか，また正常 *mbp* 遺伝子の発現抑制機構も不明ではあるが，このトランスジェニックマウスではアンチセンス RNA が検出されていることから，アンチセンス RNA が *mld* マウスにおけると同様に病態発現に関与しているものと考えられる．

3) ジンピー (*jimpy*) マウス——分化抑制遺伝子障害マウス

ジンピーマウスはX染色体劣性遺伝様式により発症する．生後10日ごろから運動時に震せんを伴うようになる．生後2週目あたりから，機械的刺激を加えることにより四肢を伸展させながら強直性の痙攣を起こす．

中枢神経系に障害が限局しているなど，ヒトの遺伝性疾患であるペリツェウス-メルツバッヘル（Pelizaeus・Merzbacher）病に対応していると考えられる．

オリゴデンドロサイトの数は対照の約40%に減少しており，早期のオリゴデンドロサイトの死が原因でミエリン形成不全になると考えられている．いったん形成されたミエリンの脱髄像も観察される．

近年，*plp* 遺伝子の染色体上の位置が決定され，ジンピー変異のすぐ近傍に位置したことか

VI. 行動の遺伝

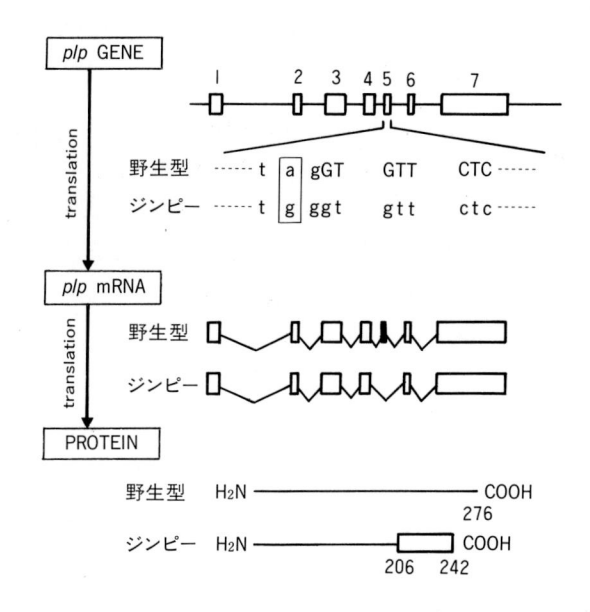

図 6-14 *plp* 遺伝子とジンピー変異

ら，ジンピーマウスの *plp* 遺伝子の解析が行われた．その結果，ジンピー変異部位が塩基配列上に見出され，*plp* 遺伝子第 5 エキソンのスプライス受容シグナル中の点突然変異（AG → GG）であることが明らかとなった．その結果，微量ながら発現しているジンピー*plp*mRNA は第 5 エキソンが含まれない．第 5 エキソンはタンパク質コーディング領域であり，mRNA からそれが欠失する結果リーディングフレームがずれる．ジンピー*plp*mRNA は異常なカルボキシル末端をもつ PLP タンパク質をコードしている．

このように，ジンピー変異は *plp* 遺伝子上に同定されたが，ジンピーマウスにおいてオリゴデンドロサイトが PLP の発現する以前に変性脱落すること，および初代培養系で正常マウスのアストロサイトの培養上清を加えることにより，ジンピーマウスのオリゴデンドロサイトが延命することが報告されており，*plp* 遺伝子産物がオリゴデンドロサイトの分化，生存に液性因子様のはたらきを有するのではないかと考えられていた．

a. *plp* 遺伝子導入マウスの作製

plp 遺伝子に突然変異を有し，正常な *plp* 遺伝子産物が欠損しているジンピーマウスにおいて，正常な *plp* 遺伝子産物を産生させることによって，ジンピーマウスの遺伝子治療とともに *plp* 遺伝子産物の機能を調べることができる．この目的のために，正常 *plp* 遺伝子クローンを用いてトランスジェニックマウスを作製した．

正常 *plp* 遺伝子を常染色体上にも有するマウスを得て（内因性 *plp* 遺伝子はX染色体上にある），このマウスの雄（X/Y, $plp/-$）とジンピーマウスのヘテロ接合体の雌（jp/X, $-/-$）を交配させることにより，ジンピーマウスに正常 *plp* 遺伝子を導入できる（jp/Y, $plp/-$）．しかしながら，このマウスの症状としてはジンピーマウスと変わらず，生後 2 週目頃から震え出し，

生後1カ月以内に痙攣を伴って死亡した．すなわち，症状の回復を認めることができなかった．また，遺伝子導入ジンピーマウス脳内において正常 plp 遺伝子産物が検出されたので，外来性 plp 遺伝子は発現していることが示された．以上の結果により，遺伝子導入ジンピーマウスにおいては，正常 plp 遺伝子産物があるにも関わらず症状が回復していないことが明らかとなった．

そこで，正常 plp 遺伝子からの発現をさらに増大させるために，外来性遺伝子のホモ接合体（plp/plp）を作製した．このために遺伝子導入マウス同士の交配を行ったが，出産した子ネズミの中でも生後2週目頃から震えの症状を示すものが出現してきた．これらのマウスは運動失調を示し，強直性痙攣を伴って死亡した．すなわち，ジンピーマウスときわめて類似の表現型を示した．

このように，plp 遺伝子は，たとえ正常な plp 遺伝子であっても plp 遺伝子を数倍程度過剰発現させることによって，髄鞘形成不全を引き起こしたり，脱髄を引き起こしたりできることが明らかとなった．このことから，plp 遺伝子はオリゴデンドロサイトの分化抑制遺伝子の1つと考えられるようになった．正常の plp の遺伝子発現がみられないジンピーマウスとは，症状は非常に似通ったものであるが，このようにミエリン形成不全や脱髄を起こす病因は同じではない．

以上，行動異常を起こすマウスの突然変異体の解析により，行動異常の遺伝子レベルでの異常が明らかになってきた．すでに紹介したように，トランスジェニックマウスの作製により行動異常が回復したシバラーマウスの例もある．また，plp 遺伝子に異常のあるジンピーマウス（ヒトのペリツェウス・メルツバッヘル病）では，plp 遺伝子のトランスジェニックマウスの作製により正常マウスが異常行動を起こした．その結果から，plp 遺伝子が成長抑制遺伝子の1つであることも示された．小脳に異常を起こすミュータントマウスについても続々と新しい知見が見出されている．

このように，遺伝子から個体の表象としての行動の一連の流れ（DNA－RNA－タンパク質－細胞－組織－器官－個体）が，確実なものとなってきていると考える．そして事実，遺伝子を操作することにより行動も制御できるようになっている．しかし，行動は様々な要因により制御されているため，これらの突然変異マウスを1つ1つ丹念に解析していくことにより，より細部における行動を制御する遺伝的仕組みが明らかになるであろう．

VII. 動物遺伝学の展望

遺伝学は20世紀に発展した科学である．19世紀に発見されたメンデルの法則は1900年の再発見まで忘れられた存在であった．20世紀に蓄積された数々の遺伝学的発見の後に到達したワトソン・クリックのモデルに始まる分子生物学の発展は，遺伝学にさらに大きな可能性を提供した．バルチモア（D.Baltimore）やテミンと水谷（H.M.Temin & S.Mizutani）による逆転写酵素の発見（1970），メゼルソンとユアン（M.Meselson & R.Yuan）による制限酵素の発見（1968），サイキ（R.K.Saiki）らによるポリメラーゼ連鎖反応（PCR）法の開発はDNAの操作と塩基配列の決定を容易にし，塩基配列の比較を日常的な遺伝子解析の手段たらしめた．ここに述べることは，今後の展望というよりは比較的近い未来，または現在進行中の遺伝学研究の方向を要約したものである．

1．遺伝子地図の構築とその応用

以上のような技術的な展開の背景の上に，80年代の初めにヒトの連鎖地図の構築のための国際協力が成立し，遺伝性疾患を解明する計画が進められた．1985年に，カリフォルニア大学サンタクルスのシンスハイマー（R.Sinshaimer）はヒトゲノムDNAの全塩基配列の決定を提案した．これはゲノムの塩基配列の解読を目指すものであるが，1990年には，より現実性のある計画として，まず連鎖地図を構築し，最終的には全塩基配列を決定する方向へと修正された．これはヒトゲノムプロジェクトと呼ばれている．この事業はさらに他種の生物にも拡張され，大腸菌，酵母，線虫，ショウジョウバエ，マウスなどが重点研究の対象として選ばれたほか，さらに栽培植物，家畜へと広げられている．

ゲノムプロジェクトの目標としたヒトの連鎖地図は，1987年には約400の制限酵素断片長多型（RFLP）を用いた精巧な地図が作られたが，1992年には約800のマクロサテライトを用いた精巧なヒトの連鎖地図が構築され，さらに1996年現在では，DNAマーカーの数はヒトとマウスでそれぞれ6000にものぼり，ほとんど完成の域に達している．ヒトの遺伝病や変異について家系調査を行って，その原因遺伝子の染色体上の位置を決定することが容易になった．

ここで，遺伝子地図について簡単に述べると，遺伝子地図には連鎖地図，染色体地図，物理地図などがある．連鎖地図とは，個々の遺伝子やマーカーの間の連鎖における相対的位置関係を組換え価の単位であるセンチモルガン（cM）で表したものをいう．染色体地図とは，遺伝子座やマーカーの染色体上の位置を染色体のバンドパターンの上に示したものをいう．これは遺伝子座の絶対的位置を示すという意味では物理地図の一種である．連鎖地図と染色体地図はセットにして示されることが多い．狭義の物理地図とは，それらの位置関係を物理的な距離す

なわちヌクレオチドの数（塩基対数，bp）で表したものをいう．全塩基配列が決定すると，物理地図として完成する．ヒトやマウスの遺伝子地図は基本的に連鎖地図であるが，イネは物理地図が作られている．

1991年には，デュシェンヌ型筋ジストロフィー，家族性アルツハイマー，ハンチントン病など32の遺伝性疾患の原因遺伝子が連鎖地図上にマップされている．このようなマッピングは，詳細な連鎖地図ができるに従って今後ますます容易になるであろう．また，複数の遺伝子座が関与するインスリン非依存性糖尿病の原因遺伝子もマッピングが進んでいる．家畜の量的遺伝子（quantitative traits loci, QTL）もその戦略で進められており，やがてその解明も視野に入ってくるであろう．

2．動物間の比較

分子生物学の特徴は，生物種を超えて横断的に比較する方法に道を拓いたことである．本書にも述べられているとおり，もっとも原始的な脳機能の1つとされる時計遺伝子は，まずショウジョウバエで per や tim が発見され，次いでその遺伝子 per をプローブとして，マウスで per1, per2, per3 などが発見された．現在では，さらにヒトや鳥類へと拡張されている．また，細胞周期の調節因子の1つである cdc2 の遺伝子は，最初，酵母で遺伝子が発見され，ヒトの細胞（HeLa）にも同じものがあることが明らかになり，ヒト cdc2 がクローニングされたほか，マウスでもクローニングされた．この発見は，その他の細胞周期調節因子（サイクリン依存性タンパク質キナーゼ，cdk）の研究にも多大な影響を与えた．

このように動物種を超えて横断的な比較が進むことも確実である．今後は，哺乳類の遺伝子から逆にショウジョウバエやイーストで類似の遺伝子をスクリーニングすることも行われるかも知れない．

3．遺伝子の生理的機能の解明

動物の遺伝子座は哺乳類で約10万といわれている（2万〜20万）．そのうち，生理機能の明らかな遺伝子はきわめて少なく，現在でヒトではやっと5000程度とされている．残りの未知の遺伝子の生理機能を明らかにすることが遺伝子地図構築以後の遺伝学の課題である．現在，これは以下のように進められている．まず，あらゆる臓器で発現しているメッセンジャーRNA（mRNA）を抽出し，逆転写して，cDNAをクローニングする．それらcDNAの部分塩基配列を決定して，データベースを調べ，未登録のcDNAをリストする．これらのcDNAをEST（expressed sequence tag）と呼んでいる．すなわち，発現しているmRNAということである．現在，10万近くのESTが採られている．そしてゲノムDNAのライブラリー（YACライブラリーやBACライブラリーなど）をスクリーニングして，このmRNAをコードするゲノム

DNA をクローニングする．このゲノム DNA を改変し，機能を失わせてマウスに導入し，ノックアウトマウスをつくる．このような遺伝子機能の改変の手順は本書にも詳しく述べられている．ノックアウトマウスの形態学的・生理学的機能の解析により，当該遺伝子の機能を明らかにする．当然のことながら，この遺伝子の染色体上の位置は，上述の連鎖地図を用いて容易に調べることができる．現在のところ，このようにして収集された EST は 10 万近くにものぼっており，哺乳類の遺伝子座の数に近い．また，世界中でつくられているノックアウトマウスの数も膨大なものになる．もちろん，この方法ですべての遺伝子の機能が解明されるかについては疑問を提出する人も少なくない．しかし，少なくともかなり多数の遺伝子の機能が解明されることも事実であり，さらには近い将来，ノックアウトに勝る解析方法が開発されるかもしれないが，これは遺伝学研究のひとつのステップである．

4．逆方向の遺伝学と生命科学の発展

　以上に述べたことが，最近の遺伝学に生起している事態であり，従来の生物学の方法論と異なることから逆方向の遺伝学といわれている．すなわち，アリストテレス以来，伝統的な生物学の方法論は，現象の観察から，それを支配する原理を導き出すことである．近代実験生物学では，観察から実験へと進化し，実験によってその現象を支配する物質を抽出してきたのである．たとえば，内分泌学では，内分泌器官を摘出し，対象とする生理現象の変化を観察することによって内分泌器官を認知する．次に，摘出した器官を移植し，あるいはその器官の抽出物を投与することによって，その内分泌器官が該生理現象への関与を確認するのである．さらには，器官の抽出物から有効成分である物質（ホルモン）を精製し，ときには合成し，最終的に原因物質（生理活性物質）を同定するのである．すなわち，主たる流れは，現象からその原因となる物質を発見することにあったといえる．一方，上記の遺伝学の方法論では，遺伝子すなわち DNA という物質があって，その生理機能という現象を調べるという風に，方向が逆なのである。これに疑問を呈する人は多いことも事実である，しかしながら，実験生物学においても，この逆の過程が含まれていることを忘れてはならない．実験生物学では，抽出・同定された生理活性物質は，生理現象をもたらす必要条件であって，生理活性物質を投与することによって，これが十分条件となり論理を貫徹するという過程が軽視されているのではあるまいか．従来，遺伝学の方法論における弱点は，生理現象の原因となる遺伝子を知り得ても，これを生体に戻す手段がなかったことである．遺伝子を生体に戻す手段を得た現在，遺伝学の方法論は，生理現象と遺伝子を 1 対 1 に対応させる論理を完成したことになる．逆方向の遺伝学が先行したとしても，後に機能から遺伝子へのサイクルを完成させれば，論理的証明は完結することになる．

　このような経過をたどって，生命科学の諸分野は全面的な完成へ向かうことであろう．そして，物理学や化学と同レベルの論理構造を獲得し，新たな発展へ向かうことが期待される．

参 考 文 献

Ⅰ章に関係するもの

1) 増井　清：動物遺伝学，克誠堂書店，東京，1931．
2) 増井　清，柏原孝夫（共著）：動物遺伝学，金原出版，東京，1961．

Ⅱ章に関係するもの

1) Alberts *et al*.：Molecular Biology of the Cell, Taylor & Francis, Routledge, 1989．
2) Gilbert：Developmental Biology, W.H.Freeman, 2000．
3) Lewin：Genes Ⅶ, Willy, 1999．
4) Watson *et al*.：Molecular Biology of the Gene, Benjamin, 1988．

Ⅲ章に関係するもの

1) 大沢仲昭，江藤一洋，舘　鄰，御子柴克彦（共編）：哺乳類の発生工学，ソフトサイエンス社，東京，1984．
2) 岡田益吉，長浜嘉孝，中辻憲夫（共編）：生殖細胞の発生と性分化－蛋白質・核酸・酵素，43巻 増刊号，共立出版，東京，1998．
3) 近藤壽人（編）：胚と個体の遺伝子操作法，シュプリンガー・フェアラーク東京，1997．
4) 菅原七郎：発生工学概説，川島書店，東京，1992．
5) 妹尾左知丸，加藤淑裕，入谷　明，鈴木秋悦，舘　鄰（共編）：哺乳動物の初期発生，理工学社，東京，1981．
6) 野口武彦，村松　喬(編)：マウスのテラトーマ，理工学社，東京，1987．
7) 荻田善一，松本圭史(編)，鈴木秋悦，舘　鄰（共編）：性Ⅱ－代謝，16巻，臨時増刊号，中山書店，東京，1979．
8) A.McLaren：Sex determination in mammals, Trends in Genetics 4, 153-157, 1988．
9) A.S.Wilkins：Genetic analysis of animal development, pp 359-420, John Wiley and Sons, Inc., 1986．
10) Baguisi A, 他19名：Production of goats by somatic cell nuclear transfer Nature Biotech, 17:456-461, 1999．
11) B.M.Cattanach and C.V.Beechey：Autosomal and X-chromosome imprinting, Development, Suppl. "Genomic imprinting" (Monk, M. and Surani, A. eds.), 63-72, The Company of Biologists Limited, Cambridge, 1990．
12) Brinster R.L, Chen H.Y, Trumbauer M.E, Yagle M.K, Palmiter R.D：Factors affecting the efficiency of introducing foreign DNA into mice by microinjecting eggs, Proc. Natl. Acad. Sci, 82:4438-4442, 1985．
13) Capechi M.R：Altering the genome by homologous recombination, Science, 244: 1288-1292, 1989．

14) Clark A.J, Simons P, Wilmut I, Lahte R : Pharmaceuticals from transgenic livestock, Trends, Biotech, 5:20-24, 1987.
15) Evans M.J, Kaufman M.H : Establishment in culture of pluripotential cells from mouse embryos, Nature, 292:154-156, 1981.
16) Gordon J.W, Scangos G.A, Plotkin J.A, Barbosa J.A, Ruddle F.H : Genetic tranformation of mouse embryos by microinjection of purified DNA Proc. Natl. Acad. Sci. USA, 77:7380-7384, 1980.
17) Hammer R.E, Pursel V.G, Rexroad C.E, Wall R.J, Blot D.J, Ebert K.M, Palmiter R.D, Brinster R.L : Production of transgenic rabbits, sheep and pigs by microinjection, Nature, 314: 680-683, 1985.
18) Hogan,B., Beddington,R., Costantini,F., Lacy,E : Manipulating the Mouse Embryos, Cold Spring Harbor laboratory Press, Cold Spring Harbor, 1994.
19) Huxley C : Exploring gene function:use of yeast artificial chromosoe transgenesis, Methods, 14:199-210, 1998.
20) Jaenisch R, Jahner D, Nobis P, Simon T, Lohler J, Harbers K, Grotkoppe D : Chromosomal position and activation of retrovial genomes inserted into the germ line of mice, Cell, 24:519-529, 1981.
21) J.K.Heath : Mammalian primordial germ cells, In "Development in mammals" (ed.M.H.Johnson),Vol.3,pp 267-298, Elsevier/North-Holland, Biomedical Press, Amsterdam, 1978.
22) Joyner,A.L : Gene Targeting. IRL Press, Oxford, 1993.
23) M.A.Handel : Genetic control of spermatogenesis in mice, In "Spermatogenesis genetic aspects" (ed.W.Hennig),Results and problems in cell differentiation Vol 15,pp 1-62, Springer-Verlag, Berlin Heidelberg, 1987.
24) M.Azim, H.Surani : Evidences and consequences of differences between maternal and paternal genomes during embryogenesis in the mouse.In "Experimental approaches to mammalian embryonic development", (eds.J.Rossant and R.A. Pedersen),pp 401-435, Cambridge University Press, Cambridge, 1986.
25) Mc Laren A : Mammalian Chimeras, Cambridge University Press, Cambrige, 1976.
26) M.F.Lyon, S.Rastan and S.D.M.Brown (eds.) : Genetic variants and strains of the laboratory mouse, 3 rd ed., Oxford University Press, 1996.
27) Palmiter R.D, Brinster R.L, Hammer R.E, Trumbauer M.E, Rosenfeld M.G., Birnberg N.C, Evans R.M : Dramatic growth of mice that develop from eggs microinjected with methallothionein−growth hormone fusion genes, Nature, 300: 611-615, 1982.
28) Palmiter R.D, Norstedt G, Gelinas R.E, Hammer R.E, Brinster R.L : Metallothionein human GH fusion genes stimulate growth of mice, Science, 222: 809-814, 1983.
29) P.N.Goodfellow, I.W.Craig, J.C.Smith and J.Wolfe (eds) : The mammalian Y chromosome : Molecular search for the sex-determining factor, Development,

Vol.101,suppl, The Company of Biologists, Limited, Cambridge, 1987.
30) Pursel V.G, Pinkert C.A, Miller K.F, Bolt D.J, Campbell R.G, Palmiter R.D, Brinster R.L, Hammer R.E : Genetic engineering of livestock, Science, 244: 1281-1288, 1989.
31) Ren R.F, Costantini E.J, Gorgacz J, Lee J, Racaniello V.R : Transgenic mice expressing a human poliovirus receptor:A new model for poliomyelitis, Cell, 63: 357-362, 1990.
32) Robertson,E.J : Teratocarcinomas and Embryonic Stem Cells. IRL Press, Oxford, 1987.
33) Shuman R.M, Shoftner R.M : Gene transfer by avian retroviruses, Poultry Sci, 65:1437-1444, 1986.
34) T.Magnuson : Mutations and chromosomal abnormalities : How are they useful for studying genetic control of early mammalian development?, In "Experimental approaches to mammalian embryonic development". (eds.J.Rossant and R.A. Pedersen),pp 437-474, Cambridge University Press, Cambridge, 1986.
35) Tojo H, Tanaka A, Matsuzawa M, Takahashi M, Tachi C : Production and characterization of transgenic mice expressing a hGH fusion gene driven by the promoter of mouse whey acidic protein (mWAP) putatively specific to mammary gland, J.Reprod, Develop, 39:145-155, 1993.
36) Wilmut I, Schnieke A.E, McWhilr J, Kind A.J, Campbell K.H.S : Viable offspring derived from fetal and adult mammalian cells, Nature, 385:810-813, 1997.
37) W.McGinnis and R.Krumalauf : Homeobox genes and axial patterning, Cell 68, 283-302, 1992.
38) W.Reik : Genomic imprinting in mammals, In "Early embryonic development of animals", (ed.W.Henning),Results and problems in cell differentiation, Vol.18, pp 203-229, Springer-Verlag Berlin, Heidelberg, 1992.

IV章に関係するもの

1) 池本卯典・向山明孝(編)：比較血液学，裳華房，1985．
2) 石山いくお：血液型の話，サイエンス社，1983．
3) 岡田育穂(編)：アニマル・ジェネティクス，養賢堂，1995．
4) 尾上 薫・内海 爽(編)：免疫グロブリン（岩波講座，免疫科学2），岩波書店，1983．
5) 柿沼光明・板倉克明(訳)：免疫遺伝学入門，理工学舎，1979．
6) 柏木 登・大谷文雄：図説 免疫応答のしくみ，日経サイエンス社，1985．
7) 川上正也：免疫応答－細胞から分子レベルへ，講談社，1978．
8) 佐々木清綱(編)：家畜の血液型とその応用，養賢堂，1971．
9) 多田富雄・笹月健彦(編)：免疫の遺伝（岩波講座，免疫科学6），岩波書店，1984．
10) 古畑種基：血液型学，医学書院，1966．
11) Morris P.J : Kidney transplantation. Saunders company, 1994.
12) Wood K.J : Principles of cellular and molecular immunology, Oxford University press, 1993.

V章に関係するもの

1) 大石孝雄：生化および分子遺伝（岡田育穂（編），アニマルジェネティクス，96-125，養賢堂，1995）．
2) 木村資生：生物進化を考える，岩波書店，1988．
3) 鈴木正三（監修），池本卯典・向山明孝（編）：比較血液型学，裳華房，東京，1985．
4) 田島嘉雄（監修）：実験動物生物学的特性データ，ソフトサイエンス社，東京，1989．
5) 田名部雄一：家畜生理化学，養賢堂，東京，1978．
6) 田名部雄一：鶏の改良と繁殖，養賢堂，東京，1971．
7) 田名部雄一：日本犬の起源に関する考察，獣医畜産新報，51：(1)9-14，文永堂出版，1998．
8) 田名部雄一・飯田　隆・吉野比呂美・新城明久・村松　晋：日本鶏の蛋白質多型による品種の相互関係と系統に関する研究5，日本鶏，日本周辺鶏，西洋鶏の比較，日本家禽学会誌，28:266-277，1991．
9) 宮田　隆：DNAの進化（木村資生（編）：分子進化学入門，培風館，1984）．
10) 宮田　隆：分子進化学への招待，講談社ブルーバックス，1994．
11) 宮田　隆：眼が語る生物の進化，岩波書店，1996．
12) 宮田　隆（編）：分子進化，共立出版，1998．
13) 向井輝美：集団遺伝学，講談社サイエンティフィック，1978．
14) Crawford R.D, Ed.：Poultry Breeding and Genetics, Elsevier, Amsterdam. 1990．
15) Kimura M：The Neutral Theory of Molecular Evolution. Cambridge University Press, Cambridge, 1983（向井輝美，日下部真一　訳：分子進化の中立説，紀伊国屋書店，1986）．
16) Kimura M：Proc. Natl. Acad. Sci. USA, 88:5959-5973, 1991．
17) Nei M：Molecular Evolutionary Genetics, Columbia University Press, New York, 1987（五条堀孝，斉藤成也　訳：分子進化遺伝学，培風館，1990）．
18) Searle A.G：Comparative genetics of coat colour in mammals, Logos Press, London, 1968．
19) Somes R.G：International Registry of Poultry Genetic Stocks, Storr Agricultural Experiment Station, Bull, 476. Univ,of Conneticut, Storrs, 1988．

VI章に関係するもの

1) 川俣順一，松下　宏（編）：疾患モデル動物ハンドブック1，1979，疾患モデル動物ハンドブック2，1982，医歯薬出版．
2) 京極方久（編）：難治疾患のモデルと動物実験－ヒト疾患との共通理解のために，ソフトサイエンス社，1984．
3) 杉田秀夫，宮武　正，金澤一郎（編）：神経－機能と病態，中外医学社，1988．
4) 谷村禎一：行動の遺伝子（西田育巧（編），ネオ生物学シリーズ　昆虫，共立出版，1996，pp.98-111.）．
5) 谷村禎一：時計遺伝子　ショウジョウバエ（海老原史樹文，深田吉孝（編），生物時計の分

子生物学，シュプリンガー・フェアラーク東京，1999，pp.38-49.).
6) 長沢　弘，藤原公策，前島一淑，松下　宏，山田淳三，横山　昭(編)：実験動物ハンドブック，養賢堂，1983.
7) 日本遺伝子治療学会編：遺伝子治療―開発研究ハンドブック，エヌ・ティー・エス(株)，1999.
8) 御子柴克彦：神経系の機能と発生，p.152-160.
9) 御子柴克彦：ニューロンの発生と形態形成，脳・神経の科学Ⅰ―ニューロン(久野　宗・三品昌美(編)，岩波講座，現代医学の基礎 6，1998).
10) 御子柴克彦(編)：神経系の形成と統合，岩波講座，分子生物科学 10 巻，1991.
11) 御子柴克彦(編)：脳神経系の発生・分化と可塑性，実験医学増刊 11 巻 No.10，羊土社，1993.
12) 御子柴克彦，野田昌晴(編)：分子神経生物学，シリーズ分子生物学の進歩 11，丸善株式会社，1989.
13) 村松正美(編)：医科分子生物学　改訂 3 版，南江堂，1997.
14) 村松正實(編)：高等動物の分子生物学，朝倉書店，1998.
15) 山元大輔：本能の分子遺伝学，羊土社，1994.
16) Mikoshiba K, Okano H, Tamura T, Ikenaka K：Structure and Function of Myelin Protein Genes, Annual Rev. Neurosci, 14:201-217, 1991.

外国語索引（略号などを含む）

〔A〕
ABO式血液型　131
Aシステム　133

〔B〕
B座位　148
B細胞　138

〔C〕
CATボックス　114
CLIP　161
*C*遺伝子座　80,86
c値パラドックス　60

〔D〕
disabled 1遺伝子　214
DNA組換え技術　109
DNA顕微注入法　110
DNA相同組換え　112
DNAの半保存法則　55
DNAライブラリー　242

〔E〕
EC細胞　77
EG細胞　103
engrailed　215
ES細胞　101,102
EST　242

〔H〕
Haldane-Mullerの法則　182
HLA-DM　161
HLA-G　159
H-Y抗原　83,153
H鎖　140

〔I〕
ICM　101
IgA　139
IgD　139
IgE　139
IgG　139
IgM　139
Ii鎖　161

〔K〕
K^+チャネル　196

〔L〕
*Lc*マウス　211
Lesch-Nyhan症候群　117
LIF　102
L鎖　140

〔M〕
MHC　162
MHCクラスI　154
MHCクラスII　159
MHCクラスIII　162
*mld*マウス　218
MNSs式血液型　132
MN血液型　40,132

〔N〕
Na^+チャネル　197
NK細胞　159

〔P〕
*pcd*マウス　211
PHA　127
*plp*遺伝子導入　219

〔Q〕
QTKs　31

〔R〕
Rh-Hr式血液型　132
Rh血液型　43
RNAポリメラーゼ　66
R(R-O)システム　135

〔S〕
*SRY*遺伝子　28
STO細胞　101

〔T〕
TAP　161
TATAボックス　21,114
t-complex　81,92
*T*遺伝子　91
*T*遺伝子座　88
T細胞　138
*T*突然変異　91,92
*t*ハプロタイプ　81,92
T-ボックス　92

〔V〕
V-D-J組換え　142

〔W〕
*weaver*マウス　210
wingless　215

〔X〕
X線回折　157

〔Y〕
Y染色体　83

〔Z〕

Zic 1　215

Zic 欠損マウス　215

日本語索引

〔あ〕

アイソザイム　173
アイソタイプ　140
赤褐色色素　165
アカパンカビ　10
アグーチ　13, 167
アタブター仮説　58
アフリカツメガエル　105
アミクシス生殖　104
アミノ酸置換　189
　　──の推定値　190
アルビノ　13, 169
アルビノ遺伝子群　14
α-β 遺伝子相補作用　149
アロ抗原　153
アロタイプ　140, 144
アンダルシャン　9

〔い〕

異型配偶子型　28
異種移植　122
異種胚キメラ　100
移植用臓器　110
異数性　29
位置制御領域　68
一卵性双生児　151
イディオタイプ　140
遺伝因子　4
遺伝コード　56
遺伝子　53
　　──の構造　59
　　──の再構成　141
　　──の破壊　103
遺伝子型　4
　　──の頻度　40, 130
遺伝子型淘汰　180
遺伝子クラスター　63

遺伝子コンストラクト　104
遺伝子重複　192
遺伝子刷り込み　109
遺伝子説　22
遺伝子ターゲティング　103, 104, 116
遺伝子地図　69
遺伝子治療　118
遺伝疾患　99
遺伝子トラップ法　114
遺伝子発現の調節　20
遺伝子頻度　40, 130
遺伝子プール　40
遺伝子量補償　29
遺伝性小脳変性症マウス　209
遺伝的荷重　179, 181
遺伝的浮動　46, 185
遺伝病患者　46
遺伝率
　　抗体価の──　150
いとこ婚　45
イノシトール 3 リン酸受容体　212
医療用家畜　110
インシュレーター　19
イントロン　61
インプリンティング　109

〔う〕

ウィーバーマウス　210
ウイルスのレセプター　119
ウォルフ管　82
ウシ↔コブ牛キメラ　100
ウシの血液型　134
ウマ R 因子　38
ウマの血液型　133

〔え〕

栄養外胚葉　85
エキソン　61
塩基置換速度　192
エンハンサー　68, 115

〔お〕

横脈異常
　　翅の──　12
雄ヘテロ型　44
オプトモーター反応　201
オリゴデンドロサイト　216
オンコマウス　119

〔か〕

開始コード　73
概日時計　202
外来遺伝子　112
核型　25
核型進化　27
核型分析　25
学習　205
家族性アルツハイマー病　117
カハール・レッチウス　214
可変領域　140
鎌型赤血球貧血症　50
K^+ チャネル　196
癌原遺伝子　118
幹細胞因子　102
完全優性　8
完全優性遺伝子　49
完全劣性遺伝子　49
顔面奇形　216
癌抑制遺伝子　118

〔き〕

偽遺伝子　63

記憶 205
キノコ体 207
キメラ 97
キメラ動物 95, 112
キメラブタ 97
キメラマウス 97, 98
逆転写酵素 34
求愛行動 205
凝集キメラ 95, 96
凝集反応 126
凝集法 96
共通祖先遺伝子 47
共優性 128, 173
拒絶反応 151
キラーT細胞 138
銀色遺伝子座 169
近交係数 45
筋ジストロフィーマウス 100
近親婚率 46

〔く〕

偶然的浮動 185, 193
組換え 22
クラスター 19
クラス変換 143
グランザイムA 158
クリーム色遺伝子座 169
グロブリン遺伝子 141
クロマチン構造 68
クロモソームウォーキング 69
クローン個体 122
クローン動物 104

〔け〕

経済形質 120
形質転換法 196
血液型 40, 125
　ABO式―― 131
　MNSs式―― 132
　MN式―― 132
　Rh-Hr式―― 132
　ウシの―― 134
　ウマの―― 133
　ニワトリの―― 136
　ヒツジの―― 135
　ブタの―― 134
血液型キメラ 137
血液型抗原 125
血液型システム 129
欠失突然変異 80, 86, 88
血清学的反応 125
血清飢餓培養 107
ケツテイ 37
ゲノム 109
ゲノム刷り込み 88, 89, 90
原条 90, 91
減数分裂 76, 78
原腸 91
原腸陥入 92
原腸胚 90

〔こ〕

抗原提示 157
高次制御領域 123
構造異常 29
構造遺伝子 114
抗体 138
抗体遺伝子の多様化 143
抗体価の遺伝率 150
抗体産生能 145
酵母人工染色体 112
黒色拡張遺伝子 166
黒色色素 165
古典的MHC 153, 157
コピア様因子 35
コロンビア斑遺伝子座 169

〔さ〕

細菌人工染色体 112
再構築遺伝子 109
細胞系譜 98
細胞質遺伝 36
細胞質遺伝因子 37
細胞傷害性T細胞 153, 157
細胞融合法 112
サーカディアンリズム 202
サプレッサーT細胞 138

〔し〕

色素体 32
時期特異的発現 110
シグマ因子 36
試験交雑 6
始原生殖細胞 75, 76, 78, 82, 102
自然選択 48
自然淘汰 179
自然発生突然変異 182
実験発生学 94
シナプス欠損マウス 212
シバラーマウス 217
脂肪滴 112
弱有害遺伝子 51
弱有毒遺伝子 184
集合法 96
集団遺伝学 39
出現率 183
種内変位 193
主要組織適合性抗原 151
主要組織適合性複合体 147
上位 15
常染色体 26
小脳顆粒細胞系列 215
小脳プルキンエ細胞のタンパク質 212
植物性凝集素 126, 127
進化的アミノ酸置換率 190
新生子黄疸 38
腎臓移植 151
浸透度 12
ジンピーマウス 218

〔す〕

スクランブラーマウス 214
スタガラーマウス 212
スプライシング 63

〔せ〕

正逆交雑 6
制御領域 66
性決定 84

精原細胞　78
性行動　205
精細管　78
精子形成　78
精子細胞　78,79,81
精子伝達率歪曲　81
正常抗体　126
精上皮　78
青色鞏膜症　12
生殖系列キメラ　98
生殖細胞　75
生殖細胞系列　75
生殖巣原基　76,82,85
生殖隆起　76,82,102
性染色体　26,82
精巣決定遺伝子　84
精巣上体　79,81
成長関連遺伝子　120
正の選択交配　44
生物進化の四段解説　194
性分化　82,85
性分化異常　84
精母細胞　78
性モザイク解析　205
生理活性物質　120
青色遺伝子座　169
脊椎破裂　216
赤緑色盲遺伝子　44
接合子系列　42
セルトリ細胞　78,82
染色体　22
染色体異常　29
　　──の自然発生率　30
染色体系統　184
染色体地図　69,241
染色体不分離　88,89
染色体分析法　26
先体　79,80
選択交配
　　正の──　44
　　負の──　45
セントラルドグマ　56
全能性　105
全能性細胞　100

尖斑遺伝子座　169

〔そ〕

走行性　199
桑実期胚　105
桑実胚　85
相同異質形成　93
相同組換え　102,103
総突然変異率　191
挿入突然変異　114
相補性決定領域　140
組織特異的発現　110

〔た〕

体細胞　105
体細胞核移植　107,122
胎子線維芽細胞　107
耐性伝達因子　33
胎盤　159
対立遺伝子　13,128
　　──の対側排除　144
対立形質　128
ダーウィン　48
　　──の進化論　109
ダーウィン適応度　48
ダーウィン淘汰　188
ダウン症　117
多型　165
他人婚　46
多能性細胞　100
多倍数性　29
単為発生　77,88
単為発生胚　99,108
段階的優性　20
タンパク質多型　172

〔ち〕

致死遺伝子　8,92
注入キメラ　95
注入法　96
中立突然変異率　191
超急性拒絶反応　122
超優性　50
超優性遺伝子　50

直腸閉塞　12
チンチラ　13

〔て〕

停止コード　73
定常領域　140
ディスエーブルド１遺伝子
　　214
適応度　181
テラトカルシノーマ　77,100
テラトーマ　77,100
テロメア　108
転写 RNA　58
　　──のゆらぎ　58
転写制御因子　66
転写調節因子　202

〔と〕

同型配偶子型　28
糖鎖抗原　122
糖鎖構造　120
導入ベクター　104
同類交配　44
独立の法則　6
突然変異　7,14,50
　　──の荷重　182
　　──の置換　191
突然変異遺伝子　179
　　──の置換　187
　　──の動態　189
突然変異置換速度　188
　　──の率　188
突然変異率　51,182
トランスジェニック動物　110
トランスポゾン　34,64
トリソミー　88
トロフォブラスト　97

〔な〕

内部細胞塊　85,101
ナチュラルキラー細胞　159
Na^+チャネル　197
ナーバスマウス　211

〔に〕

二重らせん　54
乳ガン因子　38
乳腺上皮細胞　108
ニューロン　99
　——の位置異常を起こすマウス　213
ニワトリの血液型　136
任意交配　41

〔ぬ〕

ヌクレオソーム　60

〔の〕

脳　99
　——のヘルニア　216
脳性小児麻痺　119
ノックアウトマウス　243

〔は〕

バイオテクノロジー　95
配偶子系列　42
配偶子伝染　38
配偶子プール　42
胚性幹細胞　101,112
胚性生殖細胞　102
胚盤胞　85,87,97,105
胚葉分化　90
白色体　32
8細胞期　105
白血球増殖抑制因子　102
発生遺伝学　79
発生遺伝学的解析　92
発生致死突然変異　86
ハーディー・ワインベルグの法則　41
翅の横脈異常　12
パーフォリン　158
斑入り　33
伴性遺伝子　44
伴性横斑遺伝子座　169
伴性矮性遺伝子　171
半保存法則
　DNA の——　55

〔ひ〕

非古典的 MHC　153,157
微弱有害突然変異　193
微小効果　183
ヒツジ↔ウシキメラ　100
ヒツジ↔ヤギキメラ　100
ヒツジの血液型　135
非転写領域　114
ヒトゲノムプロジェクト　70,241
ヒト白血球抗原　153
被毛色　98
表現型　4
表現型淘汰　180
表現型頻度　40
表現型レベル　18
表現度　12
標識遺伝子　182

〔ふ〕

フィーダー細胞　102
フィードバックループモデル　204
フェノグループ　129
不完全浸透度　12
不完全優性　8
副腎原基　85
複対立遺伝子　13,20,43
複対立遺伝子系　129
ブタの血液型　134
負の選択交配　45
プラスミド　34
フリーマーチン　83,137
プルキンエ細胞　81
プルキンエ細胞変性マウス　211
プロモーター　21,67,115
分化抑制遺伝子障害マウス　218
分子進化中立説　188,189
分子進化時計　189
分断性淘汰　180
分離の検定　7
分離の法則　6

〔へ〕

平均近交係数　47
平衡頻度　50,51,179
$\beta 2$ ミクログロブリン　154
ヘテロ接合体　5
ペプチド結合溝　160
ヘモグロビン HbA　50
ヘモグロビン HbS　50
ペリツェウス・メルツバッヘル病　218,220
ヘルパーT細胞　138,153

〔ほ〕

保守的置換　191
補足遺伝子　166
補体制御膜遺伝子　122
ホメオティック突然変異　93
ホメオボックス　94
ホメオボックス遺伝子　18,94
ホモ接合荷重　185
ホモ接合体　5,184
ポリオウイルス　119
ホールデンとマラーの法則　182
ホメオティック遺伝子　93

〔ま〕

マイナー組織適合性抗原　153
マウス↔オキナワハツカネズミキメラ　100
マウス↔ヨーロッパヤチネズミキメラ　100
マウス↔ラットキメラ　100
マラリア　50
慢性発現の遅滞　37

〔み〕

ミエリン形成障害マウス　216
ミトコンドリア　37,69
ミトコンドリア DNA　37
ミューラー管　82

ミューラー管抑制ホルモン
　　82,83

〔む〕

無脳症　216

〔め〕

メチル化　115
メチレーションパターン　109
メッセンジャーRNA　56
免疫応答　138
免疫応答遺伝子　139,145,146,
　　149
免疫応答遺伝子間の相補作用
　　149
免疫応答能　146
　　——に対する選抜　150
免疫グロブリン　139
免疫抗体　126
メンデリズム　2
メンデル集団　39

〔も〕

モザイク個体　113
戻し交雑　6

〔や〕

野生型　14

〔ゆ〕

有害な劣性遺伝病　46
融合遺伝子　116
有色体　32
優　性　3
　　——の度合　185
優性因子　14
優性致死　50
優性白色遺伝子　166
雄性不妊　80,81
優性不妊遺伝子　50
優劣の法則　6,7

〔よ〕

溶血性疾患　137
溶血反応　126
葉緑体　32
ヨタリマウス　214

〔ら〕

ライオニゼーション　29
ライディッヒ細胞　82

ラ　バ　37

〔り〕

量的形質遺伝子座　31
リーラー　99
リーラーマウス　213

〔れ〕

レクチン　127
レセプター
　　ウイルスの——　119
レッシュ・ナイハン症候群　117
劣　性　3
劣性遺伝病
　　有害な——　46
劣性因子　14
レトロウイルス　112
レプレッサー　21
連　鎖　22
連鎖群　22
連鎖地図　22

〔わ〕

枠組み領域　140
ワトソン・クリックのモデル
　　1,54

動 物 遺 伝 学	定価（本体7,000円＋税）

2000年8月 1 日　第1版第1刷印刷
2000年8月10日　第1版第1刷発行　　　　　　　　＜検印省略＞

著者代表　柏　原　孝　夫
発 行 者　永　井　富　久
印　　刷　株式会社 平 河 工 業 社
製　　本　田 中 製 本 印 刷 株式会社

発　　行　**文 永 堂 出 版 株 式 会 社**
東京都文京区本郷2丁目27番18号
電　話　03(3814)3321（代表）
ＦＡＸ　03(3814)9407
振　替　00100-8-114601番

Ⓒ 2000　柏原孝夫

ISBN 4-8300-3177-8 C3061

獣医学

動物発生学 <第2版>
江口保暢 著 ¥7,000+税 〒510

動物遺伝学
柏原・河本・舘 編 ¥7,000+税 〒510

薬理学・毒性学実験
比較薬理学・毒性学会 編 ¥3,500+税 〒510

カルシウムと情報伝達系
浦川・唐木 編 ¥12,000+税 〒510

平滑筋実験マニュアル
浦川・唐木 編 ¥8,000+税 〒440

動物病理学総論
板倉・後藤 編 ¥12,000+税 〒510

動物病理学各論
日本獣医病理学会 編 ¥12,000+税 〒580

獣医病理組織カラーアトラス
板倉・後藤 編 ¥15,000+税 〒510

獣医生理学
髙橋迪雄 監訳 ¥17,000+税 〒650

獣医生化学
大木・久保・古泉 編 ¥10,000+税 〒510

新獣医内科学
川村・内藤・長谷川・前出・村上・本好 編
¥18,000+税 〒650

獣医内科診断学
長谷川・前出 監修 ¥8,000+税 〒510

大動物の臨床薬理学
髙橋・其田 訳 ¥17,000+税 〒580

家畜の心疾患
澤崎 坦 監修 ¥15,000+税 〒510

大動物の外科手術
髙橋・小笠原 監訳 ¥12,000+税 〒510

獣医放射線学概論
松岡理 著 ¥4,800+税 〒440

獣医臨床放射線学
菅沼・中間・広瀬 監訳 ¥18,000+税 〒650

獣医感染症カラーアトラス
見上・丸山 監修 ¥16,000+税 〒580

獣医微生物学
見上 彪 ¥9,000+税 〒510

Mohanty Dutta 獣医ウイルス学
小西信一郎 監訳 ¥9,800+税 〒510

動物の免疫学
小沼・小野寺・山内 編 ¥9,000+税 〒510

獣医免疫学
山内一也 編 ¥8,000+税 〒440

家畜衛生学
菅野・鎌田・酒井・押田 編 ¥8,000+税 〒510

獣医公衆衛生学 <第2版>
小川・金城・丸山 編 ¥8,000+税 〒510

獣医応用疫学
杉浦勝明 訳 ¥8,000+税 〒510

新版 獣医臨床寄生虫学
新版 獣医臨床寄生虫学編集委員会 編
産業動物編 ¥15,000+税 〒580
小動物編 ¥12,000+税 〒510

獣医寄生虫検査マニュアル
今井・神谷・平・茅根 編 ¥7,000+税 〒510

犬 糸 状 虫
―寄生虫学の立場から―
大石 勇 著 ¥6,800+税 〒440

犬 糸 状 虫 症
大石 勇 編著 ¥12,000+税 〒510

本邦における 人獣共通寄生虫症
林 滋生 ほか 編 ¥18,000+税 〒580

日本獣医学史(復刻版)
白井恒三郎 著 ¥6,000+税 〒510

獣医繁殖学
森・金川・浜名 編 ¥10,000+税 〒510

獣医繁殖・産科学
河田・浜名 監訳 ¥20,000円+税 〒580

新繁殖学辞典
家畜繁殖学会 編 ¥18,000+税 〒510

和英英和繁殖学用語集
家畜繁殖学会 編 ¥2,800+税 〒370

生産獣医療における 牛の生産病の実際
内藤・浜名・元井 編 ¥9,000+税 〒510

獣医師のための 乳牛の個体管理
―ここで差がつく 疾病予防の実際―
酒井・小倉 著 ¥5,800+税 〒440

実験動物学
―比較生物学的アプローチ―
土井・林・髙橋・佐藤・二宮・板垣 共著
¥4,000+税 〒440

Fowler 動物の保定と取扱い
北 昂 監訳 ¥15,000+税 〒580

野生動物救護ハンドブック
―日本産野生動物の取り扱い―
野生動物救護ハンドブック編集委員会 編
¥8,000+税 〒510

タイを中心とするインドシナ諸国の畜産と家畜衛生
酒井健夫 著 ¥5,000+税 〒440

ブラッド 獣医学大辞典
友田 勇 総監修 ¥32,000+税 〒780〜1,200

平成十二年度 家畜伝染病予防法関係法規集
農水省衛生課 監修 ¥9,000+税 〒400

小動物臨床

サウンダース 小動物臨床マニュアル
長谷川篤彦 監訳 ¥45,000+税 〒790〜1,810

臨床獣医師のための 猫の解剖カラーアトラス
浅利昌男 監訳 ¥24,000+税 〒580

臨床獣医師のための 猫の行動学
森 裕司 監訳 ¥8,000+税 〒440

猫の医学
加藤・大島 監訳 ¥52,000+税 〒810〜1,400

犬の内科臨床
長谷川篤彦 訳 ¥6,800+税 〒440

小動物の感染症マニュアル
小西・長谷川 監訳 ¥14,560+税 〒510

小動物臨床における 臨床徴候と診断
友田・本好 監訳 ¥29,000+税 〒510

小動物獣医師のための病理検査
―臨床検査から剖検まで―
竹内・浜名 訳 ¥4,800+税 〒440

小動物の 臨床腫瘍学
加藤・大島 監訳 ¥27,000+税 〒580

新版 獣医臨床寄生虫学
新版 獣医臨床寄生虫学編集委員会 編
小動物編 ¥12,000+税 〒510

カラーアトラス 最新 ネコの臨床眼科学
朝倉・太田 監訳 ¥25,000+税 〒510

小動物の眼科学
朝倉宗一郎 監訳 ¥17,000+税 〒510

小動物デンタルテクニック
林 一彦 監訳 ¥18,000+税 〒580

犬と猫の耳鼻咽喉・口腔疾患
小村吉幸 訳 ¥12,000+税 〒510

獣医臨床心電図マニュアル
若尾義人 監訳 ¥8,000+税 〒510

犬と猫の心臓病
加藤 元 監訳 ¥32,000+税 〒650

小動物臨床家のための 腎・泌尿器病学
武藤眞 監訳 ¥9,000+税 〒510

小動物の 腎・泌尿器疾患マニュアル
武藤・渡辺・小村 訳 ¥10,000+税 〒510

最新 獣医皮膚科学
永田・大島 監訳 ¥22,000+税 〒580

小動物の皮膚疾患
長谷川篤彦 監訳 ¥12,620+税 〒510

犬と猫のアレルギー性皮膚疾患
大島 慧 訳 ¥8,720+税 〒440

犬と猫の繁殖
浜名克己 ほか 訳 ¥11,640+税 〒510

スラッター 小動物の外科手術(全2巻)
髙橋・佐々木 監訳 ¥67,000+税 〒790〜1,300

イラストによる 小動物整形外科
―手術手技とアプローチ法―
山村穂積 監訳 ¥20,000+税 〒580

フローチャートによる 小動物X線診断へのアプローチ
菅沼常徳 訳 ¥12,000+税 〒510

小動物の救急X線診断
菅沼常徳 監訳 ¥21,340+税 〒650

エキゾチックアニマルのX線診断
菅沼常徳 訳 ¥32,000+税 〒650

X線と超音波による 小動物の画像診断
菅沼常徳 監訳 ¥30,000+税 〒720

鳥のX線解剖アトラス
菅沼・浅利 共訳 ¥20,000+税 〒510

犬種と疾病
鈴木・小方 監訳 ¥24,260+税 〒580

魚病の診断と治療 <錦鯉・金魚>
吉田謹三 著 ¥6,800+税 〒440

CVC カレントベテリナリークリニック 1
信田・石田ほか 著 ¥16,000+税 〒510

「小動物の診療」シリーズ '90(II)〜'98(IV)
¥8,000+税 〒510

文永堂出版
〒113-0033 東京都文京区本郷 2-27-18　TEL 03(3814)3321(代)
振替口座 00100-8-114601　FAX 03(3814)9407
http://www.buneido-syuppan.com